U0250696

FONGHONG

The 12th Planet
第十二个天体

[美] 撒迦利亚·西琴 著
(Zecharia Sitchin)
宋易 译

THE EARTH CHRONICLES
地球编年史
I
第一部

江苏凤凰文艺出版社
JIANGSU PHOENIX LITERATURE AND ART PUBLISHING, LTD

图书在版编目（CIP）数据

第十二个天体 / (美) 撒迦利亚・西琴
(Zecharia Sitchin) 著；宋易译. — 南京：江苏凤凰
文艺出版社，2019.7
（地球编年史）
ISBN 978-7-5594-3414-2

Ⅰ. ①第… Ⅱ. ①撒… ②宋… Ⅲ. ①天体演化－普
及读物 Ⅳ. ①P159-49

中国版本图书馆CIP数据核字（2019）第040251号

江苏省版权局著作权合同登记：图字10-2019-397号

书　　名	第十二个天体
著　　者	［美］撒迦利亚・西琴
译　　者	宋　易
责任编辑	孙金荣
特约编辑	刘丹羽
出版统筹	孙小野
封面设计	金牍文化・车球
出版发行	江苏凤凰文艺出版社
出版社地址	南京市中央路165号，邮编：210009
出版社网址	http://www.jswenyi.com
印　　刷	三河市金元印装有限公司
开　　本	700毫米×1000毫米 1/16
印　　张	30
字　　数	408千字
版　　次	2019年7月第1版　2019年9月第2次印刷
标准书号	ISBN 978-7-5594-3414-2
定　　价	58.00元

（江苏凤凰文艺版图书凡印刷、装订错误可随时向承印厂调换）

在所有讲述地球起源的书中，这无疑是一部扛鼎之作。

——《东西》杂志（*East-West Magazine*）

※ 纳菲力姆——那些来自遥远外星的淘金者，是如何运用克隆技术，创造出和他们一个模样的地球生物的?

※ “诸神”为何要在13000年前通过大洪水来毁灭人类?

※ 当他们的星球每隔36个世纪靠近地球的时候，会发生什么?

※ 《圣经》与科学是否矛盾?

※ 我们是不是唯一的存在?

重量级的学者组合……

数千年来，祭司、诗人和科学家都曾努力地解释生命从何而来……

现在，一位公认的大师、知名学者，带着一个最为惊人的理论来到我们面前。

——美国合众国际社（*United Press International*）

中译本总序

《地球编年史》系列修订本终于和大家见面了！

十年前，这套被翻译为30多种语言的全球畅销书，在第一本发行30周年之后引入中国，引起了广大读者的兴趣。而这套书的再次出版，我相信会再一次掀起一股有关人类文明起源的探索热潮。

对一个读者——至少是我本人——来说，这可能是有史以来最伟大、最具说服力而且也最陌生的关于太阳系与人类历史的知识体系。它是如此恢宏、奇诡、壮丽，使我首次意识到，人类在终于有机会和能力追寻人类起源的真相时，才发现事实竟然比想象或幻想更加不可思议。而此前，人类也许并不知道，其实我们一直就置身于创造的奇迹之中，或者，我们本身就是一个被创造的奇迹。

应该说，大多数对人类进化及其文明有兴趣的人都将对这个系列的图书保持一种开放的态度。同样，对《圣经》故事以及大洪水之前的历史感兴趣的人，也可能会持有同样的阅读姿态。你是否思考过，为什么我们这个物种是地球上唯一的高智能物种？你是否想过，为什么从古代的哲人到现代的科学家，都无法完全回答我们从哪儿来？或者你是否知道，为什么希腊词语anthropos（人类）的意思是“总是仰望的生物”？甚至连earth（大地、地球）一词都是源于古代苏美尔的e.ri.du，而这个词的本义竟是“遥远的家”！

——其实，撒迦利亚·西琴在《地球编年史》系列图书中回答的远不止这些。

西琴是现今能真正读懂苏美尔楔形文字的少数学者之一。作为一位当代伟大的研究者，他既利用了现代科学的技术，又从古代文献中窥知了那些一度处于隐匿状态的"神圣知识"。而这些神圣的知识所包含的内容，正是："我们是谁"，"我们从哪儿来"，甚至"我们往何处去"。

在他看来，人类种族是呈跳跃式发展的，而导致这一切的是30万年前的一批星际旅行者。他们在《圣经》中被称为"纳菲力姆"（中文通行版《圣经》中将其误译为"伟人"或"巨人"），在苏美尔文献中被称为"阿努纳奇"。与《圣经》中所记载的神话式历史不同，他通过分析苏美尔、巴比伦、亚述文献和希伯来原本《圣经》，替我们详细再现了太阳系、地球和人类这一种族及其文明的起源与发展历程。

西琴发现，借助现代科学手段得来的天文资料，竟与古代神话或古代文明的天文观有着惊人的相似。令人震惊的是，数千年前的苏美尔文明的天文观甚至是近代文明所远远不及的。哪怕是现在，虽然天文学家已经发现了"第十二个天体"尼比鲁的迹象，但却无法证明它的实际存在；而位于人类文明之源的古代苏美尔，却早就有了尼比鲁的详细资料。《地球编年史》充当了现代科学和古代文献之间的桥梁，在现代科学技术和古代神话及天文学的帮助下，西琴向我们全面诠释了太阳系、地球以及人类的历史。

西琴的另一个重要成果是发现真正的人类只有30万年的历史，而非之前认为的有上百万年历史。而这是基于他对最古老文献的研读、对最古老遗址的考察，以及对天文知识的超凡掌握。借助强有力的证据，他向全世界证明，人类的出现是缘于星际淘金者阿努纳奇的需求。人类是诸神的造物，这一点在《地球编年史》中有着完美的科学解释。

不过，这套旷世之作的重点并不仅仅止于此。

在《地球编年史》中，我们能看到古代各文明神话中对“神圣周期”的理解竟然出奇地一致。与这个周期相关的正是太阳系的第十二名成员，被称为“谜之行星”的尼比鲁，即阿努纳奇的家园。所谓的“末日”——如一万多年前的大洪水——是尼比鲁与地球持续地周期性接近的结果，而人类文明就是在这一次次的“末日”中走向未来。

在我看来，《地球编年史》是一部记录地球和地球文明的史书，它传递给我们的，不仅仅是思想和观点那么简单。它是一本集合了最新发现和最古老证据的严肃的历史书。而对未来，撒迦利亚·西琴同样有着科学的预测。按照古代神话中“神圣周期”的推算，以及最新的天文学研究成果，有迹象表明，一次巨大的事件就快发生了。凡是接触过各古代神话的读者都应该不会遗忘，诸神曾向我们许诺：“我们还会回来。”那么，如果他们真的以某种身份存在的话，人类与造物者的再一次相会，将是在未来的哪一年、哪一天呢？

我不禁想起17世纪英国语言学家约翰·威尔金斯（John Wilkins）创造的一个词：everness，他用它来更有力地表达“永恒”之意。而阿根廷诗人豪尔赫·路易斯·博尔赫斯（Jorge Luis Borges）以此为名，写下了一首杰出的十四行诗，仿佛是在与西琴所关注的领域相呼应：

不存在的唯有一样，那就是遗忘。
上帝保留了金属，也保留了矿渣，
并在他预言的记忆里寄托了
将有的和已有的月亮。
万物存在于此刻。你的脸
在一日的晨昏之间，在镜中
留下了数以千计的反影，
它们仍将留在镜中。

万物都是这包罗万象的水晶的
一部分，属于这记忆，宇宙；
它艰难的过道没有尽头
当你走过，门纷纷关上；
只有在日落的另一边
你才能看见那些原型与光辉。

从《地球编年史》的第一部《第十二个天体》的出版，到第七部《完结日：审判与回归的预言》的出版，西琴耗时达30年。而他在这30年间所做出的成果，对于全人类来讲，价值都是无法估量的。

我们期待着一个有关地球和人类起源与文明新的探索热潮，将随着《地球编年史》系列修订本的出版再次出现。

宋易

2019年5月20日于成都

30周年双里程碑庆典纪念版序

谨以本书的此一版本献给双里程碑庆典的读者。首先，它属于《地球编年史》系列；其次，它的发行标志着这套丛书的第一部迎来了首发30周年纪念版。

在出版史上，尤其是非文学类作品中，很少有这样在出版界风靡多年、持续畅销的读物。而《第十二个天体》不仅做到了，还有更大的突破：它的平装版在美国知名出版社Avon Books印刷了45次！创下了一个纪录。此外，它还有22个语种的翻译版本面世。包括英语在内的不同语言的硬壳精装版、软壳精装版、平装版、口袋版、磁带版甚至盲文版都在不断地出版，这使这套书有了上千万的读者，并时常被引用（当然免不了也被错误地引用）。无数的书刊和媒体都称它为“经典”。

不过，我着手写这本书的时候，并没有料到它会被置于如此炫目的高度，也没有想过它，不，是它们，最终竟会有七本，成了厚厚的一套丛书。事实上，我当时也没有意识到，我竟会在标题上加入“天体”二字。我唯一的动力和渴望就是还原《圣经》人物的真实身份。纳菲力姆并非《圣经》中提到的巨人，而是被苏美尔人的神话称为阿努纳奇人的天外来客。这种全新的认识给我带来了新的思路和研究前景。最重要的突破来自对苏美尔以及巴比伦的创世史诗的重新认识——它们是一整套古老而精细的科学文档。我从中得出的结论尊重了一个古老的观点，即：在太阳系中，在我们目前已知并安居的天体地球之外，至少还有一个星球曾经是能够供某种生命生存的，并且，它与我们有着无比深刻的联系。显然，这事关地球上的生命的起源，以及发生在遥远过去的空间旅行。对我来说，这种认识预示了之后一系列在30年前想都不会想的科学研究，诸如太空穿梭、基因探索和其他不可思议的方方面面。

本书显示了进化论和《圣经》的冲突虽然不是绝对的，但将是持久的。我相信这一点，因为它告诉我们人类起源的真相，以及——这一点非常重要——在广袤的宇宙多维度时空中，我们并不孤独。

撒迦利亚·西琴

2006年10月于纽约

初版前言

《旧约》伴随着我的童年。大约50年前，当它的种子植入我的心灵时，我完全不知道围绕它与进化论展开的激烈争论。但是，作为一个年轻的学生，在学习希伯来语原版《创世记》课程时，我心中出现了一次和自己展开的冲突。

当时，我们阅读到第六章，上帝打算发动大洪水消灭人类。在那个人类面临灭顶之灾的关键时刻之前，所谓“众神之子”，也就是那些娶人类的女儿为妻的生物，还居住在地球上。

在希伯来的古文中，他们被叫作“纳菲力姆（Nefilim）”。老师解释说，纳菲力姆就是“巨人”的意思。但我反对说：“难道它不是应该直接被解释为‘被放下的人’吗？他们是不是曾经真的到访过地球？”因为nfl这个动词是“降落”“堕落”“掉下”“放下”的意思，nfil是nfl派生出来的动名词，意思是“从上往下降的人”，而nflm则是它的复数形式。所以，它们不该被意译为巨人——哪怕也许他们可能真的是巨人，但“巨人”二字却未能指明他们最重要的身份属性：从上（意为“天”）往下（意为“地”）降的人。可见，Nefilim的准确翻译应该是“从天而降的人们”。

当然，我被老师指责了一番，并被要求接受传统的解释。在老师看来，我不能对人们诵习经年的《圣经》钦定译本的权威性表示怀疑，可正是老师的这种态度反而增添了我的疑问。

在接下来的年月里，由于我已经学习了古代近东地区的语言、历史、文化和考古学，“巨人/纳菲力姆”就成了一个长期的困扰。考古发现和对苏美尔、巴比伦、亚述、赫梯、迦南以及其他一些古代文字及神话的解密，更加证明了《圣经》中对王国、城市及其支配者，还有那些相关的地点、寺庙、商路、人造物品、工具和当时的文化风俗的描述，具有多么一致的准确性。

那么，现在是否到了接受这些如此相似的远古文明带给我们的信息，并相信所谓的“巨人/纳菲力姆”其实就是从天堂到地球来的访客的时候？

《旧约》中不断重复着“耶和华的王座在天堂”“在天堂里主注视着凡间”云云；而《新约》中也反复说“我们在天上的父”。

但《圣经》的可信度因进化论的出现而有所动摇，后者在世界范围内得到了广泛认同。如果人是进化来的，那么很明显，他们不可能一次性就被某个神创造出来，并有预谋地建议：“让我们把亚当造成如同我们自己的形象或式样。”

所有古代人都相信神灵曾从天堂到过地球，并且他们有能力随时朝向天空突然升起。然而这些神话从来没有被证实是可靠的——它们中的每一个都被那些刚刚入道的学者定义为杜撰的故事。

古代近东的一些著作包含了大量的天文学知识，它们都非常清晰地指向一个星球，并说明：那些太空人和“神灵”都是来自那里的。然而，150年前，当近东的学者们辨认和解读那些写在古代的宇宙学清单上的天体时，我们的天文学家们还不知道冥王星的存在（直到1930年）。

当时他们是如何去尊重并接受这个突然出现在我们星系的新成员的存在的？就和我们现在一样：古代人知道土星以外的行星，为什么就不接受来自古代的、能证明“第十二个天体”存在的证据？

当我们自己开始太空冒险，一个全新的视野出现了，对古代经文中描述的认同也达到了前所未有的程度。现在我们的宇航员已经登陆了月球，无人飞船也在探索其他的行星，这足以表明：在外太空，比我们更加先进的文明曾派遣他们的宇航员登陆地球并不是不可能的。

的确，很多流行作家都曾猜测古代的一些人造建筑，诸如金字塔或者巨石阵，都是由来自外星的更加先进文明的访客指导完成的——那些古代人难道可以靠自己去掌握那些科技吗？

那么看看另一个例子。苏美尔文明，在6000年前没有任何预兆地突然消失了。由于这些作家通常无法清楚地表述这一事件发生的时间与过程，最重要的是，没有查明那些古代的太空人是从哪里来的，因此，他们留下了令人好奇的问题，却没有答案——有的是对这些没有答案的问题的进一步思索。

通过30年的研究，我回到那些古代留给我们的信息之源，还原它们的真实面目，并且，还原一部合理的、无间断记录史前事件的编年史。所以，本书旨在带给读者一个可以回答那些特殊问题的真实故事，关于时间、过程、原因——所有这一切究竟从何而来？

我的引述、列举和证据，主要来自那些古代的文字记录或图片本身。

在本书中，我试图去破译一个古老的宇宙进化论，它的观点似乎和现代的科学理论极为相似——太阳系是如何形成的，一个外来的行星进入了太阳轨道，之后地球和其他部分也相继被带了进来。

我所提供的证据包括了一幅从那个行星——第十二个天体飞至地球的空间宇航地图。然后，依次是：在纳菲力姆引人注目地建立了第一个地球“殖民地”之后，他们的领导者被加上名字，他们的人际关系，他们的爱与嫉妒、成功和奋斗，都被描绘了下来，成了“永恒”的世界。

最重要的是，本书的目标是追溯那个导致人类被创造的重要时刻。

接着，我指出了人类和他们的主人之间的混乱关系，还对伊甸园、巴别塔和大洪水的解读有了新的突破。

最后，人类，也就是我们身上，那些被创造者赋予的生物特性与物质特征被确定下来，在众神离开地球之前。

本书表明，我们在太阳系中并不孤独。作为一个普遍的信念，它也许会在世界范围内增强而不是减弱。因为，如果纳菲力姆创造了人类，他们只可能是在执行一个巨大的、大师级的计划。

撒迦利亚·西琴

1977年2月于纽约

引用来源

本书所引用的《圣经》原文，主要来源于《旧约》希伯来语的原始文本。必须牢记的是，所有最重要的《圣经》翻译版本，在其结尾处都有这样的标记：翻译或解释。因此，真正重要的是，那些希伯来语的原文到底在说什么。

通过这些引用，我对比了以下几种文本：希伯来原文，现有的其他翻译版本，以及苏美尔人和阿卡德人的文献/神话，才发现原来我自己相信的东西是一幅多么精妙的图画。

一个多世纪以来，苏美尔、亚述、巴比伦以及赫梯的文化，吸引了一大批学者。但对其语言和文字的解读，最早是靠抄写与音译，最后才是真正的翻译。

奇妙的是，有许多例子说明，有时仅仅靠很久之前的一些记录和音译，就可以从后来不同的翻译和说明中甄别出哪一种才是正确的。当然，在另一些情况下，当代学者的发现也可以让早期的翻译焕发生机。

大事件年表

（445000 年前—13000 年前）

时间	事件
445000 年前	纳菲力姆人在恩基带领下，从第十二个天体上来到地球。在美索不达米亚南部修建了埃利都 - 地球站。
430000 年前	大冰层开始倾斜。近东有着宜人的气候。
415000 年前	恩基向内陆移动，建立了拉尔萨。
400000 年前	间冰期在全球范围内出现。恩利尔来到地球，建立尼普尔，作为太空航行地面指挥中心。恩基建立了通往非洲南部的水路，组织金矿工程。
360000 年前	纳菲力姆人建立了巴地比拉，作为他们的冶金中心，进行熔炼和精炼。建立西巴尔，作为太空站。诸神的其他城市也修建了起来。
300000 年前	阿努纳奇的兵变。人类——“原始人工人”被恩基和宁呼尔萨格创造了出来。
250000 年前	“早期智人”开始繁衍，并扩散到了其他大陆。
200000 年前	在新的冰河时代，地球生命开始衰退。
100000 年前	气温再次转暖。诸神的儿子开始娶人类女儿为妻。
77000 年前	乌巴图图 / 拉麦，一个有着半神血统的人类，在宁呼尔萨格的支持下取得了舒鲁帕克的统治权。
75000 年前	“地球所承受的”———个新冰河时代开始了。地球上的人种急剧缩减。
49000 年前	吉尔苏德拉（“诺亚”）——恩基的“忠实仆人”的统治开始了。
38000 年前	“第七个经过”的严酷气候开始毁灭人类。欧洲的尼安德特人彻底消失；只有近东的克罗马农人幸存了下来。恩利尔对人类不抱希望了，想要毁灭他们。
13000 年前	纳菲力姆人意识到了因第十二个天体的靠近而即将到来的巨大的潮汐波，起誓要毁灭人类。

大洪水淹没了地球，突然地结束了这个冰河时代。

目录

第一章

无尽的开端

在所有用于支撑我们信念的证据中，最明显和最重要的就是人类本身。对地球而言，从许多方面来看，现代人类，也即智人，都是一个外来物种。

自从查尔斯·达尔文用进化论的强大证据，打击了那些传统的学者和神学家，人们对地球生命来源的追寻，可以从人类一直回溯到灵长类、哺乳类、脊椎类动物，以及生存在那之前约十亿年前后的更加低等的生命形式。人们推测，那就是生命诞生的初始。

然而当我们真正接触到这些“初始”，当我们深入思考，生命是否也存在于我们星系的其他地方甚至星系之外后，学者们开始为地球孕育了生命的说法感到不安：不知为什么，生命似乎并不该属于这里。如果这一切都只是源于一系列随机的化学反应，那为什么地球生物会有而且只有一个单一的来源，而不是许多个？

此外，为什么在自然界中含量极为丰富的那些化学元素，在地球上所有生命体内的含量比例却微乎其微？与进化论的观点所要求的恰恰相反，几乎所有这些生命体内含有的化学成分，都是我们的星球所稀缺的。

难道生命是从宇宙中其他地方来到地球的吗？

人类在进化链中所处的位置也是一个令人困惑之处。这里，找到了一个破掉的颅骨，那里，找到一个髎骨……起初，学者们还以为人类是在 50 万年前起源于亚洲。但当更加古老的化石被发现之后，人们不得不承认，如果进化就像一个运作中的磨坊，那它的磨盘转动得可比想象中慢多了。根据现有发现，猿，人类的祖先，出现于令人难以置信的2500万年之前。在东非的考察发现，它们在最早大约 1400 万年前就开始向类人猿转变。从那时起大约 1100 万年之后，第一个有资格被称作人的类人猿才真正出现。

最早的被承认的类人猿，“高级南方古猿”，在 200 万年前就已经存在于东非相同的地方。之后又花了近百万年的时间才进化为直立人。最后，在另一个 90 万年后，第一批原始人在德国尼安德特河谷出现了，他们被称为尼安德特人。

虽然在尼安德特人和南方古猿之间有着超过 200 万年的时间，但他们所使用的工具——锋利的锐石是非常相似的；并且，从外貌上看，他们也几乎没有什么差别（见图 1）。

接着，无法解释的事突然发生了：在并不遥远的 3.5 万年前，人类的另一族群——智人（有思想的人）出现了，就像他们本来就在那儿一样；随之而来的是尼安德特人从地球表面的突然消失。这些近代人——克罗马农人

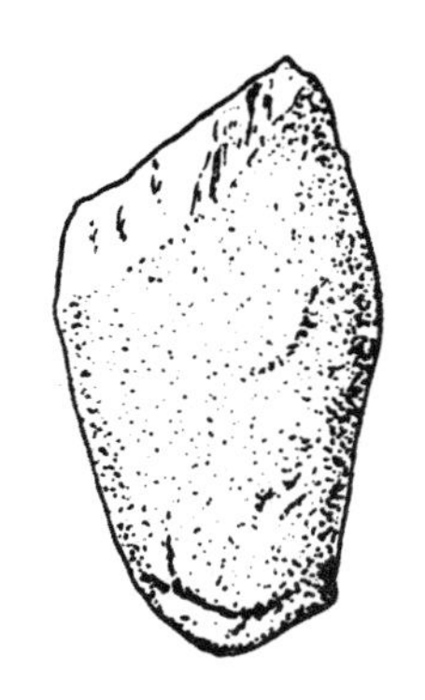
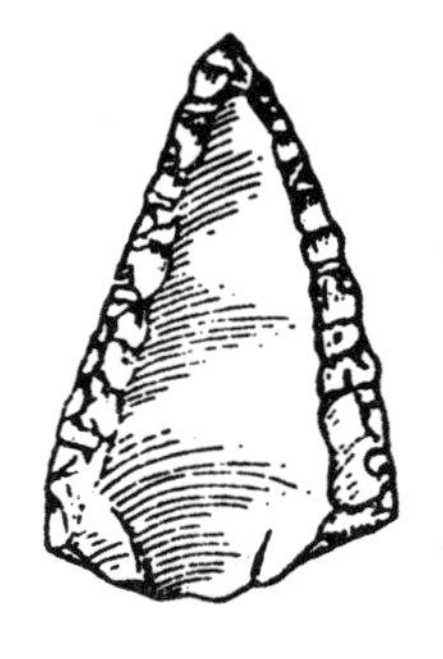

图 1

（Cro-Magnon man，发现于法国西南部一个同名石窟中）看上去和我们长得如此相似，如果穿上现代人的服饰，那么他们将遁形于任何一个欧洲或者美国城市的人流中。

因为他们创作的那些宏伟的洞穴壁画，他们起初被叫作穴居人。事实上，他们能在地球上自由自在地游移，因为他们知道怎样在他们所到之处用石头或兽皮修建棚屋。

百万年来，人类的工具都是形状简单且便于使用的石头，然而克罗马农人却使用木头和兽骨制造出特殊的工具和武器。他们不再是所谓的“裸猿”，因为他们将兽皮穿在了身上。

他们有自己的社会组织，住在由族长带领的属于自己的氏族中。他们的壁画证明了他们对艺术已经有了较为深刻的感受。有些壁画和雕刻带着明显的宗教色彩，表达了对某位母亲女神的崇拜——在某些时候，她是用新月符号来表示的。他们知道埋葬死者，而且必须这么做。显然，他们已经有了哲学方面的思考，比如生命、死亡，甚至可能还包括了来世。

尽管克罗马农人的出现神秘难解，不过还有更令人困惑的问题：其他现代人的遗迹被陆续发现：按地理位置可以划分为英国的斯旺司孔人、德国的施泰因海姆人和意大利的蒙特玛利亚人，这说明克罗马农人显然源于 25 万年前那些生活在西亚或北非的类现代人的某个古老分支。

现代人的出现比直立人晚 70 万年，同时又比尼安德特人早 20 万年，这绝对是难以置信的。因为这样一来，智人就如此极端地背离了本应缓慢之极的进化过程，同时还拥有了许多类似我们才有的功能，比如语言的能力。这与之前的灵长类动物可是完全不同的。

一位很有权威的专家正在研究这一课题，他是狄奥多西·杜布赞斯基教授。他在著作《进化中的人类》中对这个进化期出现在地球进入冰河时代之际表示极为困惑，因为对进化进程来说，这是最为不利的时期。

他指出：智人完全缺乏此前的物种身上我们已知的一些特征，但又额外拥有一些以前完全没有出现过的新特征。他得出这样的结论："现代人有许多近亲和支系，但没有先祖。智人的起源因此成了一个难题。"

那么，现代人的祖先是如何在大约 30 万年前突然出现，而不是经过 200 万年或 300 万年的漫长的进化发展出来？我们是不是从其他地方来到地球的？或者，像是《旧约》和其他古代文献所说的那样，是神创造了我们？

现在，我们已经知道文明始于何处，并且查明了它一旦开始以后是如何发展的。但未知的是：为什么文明会突然产生？令现在许多学者郁闷不已的一个证据是：从所有的数据来看，人类都不应该拥有文明。没有任何显著的理由显示，我们应该变得比亚马孙河流域的雨林中，或者新几内亚难以接近的区域中那些原始部落更加文明和开化。

但是，正如我们被告知的，这些部落成员至今都生活在石器时代，因为他们与世隔绝了。但是，是与什么相隔绝呢？既然他们也和我们一样，都生活在同一个地球上，为什么他们不能像我们以为的那样，自己学得科学技术知识呢？然而，真正的困惑，并不是布希曼人（Bushmen，意为"丛林人"，生活在非洲南部，靠狩猎为生，1950 年才局部转入农耕社会）的落后，而是我们的先进；因为现在的研究已经证明，如果是按照正常的进化方式，那么，现在人类具有代表性的典型人种应该是布希曼人，而不是我们。

人类花了 200 万年的时间，才在使用石头的时候发现，可以通过打磨而让它们变得更为合适和顺手，并由此开始了"工具行业"。那么，何不再花上 200 万年去学习如何应用其他材料，然后再用 100 万年去掌握数学、工程学和天文学？

虽然克罗马农人没有制造出天文望远镜，也不会使用金属，但没有任何理由怀疑他们是一个突如其来的、带有革命性的文明。他们修建棚屋的能力及灵活性，他们对穿上衣服的渴望，他们制造的工具，他们的艺术作品……凡此种种，都表明这是一个极其突然的高度文明，在为即将向下繁衍的人类文化拉开序幕。之后，将是这一进程的无尽延续。

虽然我们的学者还无法解释智人的出现和克罗马农人的文明，但毫无疑问，现在可以肯定这一文明的主要发祥地是近东。从东方的扎格罗斯山（Zagros Mountains，位于现在伊朗和伊拉克的边境）开始，高地和山脉在一个半弧形里延伸，直到北方的亚拉腊山和托罗斯山，接着向西方和南方扩展，再到黎巴嫩、以色列和叙利亚的山地。在这个区域里，到处都是史前的现代人留下的山洞（见图 2：克罗马农人文明分布图）。

其中有一个洞穴，沙尼达尔，位于这个半弧形文明圈的东北方。现在，粗犷的库尔德部落用这些洞穴作为他们的庇护之所，并储藏过冬需要的物资。和他们一样，44000 年前一个寒冷的晚上，一个七口之家（其中一个是婴儿）在这里寻

图 2　克罗马农人文明分布图

找庇护所，并进入了沙尼达尔洞穴。他们的遗体——他们显然是被突然滚落的岩石砸死的——于 1957 年被拉尔夫·索列基发现。他进入这个地区寻找早期人类的证据。索列基教授告诉我，共有九具骨骸被发现，只有其中四具被落石击碎。他所发现的可比他预期的要重要得多。当一层一层的碎片被移开，他才发现这个洞穴清晰地记录了这一地区从大约 10 万年前到 13000 年前的人类的生活习性。

这些记录所显示的内容就像洞穴本身一样令人吃惊：人类文化并不是在进步而是在退步。将某个确定值作为标准，每代人都显示出，他们在生活中的开化及文明程度在这一标准之上非但没有进步反而有所倒退。从大约公元前 27000 年到公元前 11000 年，这种退化和人口缩减，达到了一个几乎找不到他们居住地的地步。

假定是气候上的原因，人类在 16000 年内几乎全部离开了这整个地区。之后，大约公元前 11000 年，智人带着新的活力和令人无法相信的更高水平的文明再一次出现了。就像是有一个看不见的教练，看到即将衰竭的人类游戏，于是派遣了更年轻、更优秀的运动员去替代掉老一代一样。

※

在这几百万年的无尽文明的开端，人类还是自然的儿子。他们靠收集野外的果实、猎捕野兽、捉鸟或是捕鱼为生。但正当人类的定居点变得愈发狭小，正当他们放弃了很多住处，正当他们使用的材料和创造的艺术品都快消失了——就在这时，突然，没有任何原因也没有任何先例，人类成了农民。

在总结了很多著名专家在这一课题上的研究成果后，罗伯特·J. 布雷德伍德和 B. 豪（B. Howe，史前史科学家）指出，遗传学可以证明，农业毫无疑问地开始于智人带着他们的原始文明出现的地方：近东。现在丝毫不用怀疑，农业就是从近东的山脉和高地这个弧形中传遍世界的。

用放射性碳来测定年龄和植物基因，许多来自不同科学领域的学者都认同人类最初的耕作对象是小麦和大麦，可能是通过驯化野生的二粒麦品种得到的。

现在假设，人类的确是经历了一个渐进的过程，教会了自己如何驯化、栽种并耕作野生植物，但学者们仍然为大量的、能满足人类生存的基本的植物和谷类不断走出近东而困惑。

这里面包括了粟、黑麦和斯佩尔特小麦；亚麻，可以提供纤维和食用油；还有能够结果的灌木和树。这些有用的物种都在快速地被继承。每个例子都表明，这些在近东驯化的植物，比它们到达欧洲要早了千年以上。就像近东是某种植物基因实验室，在某只看不见的手的指挥下，很有效率地生产出各种刚被驯化的植物。

研究过葡萄起源的学者们都指出，这种植物的种植始于美索不达米亚北部周围的山区，以及叙利亚和巴勒斯坦。难怪，《旧约》告诉我们诺亚在洪水退去后将方舟停靠在亚拉腊山，“种植了一个葡萄园”（甚至还用那些酒把自己灌醉了）。《圣经》，就像那些学者，用另一种方式指出，藤类植物种植的开端是在美索不达米亚北方的山区里。

苹果、梨、橄榄、无花果、杏、阿月浑子、胡桃，所有这些都是源自近东并由此传入欧洲和世界其他地方的。的确，我们忍不住想起《旧约》在早于我们的学者几千年之前，就能确定那个地方就是世界第一个果园：“接着天父在伊甸园种植了一片果园，在东边……接着天父说：生长吧，长出地面，每棵树都很乐意被注视，都很适合食用。”

与《圣经》同时代的人当然知道伊甸园的大概地址。它“在东方”——在以色列的东方。四条主河流过的陆地，其中两条是底格里斯河与幼发拉底河。

毫无疑问，《创世记》将世界第一个果园设立在了这些河流发源的美索不达米亚平原的东北高地上。《圣经》和科学达成了完全的共识。

事实上，如果我们将《创世记》中关于希伯来起源的文字当作科学文献而不是神学文献来研读的话，我们会发现，它同样精确地描述了植物驯化的过程。科学告诉我们，这个过程是由野草变为野生谷类再到可耕种谷类，接着是结果的灌木和树。这个过程完全就如《创世记》第一章所讲到的那样：

> 接着天父说：
> “地要发生青草和结种子的菜蔬，
> 并结果子的树木，
> 各从其类，
> 果子都包着核。”
> 事就这样成了：
> 于是地发生了青草和结种子的菜蔬，各从其类；
> 并结果子的树木，各从其类；
> 果子都包着核。

《创世记》接下去向我们讲述，人类从伊甸园中被赶了出来，必须长时间辛苦地耕种他们的食物。“用你额头上的汗水来换取面包”，上帝是这么对亚当说的。在此之后，“亚伯蓄养牲畜，该隐则在泥地里耕种”。《圣经》告诉我们，人类在成为农民之后，很快就成了牧羊人。

学者们对《圣经》中记载的这些事件十分认同。分析过大量动物驯化理论的 F.E. 佐伊纳，在其《动物驯养》中认为，人类不可能“在社会组织还未达到一定规模的前提下，就把动物们关起来或者驯化”。固定的社会组织是驯化动物的先决条件，也是农业发展的转折点。

狗是最先被驯化的动物，这是可信的，发生在大约公元前 9500 年左右。在伊朗、伊拉克和以色列，人们发现了第一只狗的残骸。不过，它们不一定在一开始就是人类很好的朋友，也有可能是很好的食物。

羊是几乎在同一时间被驯化的。沙尼达尔洞穴中就有公元前 9000 年的羊只残骸，并显示出有大量的羊被变成了食物和皮革。山羊也是奶的提供源，很快也被驯化了。还有猪，以及带角的牛和无角牛，都接着被驯化了。

在每一个例子中，驯化都开始于近东。

人类发展中的一次剧变发生在大约公元前 11000 年，在近东（2000 年后欧洲也发生了），旧石器时代结束了，一个新时代开始了，学者们称它为中石器时代。

这个名字是相当恰当的，因为它提到了人类的主要工具还是石头。他们在山区的住所仍然是石头筑成的，这使他们的社会处于石墙的保护下。他们的第一个农业用具镰刀也是石头做的。他们纪念和保护去世同伴的方式是用石头来盖住他们的坟墓；他们还把石头做成他们心目中的上帝，或是对生活及生产有利的“神灵”。有一个引人注目的形象出土于以色列北部，被证实是公元前 9000 年的，它似乎是一位神祇，不但戴着带有条纹的头盔，还戴着某种……某种“护目镜”（见图 3：戴有条纹头盔和“护目镜”的神灵）。

总的来看，从公元前 11000 年开始这段时期，我们不应该叫它中石器时代，而应称之为驯化时代——中途只有 3600 年，似乎一夜之间就有了无数的

图 3：戴有条纹头盔和“护目镜”的神灵

开始：人类成为农民，接着植物和动物都被驯化了。

接着，又是一个新时代的到来。我们的学者称之为新石器时代。最大的突破则发生在公元前 7500 年，那时陶器出现了。

公元前 7000 年，在近东弧形文明圈中充满了黏土和陶器文化，由此诞生了许多器皿、饰物及小型雕塑。在公元前 5000 年，近东制作的黏土和陶器制品具有很高的质量和极为出彩的设计。但是再一次，发展放慢了。在公元前 4500 年的时候，考古证据表明，衰退包围了这里，陶器变得简单，石制器皿——石器时代的遗物再一次成为主流。居住地点也开始减少，一些曾经是陶器和黏土制造中心的地方被抛弃了。而且相当明显的是，黏土制品消失了。“文化枯竭是文化发展中的一个普遍现象。”詹姆斯·梅拉特在其《近东的早期文明》一书中如是说。一些地点很显然地戴上了“新贫困时期”的帽子，人类和他们的文化显而易见开始了衰退。

然后再一次突然而无法预料且难以想象地，近东重新见证了可以想象到的、最伟大的文明之花的绽放，一个让我们自己从此扎根下来的文明。那只看不见的手再一次将人类从衰退中拯救出来，并将之放在了更高层次的文化、知识和文明中。

第二章

突如其来的文明

很长一段时间以来，西方人认为他们的文明来自希腊和罗马。但是希腊哲学家自己却时常说他们扎根在一个更加古老的源头。后来，回到欧洲的旅行家们报告了埃及的存在，以及那些宏伟庄严的金字塔和有一半都被埋进沙里的神庙——它们被一个名叫斯芬克斯（Sphinx，狮身人面像）的巨石怪物守护着。

拿破仑于 1799 年到达埃及的时候，曾带领他的学者们研究并试图解释这些古代奇迹。他的一位官员发现，在靠近罗塞塔的地方有一块石板，是公元前 196 年刻立的，上面用古埃及象形文字雕刻了一个宣言。

对古代埃及文字和语言的解读，以及考古学的成就表明，早在希腊文明之前，埃及文明就有了很高的成就。资料记录，在大约公元前 3100 年，古代埃及人就有了皇室和王朝，比古希腊文明早了整整 2000 年。在公元前 5 世纪到 4 世纪的时候，它进入了黄金时期。古希腊在它的面前与其说是起源者，不如说是后来者。

那么我们文明的起源是在埃及吗?

这貌似是一个较为合乎逻辑的结论，但事实却不是这样。古希腊的学者们的确描述过他们对埃及的拜访，但他们的知识来源却在另一个地方被找到。爱琴海的前希腊文明——克里特岛上的迈诺安文化和迈锡尼文化证明其集成的是近东文化，而不是埃及文化。叙利亚和安纳托利亚是一个早期文明通向真正希腊文明的主要通道，而非埃及。

值得注意的是，多里安人入侵希腊和以色列人逃离埃及后入侵迦南，几乎是在同一时间发生的（大约是公元前 13 世纪），学者们为不断增长的闪族文化和古希腊文化的相同点而着迷。居鲁士·H. 戈登在《被遗忘的文字》和《迈诺安语言的证据》等书中，通过使用一个早期的克里特文字，称之为 A 线，代表了一种闪族的语言，从而开创了一个新的研究领域。他的结论是："希伯来文明和克里特文明的模式充满不同寻常的相似。"他指出，很多岛屿名字，如克里特，在克里特语中是 Kere-et，意为"筑有城墙的城市"；在希伯来文中，其意思同样如此，而且也有和闪族神话中克里特之王相对应的神话。

甚至古希腊的字母表，也就是拉丁文和我们现在的字母表的源头，也是来源于近东的。古代希腊历史学家自己曾写过，一个名叫卡德摩斯的腓尼基人带给了他们字母表，其中包括和希伯来字母表相同数目的字母，连顺序也一样。这在特洛伊战争到来时是希腊唯一的字母表。在公元前 5 世纪的时候，字母数目被诗人西蒙尼德斯增加到了 26 个（见图 4）。

希腊和拉丁文，以这种方式成为我们整个西方文化的基础。通过对比各种名词与符号，甚至对比很久之前的近东字母表和很久之后的希腊文及拉丁文，都可以轻松地证明它们源于近东。

当然，学者们意识到，在公元前 1000 年以来希腊与近东的接触，随着波斯于公元前 331 年被马其顿的亚历山大大帝击败而走向了终结。希腊文化记录了很多关于这些波斯人以及他们土地（也就是今天的伊朗）的资料。根据他们国王的名字——居鲁士、大流士、薛西斯以及他们女神的名字来判断，它们都是属于印欧语系的，学者们现在相信了他们是来自接近里海的某个地方的雅利安人的一部分。一直到公元前 2 世纪最后，他们向西到达了小亚细亚，向东到达了印度，向南到达了《旧约》中提到的“米底人和帕西人的领地”。

并不是都这么简单。比如居鲁士，被认为是“耶和华的受膏者”——这是希伯来神和一个非希伯来人之间的奇怪关系。《以斯拉书》中说，居鲁士收到了在耶路撒冷重建神庙的任务，便按照耶和华的要求开始了行动。他称耶和华为“天堂的神”。

居鲁士以及他那个王朝的其他国王自称为阿契美尼德人——在由王朝创建者传承 Hacham-Anish 这个头衔之后。这可不是属于印欧语系的头衔，但在

希伯来语·名字	迦南	早期希腊	晚期希腊	希腊语·名字	拉丁语
Aleph	𐤀 𐤀	A	A	Alpha	A
Beth	𐤁 𐤁	S 𐌁	B	Beta	B
Gimel	𐤂	ᒣ	ᒥ	Gamma	C G
Daleth	𐤃 𐤃	Δ	Δ	Delta	D
He	𐤄 𐤄	ᴲ	E	E(psilon)	E
Vau	𐤅	Y	ᚴ	Vau	F V
Zayin	𐤆 𐤆	I	I	Zeta	
Heth (1)	𐤇 𐤇	8	8	(H)eta	H
Teth	⊗	⊗	⊗	Theta	
Yod	𐤉	≀	ʃ	Iota	I
Khaph	𐤊 𐤊 𐤊	ꓘ	K	Kappa	
Lamed	𐤋 𐤋	ᐯ ⊣ 7	L Λ	Lambda	L
Mem	𐤌 𐤌	ᘻ	M	Mu	M
Nun	𐤍 𐤍	И	N	Nu	N
Samekh	𐤎 𐤎	王	王	Xi	X
Ayin	o o	o	o	O(nicron)	O
Pe	𐤐 𐤐 𐤐	7	Γ	Pi	P
Ṣade (2)	𐤑 𐤑 𐤑	Ϻ	M	San	
Koph	𐤒 𐤒 𐤒	Φ	ϙ	Koppa	Q
Resh	𐤓	ᑫ	P	Rho	R
Shin	W	Ʒ	Σ	Sigma	S
Tav	X	T	T	Tau	T

图 4

闪族语系里却是完美的，因为这是“英明的人”的意思。大体上，学者们忽略了去检查耶和华与阿契美尼德女神口中的“英明的主”的诸多共同点。后者被画在了大流士的皇族印章上，可以看到，他待在一个长翅膀的球中，并在空中盘旋（见图 5）。

图 5

古代波斯文明的根基可以追溯到更早的巴比伦和亚述帝国。在那些古代奇迹里出现的文字形符号，在一开始只被认为是装饰用的设计图案。英伯格·凯普费尔于 1686 年造访了古波斯帝国都城之一的波斯波利斯，他描述这些图案时称其为楔形，从此，这些图案就被称作楔形文字。

人们在努力地破译这些古代文字的时候，越来越清楚地发现，这些文字跟两河流域之间的美索不达米亚平原及高地上出土的人造物品与碑刻上的文字，属于同一种文字。出于对这些琐碎发现的兴趣，保罗·艾米利·博塔在 1843 年进行了第一次有目的的挖掘行动。他在美索不达米亚北部选择了一个地点，靠近现在的摩苏尔，今天叫作豪尔萨巴德。很快博塔就根据楔形文字命名该地方为杜莎鲁金。这是闪族文字，是希伯来文的近亲语言，意思是“正直国王的筑有城墙的城市”。我们的教材和文件上称这个国王是萨尔贡二世。

这位亚述国王的都城中心是一座宏伟的皇家宫殿，宫殿墙上刻满了精美的浮雕。如果将它们首尾相连，长度超过了一英里。对整个城市甚至是宏伟的皇家庭院而言，被称为西古纳特的金字形神塔更是显得居高临下，它呈阶梯形，顶部有神殿，是修来供神灵使用的通往天国的阶梯（见图 6）。

图 6

城市的布局以及那些浮雕描绘着一种宏伟的生活规模。宫殿、神庙、房屋、马厩、仓库、高墙、城门、圆柱、饰物、雕塑、艺术品、高塔、防御墙、露台、花园——所有这一切都在短短五年之内竣工。乔治·康特纳在《巴比伦和亚述的日常生活》中说："一个充满想象力和潜力的帝国可以在很短的一段时间内做到如此之多。"是的，哪怕是在 3000 年前。

英国人奥斯丁·亨利·莱亚德爵士，将他的位置选在了相对豪尔萨巴德来说更远的地方，位于底格里斯河下方 10 英里左右。当地人叫那里为库云吉克，那里，曾经是亚述的首都尼尼微。

《圣经》中的名字和事件开始进入现实了。尼尼微是亚述帝国最后三个伟大帝王的皇家都城：西拿基利、伊撒哈顿、亚述巴尼波。在《旧约》里，《列王纪》是这么讲的："现在，在希西家王的第十四年，亚述王西拿基利上来攻击犹太的一切坚固城，将城攻取。"当上帝的天使惩击他的军队时，"西拿基利就拔营回去，住在尼尼微"。

西拿基利和亚述巴尼波建造的尼尼微的宫殿、神庙以及工艺品，都超越了萨尔贡。伊撒哈顿的宫殿遗址被认为是不能挖掘的，因为现在那里有座穆斯林的清真寺，而且据说下面埋葬了先知约拿，后者被鲸鱼吞食了，因为他拒绝将耶和华的口信带去尼尼微。

莱亚德曾研读过古希腊的文献，其中一段说亚历山大军队里的一名官员，看见了"一个有很多金字塔和古代城市遗迹的地方"，一个在亚历山大时代就被埋葬的城市！当然，莱亚德随即就去把它挖了出来，经证明，那里是尼姆鲁德，亚述的军事中心。就是在这个地方，撒缦以色二世建立了一个方尖塔来记录他的战功。该塔现收藏于大英博物馆，塔上的表单显示了在众多国王之中被迫缴纳贡品的那一个："耶胡，暗利之子，以色列之王。"

再一次，美索不达米亚出土的文献和《圣经》上的内容不谋而合！

越来越多的考古发现证明了《圣经》中的记载，这是一件让人震惊的事情。亚述学家们再一次回到了《创世记》的第十章。宁录，尼尼微的创建者，"在耶和华荣光下的威武的猎人"——那个所有美索不达米亚的王国的创始人被如此形容：

> 他国的起头是巴别，以力，
> 亚甲，甲尼，都在示拿地，
> 他从那地出来往亚述去，建造尼尼微，利河伯，迦拉，
> 和尼尼微，迦拉中间的利鲜，这就是那大城。

那里确实有个土堆，当地人叫它迦拉，在尼尼微和尼姆鲁德之间。在

1903到1914年，由W.安德雷带领的队伍挖掘了这个区域，他们发现了亚述的遗迹，那里是亚述的宗教中心，也是它最早的都城。所有在《圣经》中提到过的亚述城市，只有利鲜还没有找到。这个名字的意思是“马的笼头”，也许它是亚述皇家马厩的地点。

与亚述重见天日同时发生的，是由R.考得威带领的队伍完成的巴比伦——《圣经》中的巴别——的挖掘工作，那是一个极大的所在，内有宫殿、神庙、空中花园和不可缺少的金字塔庙。短时间内，考古发掘和文献资料将这两个强盛的美索不达米亚帝国公布于世：巴比伦和亚述，一个雄霸南部，一个伫立北方。

强盛和衰落，战争与和平，它们构成了长达1500年的高度文明。它们都在公元前1900年兴起，亚述和尼尼微最后都被巴比伦灭亡，一个是在公元前614年，一个是在公元前612年。正如《圣经》里的先知所预言的那样，巴比伦自己也有一个不光彩的终结，那就是，它在公元前539年被居鲁士占领，后者开启了他的波斯第一王朝：阿契美尼德帝国。

虽然亚述与巴比伦在整个历史中互为对手，相互竞争，但它们的文化和使用的材料却并没有什么较大的差别。即使亚述人称呼他们的主神为阿舒尔，而巴比伦人则称呼其主神为马杜克，但他们的万神殿实际上却是很相似的。

世界上许多博物馆都收集了一些出土于亚述和巴比伦的贵重古董，像是礼仪用的大门、带翅膀的公牛、精细制作的浅浮雕，以及战车、工具、器皿、珠宝、雕像，还有其他一些用任何你能想象到的材料制作出来的东西。但是真正的宝藏其实是这些王国的文字记录：用楔形文字书写的成千上万的铭文，其中包括了有关宇宙的神话、史诗、国王庙记录、商业合同、婚姻和离婚记录、天文表、星座占卜、数学公式、地理表单、语法和词汇教科书，以及对他们来说较为重要的神的名字、氏族、称号、事迹、能力和职责。

联系亚述与巴比伦文化、历史和宗教的共同语言是阿卡德语，这是第一个被得知的闪族语系，与希伯来语、亚拉姆语、腓尼基语、迦南语相似，但又出现得更早。但是，亚述人和巴比伦人并没有创造这种语言或是字体；的确，很多出土的碑刻上都有注明，他们是从另一个更古老的源头那里学到这门语言的。

那么，是谁发明了楔形文字这门语法周密、词汇丰富的语言的？那个更早的源头是什么？而且，为什么亚述人和巴比伦人都称其为阿卡德语？

让我们再一次注意《创世记》的内容："他国的起头是巴别，以力，亚甲……"这里，亚甲，阿卡——难道在巴比伦和尼尼微之前真有这样一个都城吗？

在美索不达米亚的挖掘工作为此提供了强有力的证据，曾经，确实有一个名叫亚甲的王国，由一个更早的统治者建立，并自称是舍鲁金。他通过写作声称，在恩利尔神的荣光下，他的帝国疆域从下海（波斯湾）一直延展到上海（被认为是地中海），他自夸在亚甲的码头上停满了从各个遥远地区驶来的船只。

学者们对此充满敬畏：他们遇见了一个在公元前 3000 多年就建立起的美索不达米亚帝国！从亚述萨尔贡王到亚甲的萨尔贡王之间有 2000 多年的跨度。从挖掘出来的文物来看，涉及文学、艺术、科学、政治、商业和通信等各个领域。不得不承认，这是一个成熟的帝国，而且早在巴比伦和亚述之前。此外，它显然还是后来的美索不达米亚文明的源头，巴比伦和亚述仅仅是亚甲文明这个树干上的枝条而已。

如此，一个古代美索不达米亚文明之谜更加扑朔迷离了，幸而，记载着亚甲萨尔贡王功绩和族谱的文献被及时发现了。当中所陈述的内容提到了他的称号："亚甲之王，基什之王"。其中解释说他在继任亚甲的王座之前，是基什统治者们的顾问。就是这个地方，学者们开始了自问：会不会还有一个甚至更早的文明，在亚甲之前，被称为基什？

再一次，《圣经》经文获得了重大意义。

> 库什生宁录，为世上英雄之首……
>
> 他国的起头是巴别、以力、亚甲。

许多学者都猜测亚甲的萨尔贡王是《圣经》中所说的宁录。如果将“基什”读成《圣经》中的“库什”，那似乎宁录之前的确是基什。学者们于是开始照字面逐字逐句地解读文献：“他击败了乌鲁克，并击毁了它的墙……他是与乌尔人之战的胜利者……他击败了像海一样大的整个拉格什。”

《圣经》中的以力是否正是萨尔贡笔下的乌鲁克呢？随着现在被叫作瓦尔卡的遗址的出土，我们知道的确如此。而且萨尔贡所提到的乌尔指的不是别的，正好是《圣经》里所说的乌尔，美索不达米亚平原上亚伯拉罕的出生地。

考古发现不仅印证了《圣经》上的记载，还可以肯定，甚至在公元前3000年之前的美索不达米亚平原上仍然有着王国、城市和文明。唯一的问题是：要找到第一个文明国度需要回溯多远？

解开这个难题的是另一种语言。

※

学者们很快承认，不仅是希伯来语中的名字具有含义，《圣经》中也是一样。这贯穿于整个古代近东。亚甲、巴比伦、亚述的所有人名地名都具有一定的含义，但是在亚甲的萨尔贡王之前的国王名字可没有这样的属性。

亨利·罗林森爵士指出，很多名字既不属于闪族语系又不属于印欧语系；的确，“它们似乎属于某种未知的语言或人种”。但如果名字真有内在的意思，那么，那种能够解释这种意思的语言又是什么呢？

学者们重新审视了阿卡德文字。基本上，阿卡德楔形文字是由音节构成的：每个标志都代表着一个完整的音节。但是那些文字却又大量地应用了很多不表音节却直接表达意思的词汇，比如“神”“城市”“国家”或者“生命”“高兴”。对这种奇特现象的唯一可能的解释是，这些符号是一个更早期的象形文字的写作方法的遗留物。那么，在阿卡德语之前，肯定有另外一个类似于埃及圣书体的书写方法。

很快，有一种显然是更早的语言，而且不仅仅是书写方式，被牵涉了进来。学者们发现，很多阿卡德文献和记录中都使用了大量的外来词——从另一门语言借用的词语 [这种方式就像是一个现代的法国人也要从英文中借取“周末”(weekend) 一词]。这在科学和技术术语中表现得尤为突出，还有，在与神及天堂打交道的事情里显得同样醒目。

在阿卡德文献中最伟大的发现之一，是一座由亚述巴尼波修建于尼尼微的图书馆的废墟，莱亚德和他的同事在那里运出了 25000 多条碑刻，其中许多都是由当时的文士所写，以作为“古昔测试”的副本。一组 23 个的碑刻在结尾处有这样的标注：“第二十三支碑刻：苏美的语言没有改变。”另一个碑刻上有亚述巴尼波本人写下的让人费解的标注：

> 文士之神授予了我他的艺术和知识作为礼物。
>
> 我被传授了写作的秘密。
>
> 我甚至能够读懂来自苏美尔的碑刻；
>
> 我明白石头里的神秘文字，它们雕刻于大洪水之前。

亚述巴尼波自称能读懂苏美尔文，还说能看懂大洪水之前记录下来的文字，但这一事实只会让谜团更费解。在 1869 年 1 月，朱尔斯 · 奥波特向法国货币学及考古学界提出，他已经认识到有一个前阿卡德语言和人类的存在。他指出，美索不达米亚的早期统治者通过使用“苏美尔及亚甲的王”来宣告自己的正统性，他建议将那些人叫作“苏美尔人”，并将他们的土地叫作“苏美尔”。

除了读名字时发错了音——它应该是苏美，而不是苏美尔，奥波特都是对的。苏美尔不是一个神秘的、遥远的土地，而是早期的美索不达米亚南部的名字，就像《创世记》中所清楚地标注的一样：巴比伦、亚甲、以力的皇城“都在示拿地”。而示拿地是《圣经》里对苏美尔（苏美）的称呼。

一旦学者们接受这些论断，道路就豁然开朗了。与“古昔测试”相关的阿卡德文变得充满了意义，而且学者们很快便承认，那些写有大量文字的碑刻，实际上是阿卡德 - 苏美尔字词典，是亚述和巴比伦为了方便学习他们的第一门语言，即苏美尔语所准备的。

如果没有很久之前的这些字典，那我们离阅读苏美尔文还差得很远。在它们的帮助下，一个庞大的文学和文化宝藏向我们敞开大门。还有一点也变得清楚了，就是苏美尔文中那些早期象形文字，从在石头上竖排刻写变成了横着书写。后来，在软泥做成的碑刻上用楔形风格的文字写作，逐渐被阿卡德人、亚述人、巴比伦人和其他一些古代近东国家的人接受（见图 7）。

苏美尔文			楔形文字		含义
原形	变体	旧体	普通	亚述	
					地球土地
					山
					家庭的男人
					女性外阴
					头
					水
					饮用
					行走
					鱼
					大而强壮的公牛
					大麦

图 7

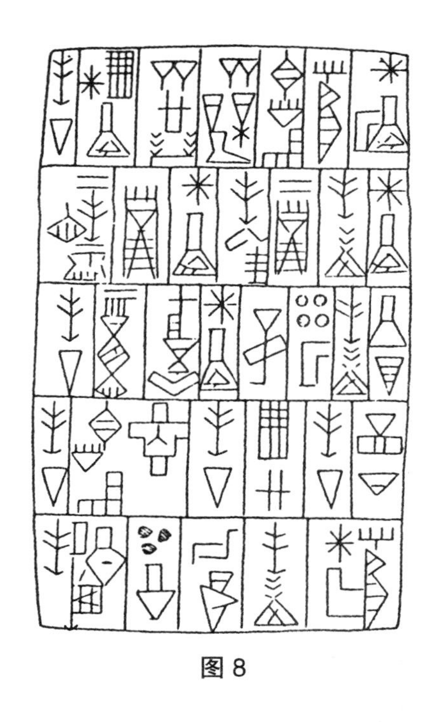

图 8

对苏美尔语言和文字的解读，使人们认识到了苏美尔人和他们的文化是阿卡德－巴比伦－亚述成就的源头，这促使学者们对美索不达米亚南部展开考古搜查。现在，所有的证据都表明，这里就是这一切的开端。

第一个主要的针对苏美尔人的挖掘任务开始于 1877 年，由法国考古学家组织；从这个单一地点中发掘出的文物如此之多，以至于其他人在这里继续挖掘到 1933 年都没有完成。

当地人称这个地方为泰洛赫，这里被证明是一个早期的苏美尔城市，并且是一个皇家城市，也就是亚甲的萨尔贡自吹自擂的拉格什。其统治者使用了和萨尔贡相同的称号。唯一不同的是，他们使用的是苏美尔语言：EN.SI（意为“正直的统治者”）。他们的王朝始于大约公元前 2900 年，并且持续了接近 650 年。在这段时间里，43 个“正直的统治者”当政，他们的名字、族谱，以及执政的年份都被整齐地记录在案。

这些文献向我们透露了许多信息。他们向神的祈求语，如“让稻谷发芽生长带来丰收……让浇过水的植物长出粮食”，是农业和灌溉的很好证据。一个刻字的杯子如此表示女神的荣耀：“谷仓的守护人”，这无疑是在暗示我们，他们的粮食是测算过并贮存起来的，也可能用于贸易。

一个名叫安纳吐姆的“正直的统治者”，在一块泥砖上留下了一段话（见图 8），很清楚地表明这些统治者只要获得了诸神的批准，就可以继任。他同样也记录了对其他城市的征服，这暗示我们：在公元前 3000 年开始的时候，苏美尔就已经有了很多城市。

安纳吐姆的继承人恩铁美那写道，曾修建过一座神庙并饰之以黄金。那里不仅建了花园，还修了一些很大的砖口井。他还自豪地描述，他们筑造了一个带有瞭望塔和各种设施的要塞，专门用于看管入坞的船只。

古蒂亚是拉格什相对出名的统治者之一。他拥有大量由他自己制作的小塑像，全都用来代表他在诸神面前的祈祷和奉献。这可不是装出来的：古蒂亚确实是把自己奉献给了对宁吉尔苏的敬仰，那是他们最重要的神，并且建造和重建了许多神庙。

他的许多文献都表明，为了寻找精美的建筑材料，他从非洲及阿纳托利亚（Anatolia，小亚细亚旧称）获得了黄金，从托罗斯山脉获得了白银与铜，从黎巴嫩获得了杉木，从亚拉腊山获得了其他木料，从埃及获得了闪长岩，从埃塞俄比亚获得了玛瑙，还有从其他一些学者们尚未考证过的地方获得的其他材料。

当摩西在沙漠中为上帝修建“居所”的时候，他依照了上帝向他提供的设计。当所罗门王在耶路撒冷修建第一座神庙的时候，他先从上帝那里“得到了智慧”。先知以西结通过一种“神圣的视觉”，从一个用青铜色的手握着淡黄色绳子和测量杆的人那里，得到了修建第二个神庙的详细计划。乌尔南模，乌尔的统治者，在几千年之前描述说，他的神命令他为其修建一所神庙，不仅给了他一个很实用的操作指南，还让他拿着一个测量杆和包金箔的绳子来工作（见图9）。

图 9

在摩西之前200年，古蒂亚也做过同样的事。他将其记录在一个很长的文献当中。那栋需要他完成的建筑物，通过某种“神圣的视觉”传递给了他。“一个发光的人，照耀得就像天堂”，在他旁边“是神的鸟”，“指挥我修建他的神庙”。这个“人”，“从他头上的冠冕来看显然就是神”，也就是后来被称作宁吉尔苏的神。和他一起的是一位女神，“拿着讨人喜爱的天堂之星的碎片”；她的另一只手“拿着一支神圣的尖笔”，她告诉古蒂亚“这是她喜爱的星球”。第三个人，也是一个神，他手上拿着一个宝石的碎片，“修建神庙的计划就在那里面”。有一个古蒂亚的雕塑，表现的是他坐着，而这个碎片放在他的膝盖上；在这个碎片上可以清楚地看见神的画（见图 10）。

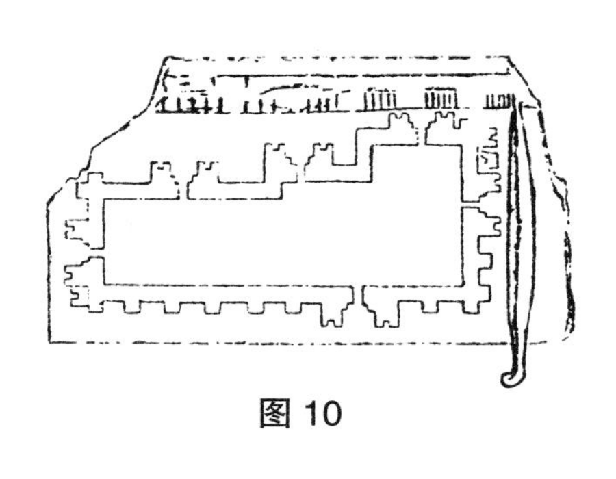

图 10

虽然有那样的智慧，古蒂亚还是觉得这些建筑的设计匪夷所思，便向一位能够翻译神的信息的女神求教。她向他解释了这些建筑的设计、尺寸，以及需要使用的材料的大小。之后古蒂亚雇用了一个男性“占卜师、决策者”和一个女性“秘密寻觅者”来选址，定在了这个城市的郊外，也就是神所希望的建造地点。接着他又派遣了 21.6 万人来进行这个建筑工程。

古蒂亚的疑惑是很好理解的，因为简单的“平面图”似乎没有给他一切必要的信息，以便建立一个复杂的、共有七层高的塔庙。A. 比勒贝克写于 1900 年的《东方老人》，已经至少部分破解了神的建筑设计。古代的图画，哪怕是在一个破碎的雕像上，都可以提供一小部分的平面图。在七个不同的雕刻上，绘有这个七层神庙的整个的建筑设计方案（见图 11）。

有人说过，是战争刺激着人类进行科技和材料的突破。在古苏美尔，似乎是神庙建筑事业，刺激着他们的人民和统治者不断掌握新的科技。要成功完成这些建筑的前提，是要准备一个很好的建筑计划，组织并供养一个庞大的劳动

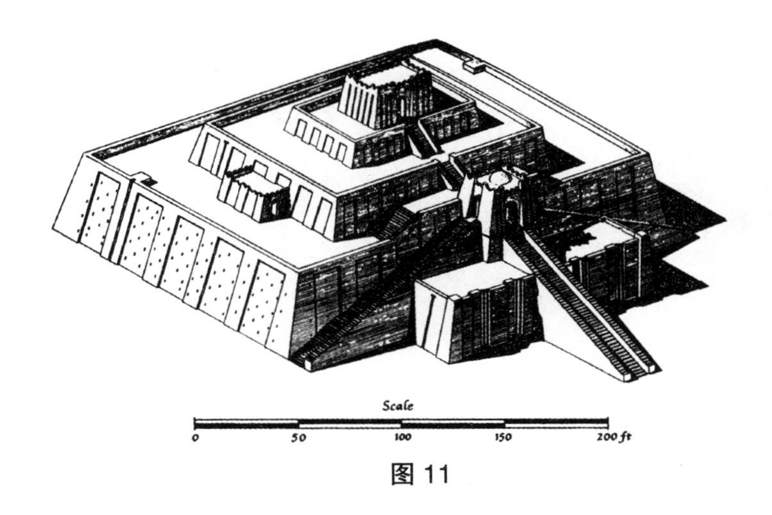

图 11

群体，轧平或抬高地面，浇筑砖块，搬运巨石，从远方取运稀有金属和其他材料，浇铸金属，制造器皿和饰物。很明显，这些事业显示出，这个在公元前 3000 年左右的高度文明已经进入了黄金时期。

※

但这只是冰山的一角而已。

此外，写作的发明和发展，是不能没有一个高度的文明作为支撑的。苏美尔人应该也是发明过印刷术的，比约翰·古藤堡发明活字印刷术早了上千年的时间。苏美尔的文士们运用已经做成各种不同象形符号的模子，就像我们用印章一样在湿土上印下文字。

他们还发明了先进的旋转式印刷机—— 圆柱印章。他们使用了极为坚硬的石头，在一个小型圆柱体背面雕刻好信息或者图画，然后当印章上裹满湿土的时候，会在泥上印出一个明显的印记。这样还可以保证文档的真实性：一个新的文档能够马上就被印刷出来与之进行比较（见图 12）。

苏美尔和美索不达米亚平原的许多文字记录，并不仅仅与神及宗教有着必

图 12

然联系，而是同时与诸如记录作物、测量田地和计算价格等日常工作相关。确实，没有一个高度发达的文明，能在缺少一个先进的数学系统的情况下存在。

在苏美尔体系中，它被称为六十进制，结合了所谓的世俗的 10 以及“天上的”6，从而获得基数 60。这个系统在某些方面还要优于我们现在的系统；无论怎么说，它都要优于后来的希腊和罗马数学系统。它让苏美尔人能够在数百万的数目中进行除法和乘法，这大为提高了他们计算数字的能力。这不仅是我们所知道的第一个数学系统，还给了我们一个“空间”概念：比如，在十进制系统中，2 可能变成 2 或者 20 或者 200，这取决于它的数位；在苏美尔人六十进制系统中，2 则可能变成 2 或者 120（2×60）。其他以此类推（见图 13）。

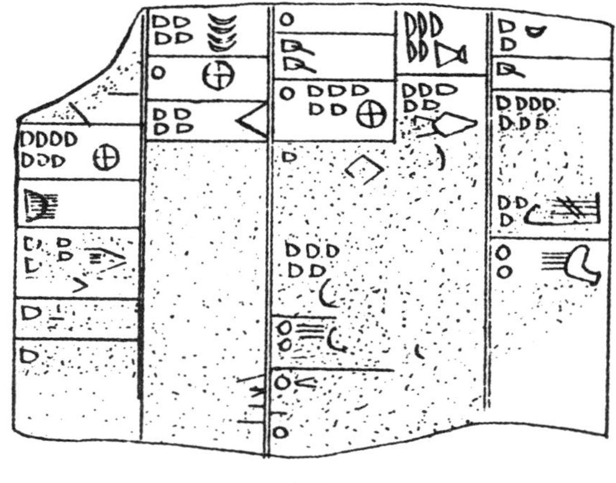

图 13

360 度的圆圈，1 英尺和 12 英寸，以及将“十”作为一个单位，仅仅是残留的苏美尔数学体系在我们现在的日常生活中的几个例子。同时他们在天文学上的成就，以及日历的创作，就像他们的数学一样，都将在未来得到更为密切的研究。

我们的经济和社会体系——我们的书籍、法院和税收记录、商业合同、结婚协议等——用纸笔来记录和规范，而苏美尔和美索不达米亚的生活用泥土来规范。神庙、法庭和贸易所，都有自己的文职人员用他们的方法来记录那些协议、信件、计算价格，乃至工资、土地大小和某个工程所需要的建材。

黏土对他们来说是一种非常重要的原料，用于制造日用器皿和存储箱，以及运送货物的工具。同样，它们也被用于泥砖的制作——苏美尔人的又一个“第一次”。它使得人民的房屋、国王的宫殿，以及神祇的庙宇建设成为可能。

苏美尔人有两个技术上的突破：加强筋和窑烧。依靠它们，可以使所有黏土产品都既轻巧又坚固。现代建筑师知道加强筋确实是一种极为坚固的建材，是将水泥浇到带有铁棒的模型里制成的；很久以前，苏美尔人用削切好的芦苇或稻草，把他们的泥砖变得异常坚固。他们同样知道可以通过在窑里烘烤而使泥制品富有韧性和持久性。因为这些技术的突破，世界上第一座高楼和拱门出现了，就像极具耐久性的陶器制品一样。窑，一个可控制温度的高温火炉的发明，促成了另一项技术的突破：金属冶炼。

可以推测，人类发现了他们可以将“软石”——那些显露在地表的金、银、铜的化合物打造成有用或者讨人喜欢的形状。大约在公元前 6000 年的某一个时候，第一个经敲打成型的金属人造物品，在扎格罗斯和托罗斯的高地上被发现。然而，R.J. 福布斯在《旧世界的冶金发源地》一书中指出：“在古代近东，由本地供给的铜很快就被用尽了，所以矿工们只好把挖掘对象转移到了矿石上。”这就需要寻找、挖取并碾碎矿石和提取矿物的知识和能力。没有先进的科技和窑形处理炉，是不可能明白和完成这个过程的。

冶金艺术很快体现在了将其他金属与铜混合以铸成合金的能力上，并成功地铸造出了新的金属品种，它具有可塑性，又坚固，还带有柔韧性。它就是我们所说的青铜。新的时代到来了：青铜时代。我们世界的第一个金属时代。这是美索不达米亚文明为现代文明带来的贡献。许多古代的贸易都是金属贸易；这也为美索不达米亚文明的银行业和世界上的第一种钱币——银币的发展奠定了基础。

许多苏美尔和阿卡德人所说的金属与合金品种的发现，以及大量的技术术语都再一次表明，古代美索不达米亚的冶金学已经达到了一个很高的层次。有一段时间，这个现象一直困扰着我们的学者，因为苏美尔是很缺乏金属矿产的，但是冶金学却又如此明显地发源于此。

答案是能源。熔炼、精炼、混合金属，以及铸造，都少不了足够支撑窑、坩埚和熔炉燃烧的能源。美索不达米亚也许是缺少金属矿产，但却有着大量的能源矿产，所以金属矿是被运送到这种能源矿区来的。就像很多文献中所说的那样，金属是从很远的地方运输过来的。促使美索不达米亚登上技术巅峰的能源是沥青和柏油。美索不达米亚有很多这种裸露在地表上的自然界的石油成品。福布斯表示，美索不达米亚的地表上有着古代世界最主要的能源，在时间轴上，向上，它们来自很早以前；向下，则一直通向罗马时代。他的研究结论显示，苏美尔对这些石油成品的应用技术，始于大约公元前 3500 年。的确，苏美尔时代对这些物品的知识和属性的掌握，比以后的很多文明都要强得多。

苏美尔将这些石油成品应用得十分广泛，不仅把它们当作能源，也用它们修路。这种建材能防水、填补漏洞、上漆，作为黏合剂也很好成型。考古学家在对古代乌尔的搜寻中发现，它被埋葬在一个被当地阿拉伯人称作“沥青堆”的土堆下。福布斯认为，苏美尔语言中的术语衍生出了很多变种的词汇，并散布在美索不达米亚各地。确实，在阿卡德语、希伯来语、埃及语、科普特语、希腊语、拉丁语和梵语中，对应沥青和石油成品的词汇，都很容易在苏美尔语中找到词源。例如，表示石油的最常见的词 naphta，是由 napatu（意思是突然燃烧的石头）转变而来的。

当然，苏美尔人对石油成品的应用，也是基于较为先进的化学技术的。我们能够断定苏美尔人拥有很高程度的知识水平，不仅因为他们使用了大量的颜料和油漆，以及玻璃制造，还因为他们能用宝石制作出惊人的工艺品。

沥青还被苏美尔人用于制药，使其在另一个领域里也达到了很高的水准。在被发现的数百个阿卡德文献中，都广泛使用了苏美尔语中的医疗术语和用语。这表明苏美尔是美索不达米亚制药业的发源地。

位于尼尼微的亚述巴尼波的图书馆里，有一个专门的药学部，其中的书籍被分成了三大类：疗法、外科手术、支配与符咒。早期的法规还规定了如果手术成功需要支付给医生的费用，或者是手术一旦失败，医生需要接受的惩罚：一个外科医生用一把柳叶刀为病人的太阳穴开刀，这时如果发生意外导致病人失去眼睛的话，那他也必须失去这只手。

在美索不达米亚的坟墓里出土的一些骨骸，很明显地曾经接受过脑部手术。一个部分破损的医疗文段，提到要切除“盖在人眼睛上的阴影”，这多半是指白内障；另一个文段提到了对切割器的应用，如果“病魔侵入了骨头，你需要刮掉以及移走它”。

苏美尔时代的病人可以在 A.ZU（意为“水医生”）和 IA.ZU（意为“油医生”）里面进行选择。一个出土于乌尔的碑刻，拥有接近 5000 年的历史，称一名药师为“露露医生”。不仅如此，那时还有兽医，被认为不是“牛医”就是“驴医”。在格拉什找到的一个相当古老的圆柱印章上，描绘了一对手术镊子，属于乌努格尔 – 蒂纳医生。这个印章同时还描绘了一条在树上的蛇——当时的医学符号。还有许多描述助产人员用某种器具切断初生儿脐带的画面（见图 14）。

图14

苏美尔的医学文献涉及了诊断以及处方，毫无疑问，苏美尔医生治病从不求助于魔法或是巫术。他们建议清理和清洗，并在热水和矿物质溶剂中浸泡；应用蔬菜的提取物，并在石油化合物中摩擦。药品是用植物和矿物质化合物制成的，针对其应用还配以适当的液体或溶剂：如果是口服，则把药粉放进果酒、啤酒或者蜂蜜里；如果是“倒进直肠”——就像调配灌肠剂，它们将被放进植物或者蔬菜油里。酒精，是一种在外科手术中扮演重要角色的物质，也是许多药品的基本成分。它通过阿拉伯语的 kohi 演变成我们的词语，最初则是来源于阿卡德语的 kuhlu。

出土的肝脏模型表示，医学是在医学学校里运用很多由黏土制作的人体器官来进行教学的。解剖学当然是一门高深的学问，用宗教仪式中的说法，是解剖被献祭的动物，唯一的不同是工作对象变成了人。许多印章与碑刻上都描述过，人躺在一个类似于手术台的东西上面，周围是一些神或人的团队。我们从一些史诗和英雄传记中可以得知，苏美尔人和他们在美索不达米亚的继承者都致力于思考生命、疾病和死亡。就像吉尔伽美什，以力之王，寻找“生命之树”和某种矿石来永葆青春。也有提到他们曾经努力地复活死人，特别是当对象正好是神的时候：

> 在尸体之上，吊着杆子，
> 他们指挥着脉搏与光辉，
> 六十次的生命之水，
> 六十次的生命之食物，
> 他们将其洒下；
> 接着，伊南娜被唤醒了。

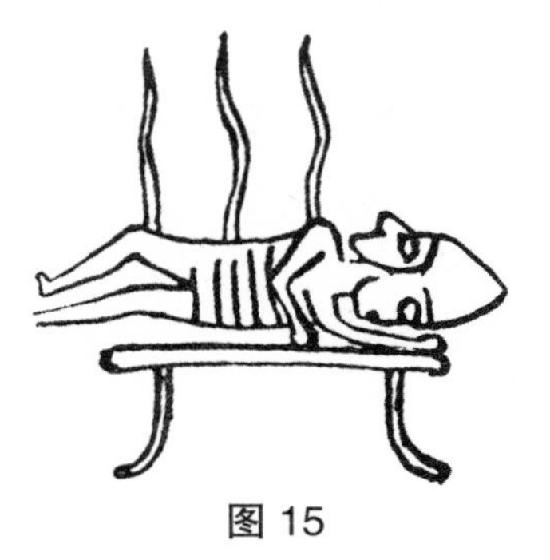

图 15

是不是存在一些超现代化的、就连我们都只能猜测的方法，被他们运用在重生的尝试中？他们已经可以将对放射性原料的认识应用在治疗疾病上。一个描绘着在密封汽缸上进行现场医疗行动的印章，被证明是在苏美尔文明一开始时就制作成的：一个人躺在一张特殊的床上，他的脸用一个面具遮盖保护着，进行着某种放射性活动（见图 15）。

苏美尔最早的一个物质成就，或许是纺织和服装工业的发展。我们自己的工业革命所使用的纺织机，被认为是在 18 世纪 60 年代进入英国的。当时大多数发展中国家都愿意通过纺织业来踏出产业化的第一步。有证据显示，这个过程不仅存在于 18 世纪，还存在于人类的第一个伟大文明里。在农业到来之前，人类不可能制造出有机织物，因为没有亚麻；在动物驯化之前也一样，因为没有毛绒产品。格瑞斯 · M. 克劳夫，著有《纺织业，远古的筐篓和席垫》一书，他与学院派的观点达成共识，认为纺织业于大约公元前 3800 年起源于美索不达米亚。

苏美尔闻名于古代不仅是因为它的有机织物，还因为它生产的衣服。《约书亚书》记录道："我在所夺的财物中看见一件美好的示拿衣服……我就贪爱这些物件，便拿去了。”哪怕结果可能是死亡。由此可见示拿（苏美尔）的衣服是多么的美好，以至于人们甚至愿意冒生命危险去得到它。

在苏美尔时代就已经有了大量的专业术语，用于表达制衣所需的道具或工具。最基本的成衣被称作 TUG。被称作 TUG.TU.SHE 的衣服，在苏美尔语里的意思是“完全破损的衣服”（见图 16）。

古代文献里的描述不仅显示出当时的服装具有惊人的多样性，而且还十分雅致。这种高雅的品位在衣服、发型、头饰和珠宝中流行（见图 17 和图 18）。

图16

图17

图18

※

苏美尔人的另一个突出成就是他们的农业。在一片只有季节性雨水的土地上，河水被引入一个庞大的灌溉系统，全年提供灌溉用水。

美索不达米亚这片位于河流之间的土地，在古代是一个名副其实的食品篮子。杏树，在西班牙语中是 damasco（即大马士革树，Damascus tree），在拉丁语中叫作 armeniaca，是由阿卡德语中的 armanu 演化而来的。樱桃，希腊语中的 armanu，德语中的 kirsche，都是源于阿卡德语中的 karshu。这些证据表明，很多蔬菜和水果都是从美索不达米亚引入欧洲的。许多独特的种子和香料也是一样：我们所说的藏红花来自阿卡德语 azupiranu，番红花是 kurkanu（希腊语为 krokos），小茴香是 kamanu，牛膝草 zupu，没药是 murru……这份名单太长了。在很多时候，希腊成为这些产品及词汇去往欧洲的桥梁。洋葱、扁豆、豆角、黄瓜、白菜和莴苣等蔬菜都属于苏美尔人的饮食。

同样令人印象深刻的，是古老的美索不达米亚人为了准备食物而大量使用的各种方法，当然，还有他们的厨艺。图片和文献都证实了苏美尔人掌握了将谷物转化成面粉的知识，并将面粉做成发酵或者未发酵的面包、麦片粥、甜点、蛋糕和烤饼。大麦也通过发酵来酿造啤酒，在那些文献里，我们能够找到对“手工酿造”啤酒的记载。果酒一般是使用葡萄和枣椰来酿制的。牛、绵羊、山羊，都是很好的奶源。奶在当时被用作饮料，还可以制成酸奶、黄油、奶油和奶酪。鱼类是日常饮食的重要部分。羊肉是现成的，还有猪肉，在苏美尔人眼里，往往大的牲畜都被认为是真正的美味。鹅和鸭则可能是供奉在神的餐桌上的。

显然，古代美索不达米亚人高明的烹调技术，是在神庙活动和供奉神祇的活动中渐渐成熟的。有一段文献列出了他们向神所提供的祭品：“大麦面包……小麦面包……蜂蜜奶油糊……椰枣，糕点……啤酒，葡萄酒，牛奶……奶油雪松汁液。”烤肉是和献祭的酒一起提供的，也就是“一流的啤酒，葡萄酒，牛奶”。按照这个严格的食谱，还要准备一头精心宰割过的公牛，和“最好的面粉……将生面团放进水、顶级啤酒、葡萄酒里”，并与动物油，“植物之心制作的芳香剂”、坚果、麦芽和香料搅匀。“乌鲁克之神每天的祭品”要求要有五种不同的饮料佐餐，并指定这是“厨房里的领班”和“在揉面槽前工作的厨师长”所需要做的。

当我们在读到一首赞美食物的诗歌之时，我们对苏美尔人的烹饪艺术的赞美也油然而生。是啊，一个人在看见一个有上千年历史的食谱的时候能说些什么呢？且看这首名为 coq au vin 的古诗：

在喝的酒里，
在香的水里，
在油膏的汁里，
这只鸟已经煮熟了，
已经吃掉了。

一个兴旺的经济社会，一个带有如此多的“企业”和货物的社会，是不能没有一个完整的运输体系的。苏美尔人用他们那两条伟大的河流和人工修建的运河网络，通过水运来运输人员、货物和牛。在一些最早的描述中，我们可以毫无疑问地看见世界上第一艘真正的船。

从很多早期文献里，我们得知苏美尔人也从事远海航海活动，用大量的船只组成船队，去往遥远的岛屿和陆地，寻找他们需要的金属、木料、石头和其他一些苏美尔本地并无出产的原材料。一本阿卡德的苏美尔语字典出土了，其中有 105 个关于航海相关的术语，涉及尺寸、大小、目的地和出航任务（比如运货、传信，或者进行宗教祭神的任务）；还有 69 个与船只建设相关的苏美尔词语演变成了阿卡德词语。如果没有一个长期而持久的航海传统，他们不可能产生如此多的船只和技术术语。

因为有横跨大陆的运输，轮子是在苏美尔被首次应用的。它的发明和使用为日常生活带来了许多新的交通工具，比如，从运货马拉车一直到敞篷双轮战车，并且给苏美尔人第一个使用“牛力”和“马力”的运动项目（见图 19）。

※

在 1956 年，塞缪尔 · N. 克莱默教授，我们时代的最伟大的苏美尔学家之一，审查了于苏美尔地区发掘出的文化遗产。其中包括了第一所学校，第一个

图19

两院制的国会，第一个历史学家，第一本药典，第一部农历，第一门宇宙学，第一个约伯，第一句谚语、俗语，第一场文学界的辩论，第一所图书馆的目录，第一个人类的英雄时代，第一部法律法规，第一次社会改革，以及第一次寻求世界和平与和谐，这都是毫不夸张的。

人类第一所学校是苏美尔人创造并发展写作的直接产物，有证据（学校遗址和考试练习用的碑刻及石板）表明，苏美尔早在公元前 1000 年前就存在系统性的正规教育。他们有上千名文士，从初级水平到高级水平，从皇家文士与寺庙文士到在“办公室”里承担职务的文官。其中有一部分人在学校担任老师，我们至今都能在学校里朗诵他们写作的论文，得知他们的办学宗旨和目标，以及课程与教学方法。

学校不仅是个教人说话和写作的地方，同时还教授当时的科学——植物学、动物学、地理学、数学和神学。过去的文学作品也在这里被学习与备份，同时也创作出新的作品。

学校由被称作 ummia 的“专家级教授”带领，他不光要做一名决策者，承担苏美尔文化负责人的责任，还要做一个“鞭打者”。

显然，教学过程是严厉的。一个学校学员在泥板上记录了他因为逃课，因为不够整洁，因为四处闲逛，因为没有保持沉默，因为调皮捣蛋，甚至是因为没有整齐的笔迹，而遭受了可怕的打骂。

一部描写以力历史的史诗表达了对以力和基什城邦对抗的担心。史诗讲述了基什的使节带着针对他们纠纷的和平协议，是如何前进至以力的。但是当时的以力统治者，吉尔伽美什王，宁愿打仗也不愿意议和。有趣的是，他不得不把这件事放到长老会议中进行投票，也就是他们的“参议院”：

吉尔伽美什大王

在他城市的长老面前提出了事件

寻求决案

"让我们别在基什面前屈服，

让我们拿起武器击败它。"

然而，长老们的意见是进行议和谈判。不服输的吉尔伽美什将这个问题带到了年轻人之中，这些好战的人们认为，打仗才是正确的选择。这个故事的意义在于，它暗示了苏美尔的统治者必须将诸如是战是和的问题，放在参议院进行讨论和投票，而那时是大约 5000 年前。

世界上第一部史记由克莱默命名为《恩铁美那》，恩铁美那是安纳吐姆的继承人，格拉什之王。他将他与邻国乌玛的战争记录在泥柱上，而当时的其他文献都是用文学作品或者史诗的形式来记录历史事件。恩铁美那的文字则是直接叙述的，作为历史事实的记录。

因为对亚述和巴比伦的文献的较好的解读早于对苏美尔文献的解读，所以在很长一段时间内，人们都认为世界上第一部法典是由古巴比伦王汉谟拉比制定和颁布的，那是大约公元前 1900 年。但是当苏美尔文明重见天日的时候，却很清晰地表明这"第一个"法律系统，第一个社会秩序及司法公正的概念，是属于苏美尔文明的。

在汉谟拉比之前很早的时候，一部由苏美尔城邦爱什南那的统治者编定的法律，为食品以及车辆船只的出租设定了最高价格，目的是使穷人不要受到压迫；当中也有针对人身及财产犯罪的处理方案，也有处理家庭纠纷和主仆关系的条例。

甚至在更早的时候，黎皮特 – 伊斯塔，伊辛的统治者，颁布了一套法典，其 30 条现在仍然清晰地刻在一个已经残缺的碑石上（一份对原法典的备份刻在一个石碑上），它们分别是关于房契，奴隶和仆人，婚姻和继承，雇用船只、牛的租金，以及如何处置拖欠税款的条例。汉谟拉比是在他之后才这么做的。

黎皮特－伊斯塔解释说，他的法典是根据“伟大的诸神”的指示拟定的，他们让他“把幸福带给苏美尔和阿卡德人”。

但哪怕是黎皮特－伊斯塔，也不是第一个颁布法律的苏美尔统治者。在出土的泥板片段上，刻有一小段由乌尔南模制定的法律，他是乌尔大约公元前2350年的统治者，比汉谟拉比早了超过半个千年。这部法典，因月神兰纳的权威而制定，目的是制止并惩罚“盗取市民牛、羊和驴”的行为，使得“孤儿不会成为财富的牺牲品，寡妇不会成为力量的牺牲品，一个只有1枚银币的人不会成为拥有60枚银币的人的牺牲品”，乌尔南模还规定“测量和称取重量的时候要诚实”。

不仅如此，苏美尔人的法律制度，以及执法的公正，甚至要回溯到更远的时候。

公元前2600年的苏美尔，一定发生了许多的事情，以至于乌鲁卡基纳认为有必要进行一次改革。一个由他写下的长篇文段，被学者们认为是关于人类第一个基于自由、平等、正义的社会改革的宝贵记录。这是一次由一个早于1789年7月14日4400年的国王发动的“法国大革命”。

乌鲁卡基纳的改革法令列出了在他执政时期所发生的罪恶，然后进行重组。那些罪行主要是掌权者用权力为自己服务，滥发地方官位，以及垄断集团的高价勒索行为。

所有这些不公正的现象，以及其他的罪行，都被新的改革法典禁止。官员再也不能为自己确定一个专门价格去购买“不错的毛驴或房屋”，一个“大人物”再也不能欺压与他同等的公民，盲人、穷人、寡妇、孤儿的权利得以确认，离婚妇女也获得了法律的保护。

苏美尔文明到底存在了多久，以至于它需要一个重大的改革？显然，很久了，因为乌鲁卡基纳声称，是他的神宁吉尔苏要求他“恢复曾经的法律”。这里很显然是在说，要回到一个甚至更为古老和久远的社会体系中。苏美尔的法律一直由法院系统维护，其中的诉讼程序和判决以及协议，都是认真记录和保存着的。法院的法官更像是陪审团，一个法院一般由三到四个法官组成，其中一名是专业的“皇家法官”，剩下的人是从一个 36 人的小组里挑选出来的。

当巴比伦制定他们的规章制度的时候，苏美尔的社会早就开始关心公正问题，因为他们相信神要求国王保证这片土地的公平与正义。

这里，不仅仅是这一方面与《旧约》中正义与道德的概念相对应，甚至在希伯来产生国王之前，他们就已经很关注公正这个问题了。国王不是靠战功或财富，而是靠是否“做英明的事”来评价。在犹太教中，新年标志着为期 10 天的对人们所行事迹的权衡和评估，以确定他们在未来一年的运势。这与苏美尔人的做法可能不仅仅是个巧合——他们相信女神娜社（Nanshe）也在用相同的方式判断人类。不管怎么说，第一个希伯来族长——亚伯拉罕来自苏美尔城市乌尔这个乌尔南模及其法典的城市。

苏美尔人对公正的关注同样表现在克莱默所说的“第一个约伯”。把在伊斯坦布尔博物馆里的泥板片段拼凑在一起，克莱默可以很好地解读一首苏美尔的诗歌，就像是圣经中的《约伯记》言及的，处理一个正直的人的抱怨。他不但没有接受到神的祝福，反而遭受了各种形式的损失和不尊重。“我的正义之词变成一个谎言”，他痛苦地喊道。

在第二部分，这位不知名的受害者用一些类似于希伯来诗文的方式请求他的神：

> 我的主，你是不是我的父亲，
>
> 你生下我——抬起了我的脸……你还要忽视我多久，
>
> 离开我让我失去了庇佑……
>
> 离开我让我失去了方向？

接下来是一个圆满结局，“他所说的正义之词和单纯的言语被神接受，他的神收回了对他进行残酷宣判的手”。

早于《圣经》的《传道书》2000年左右，苏美尔谚语转达了许多与之相同的概念和极具智慧的讽喻：

如果我们注定难逃一死——让我们将时间度过；
如果我们可以长命百岁——让我们将时间保存。

当一个穷人快死的时候，可别去摇醒他。

那个拥有很多白银的人，可能是快乐的；
那个拥有很多粮食的人，可能是快乐的；
那个什么都没有的人，是最能睡着的！

男人，为之感到高兴：结婚；
细想之后：离婚。

将人引致仇恨的不是内心，而是舌头。

在一个没有看门狗的城市，狐狸就是守护者。

苏美尔文明在物质和精神上取得的成就，同时也伴随着表演艺术的发展。一组来自加州大学伯克利分校的学者，于1937年3月发表新闻表示，他们已经破译了世界上最古老的歌。而理查德·L. 克罗克、安妮·D. 吉尔莫和罗伯特·R. 布朗所取得的成就，则是将大约写在公元前1800年的楔形片上的音符阅读并表演出来。它们出土于地中海沿岸的乌加里特（Ugarit，现属于叙利亚)。

“我们一直都知道,”伯克利的学者们如是说,“在早期的亚述－巴比伦文明里是有音乐存在的,但是在此次破译之前,我们还不知道它们拥有全七声音阶,就像当代的西方音乐,和公元前1000年的希腊音乐一样。”迄今为止,人们都认为当代西方音乐是源于希腊的;但就现在的情况看来,西方的音乐以及我们文明的其他很多方面都是源于美索不达米亚的。这本不是一件令人吃惊的事情,因为希腊学者斐罗早就说过,美索不达米亚是因“通过音乐寻求世界和谐”而闻名的。

找不到任何理由否认,音乐和歌曲的“第一次”是由苏美尔人做到的。实际上,克罗克教授可以做出一个像那些在乌尔遗址出土的琴一样的乐器,来演奏这些古调。公元前2000年的文献表明,当时就存在着音乐的“检索数字”和一个连贯的音乐理论。吉尔莫教授自己也曾在《琴弦乐器:它们的名字、数量及意义》中说,大量的苏美尔赞美诗“在页面空白处都标有音乐的记号”;“苏美尔人和他们的继承人有丰富多彩的音乐生活”。难怪,我们发现了大量的乐器,以及歌手和舞蹈演员的表演——这些东西被刻在圆柱和泥板上(见图20)。

跟苏美尔的其他很多成就一样,音乐和歌曲也来源于寺庙活动。只是,刚开始仅仅是为神祇服务的音乐和歌曲,很快就在寺庙外流行了起来。针对歌手收费一事,我们用当时在苏美尔相当流行的话来说就是:“一个声音并不甜美的歌手是个‘穷’歌手。”相当一部分苏美尔人热爱歌曲这

图20

一事实已被证实。最感人的，是一位母亲唱给她生病的儿子的摇篮曲：

睡吧，睡吧，孩子睡吧
我的孩子快睡吧
疲倦的双眼，睡了吧
我病痛中的孩子
让我发愁，说不出话
我仰望星群
新月照耀你的脸
你的影子为你流泪
流进你的睡梦中
愿你有生长女神为伴
愿天堂有你的守护神
愿你一生过上好日子
愿你有个好妻子
愿你有个乖孩子

这些音乐和歌曲最引人注目的，不仅在于它们是现代西方音乐结构和音阶成分的源头，同样重要的是，我们所听到的这些音乐和诗歌，一点都不奇怪，也不“外星”，甚至很多是来源于他们意识和情感深处。确实，当我们注视着这个伟大的苏美尔文明的时候，我们不仅发现了我们的道德规范、我们的法律条文，我们的艺术等方面的苏美尔根源，还发现这些苏美尔的事物对我们而言是如此熟悉，如此接近。从内心深处，我们可以看出，我们都是苏美尔人。

※

在格拉什的发掘之后，考古学家们开始挖掘尼佩尔，它是过去亚甲和苏美尔的宗教中心。从那里发掘出来的 30000 套文献来看，其中包含了很多今天尚未涉足的东西。在舒鲁帕克，发现了公元前 3000 年的学校遗址。在乌尔，学者们发现了精致的花瓶、珠宝、武器、战车、镀金头盔、各种金属挂牌、一个纺织厂和法院的记录，以及一座高耸的金字塔神庙废墟，它仍然是那里主要的景观。在爱什南那和阿达布，考古学家们发现了前萨尔贡时代的寺庙和雕像。在乌玛出土的文献，记录了早期帝国的历史。在基什出土了公元前 3000 年的纪念碑和金字塔神庙。

乌鲁克（以力）将考古学家们带回到了公元前 4000 年的时候。他们发现了一个上色的陶器被置于窑里烘烤，并发现了第一次使用陶瓷轮的证据。一条用石灰岩铺成的道路，被认为是人类历史上最古老的石头建筑。在乌鲁克，考古学家们同样发现了第一座金字塔神庙——一个巨大的人造山，它的顶部是一座白色神庙和一座红色神庙。历史上第一部被刻下的文献，也与这个圆柱碑刻一同被发现，而关于后者，杰克·法那根在其著作《来自远古的光辉》赞道："这些第一次出现在乌尔克时期的图章之完美，简直让人惊叹！"乌鲁克时期其他地点的发掘工作，也为进入金属时代找到了证据（见图 21 ：乌鲁克时期考古发掘地图）。

在 1919 年，H.R. 豪发现了一个古老的村庄遗迹，现在被称作 EI-Ubaid。现在的学者们大都认为，这个地方是苏美尔文明的第一个阶段。那个时代的苏美尔城市——从美索不达米亚北部到南部的扎格罗斯山脚——首次制作并使用了黏土砖，泥灰墙，镶嵌的饰品，砖砌坟墓，涂有几何图案的陶瓷，铜镜，绿松石项链，眼皮膏（眼影），铜头战斧，布条，住房以及最重要的巨型神庙。

在更远的南方，科学家们发现了埃利都——古代文献中所说的第一座苏美

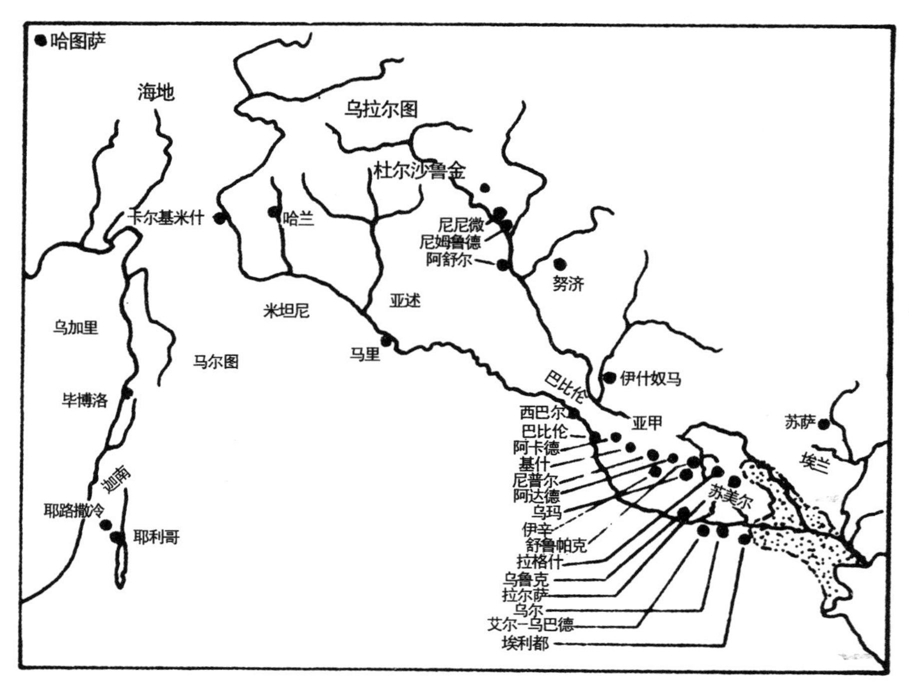

图21 乌鲁克时期考古发掘地图

尔城市。随着挖掘的日益加深，最后发现了一座为苏美尔的知识之神恩基修建的神庙，该庙被重建和翻新了很多次。发掘中遇到的土层很清晰地将学者们带回了苏美尔文明的开端：公元前 2500 年、公元前 2800 年、公元前 3000 年、公元前 3500 年（见图 22）。

于是铲子最后敲在了恩基的头上，也是第一座神庙上，在此之前就再没有什么建筑物了。那时大约是公元前 3800 年，也就是文明的开端。这不仅是一个真正意义上的文明，还是一个影响最广泛的文明，它包罗万象，在很多方面比其他追寻它的古代文明更为先进。它无疑也是我们文明的基础。

在 200 多万年前，我们最初的祖先开始使用石头作为工具，而在大约公元前 3800 年，人类建立了一个史无前例的文明——苏美尔文明。只是直到今天都让学者感到困惑的是，没有任何暗示告诉我们，苏美尔人到底是谁，他们

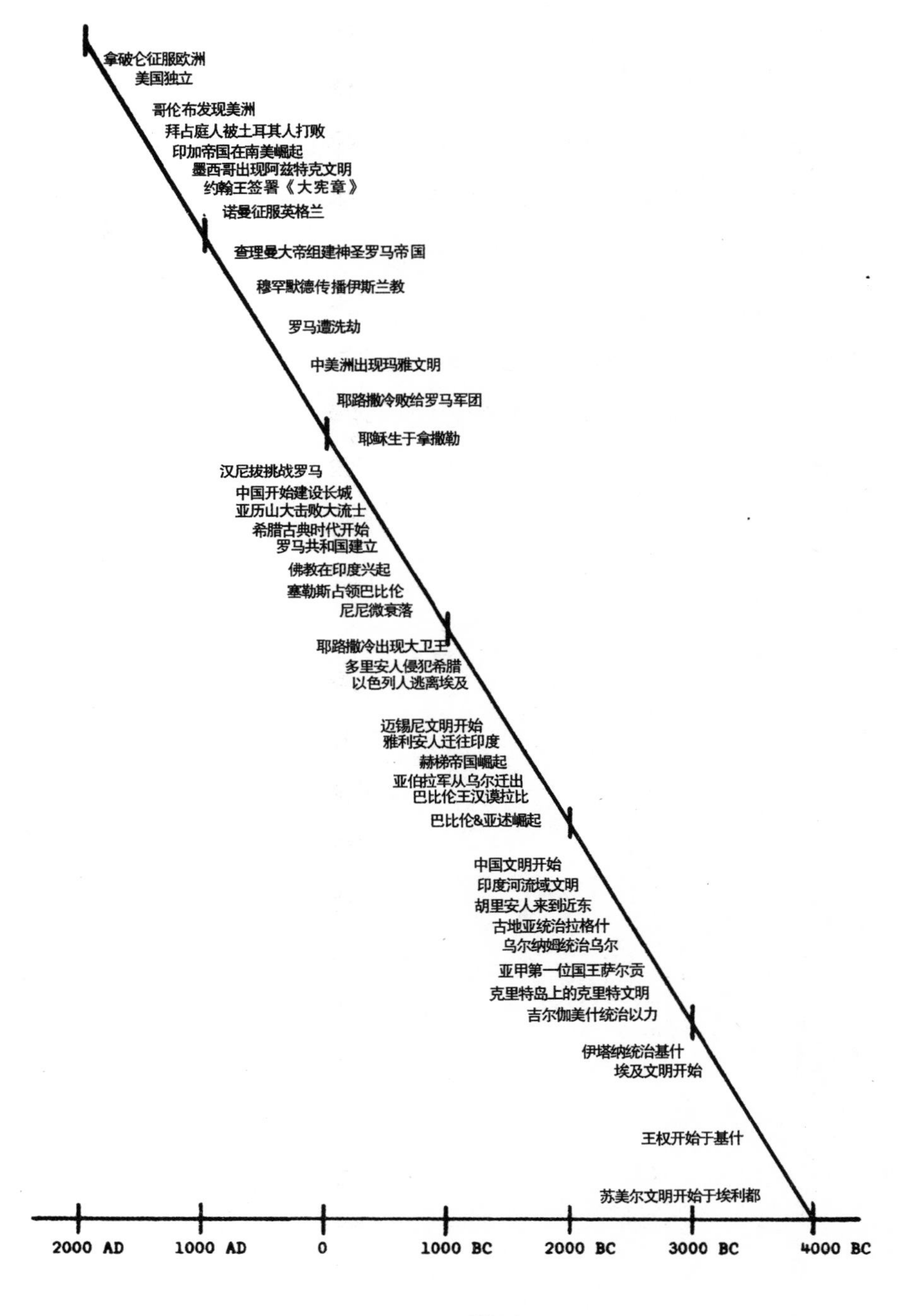
拿破仑征服欧洲
美国独立
哥伦布发现美洲
拜占庭人被土耳其人打败
印加帝国在南美崛起
墨西哥出现阿兹特克文明
约翰王签署《大宪章》
诺曼征服英格兰
查理曼大帝组建神圣罗马帝国
穆罕默德传播伊斯兰教
罗马遭洗劫
中美洲出现玛雅文明
耶路撒冷败给罗马军团
耶稣生于拿撒勒
汉尼拔挑战罗马
中国开始建设长城
亚历山大击败大流士
希腊古典时代开始
罗马共和国建立
佛教在印度兴起
塞勒斯占领巴比伦
尼尼微衰落
耶路撒冷出现大卫王
多里安人侵犯希腊
以色列人逃离埃及
迈锡尼文明开始
雅利安人迁往印度
赫梯帝国崛起
亚伯拉罕从乌尔迁出
巴比伦王汉谟拉比
巴比伦&亚述崛起
中国文明开始
印度河流域文明
胡里安人来到近东
古地亚统治拉格什
乌尔纳姆统治乌尔
亚甲第一位国王萨尔贡
克里特岛上的克里特文明
吉尔伽美什统治以力
伊塔纳统治基什
埃及文明开始
王权开始于基什
苏美尔文明开始于埃利都
2000 AD
1000 AD
0
1000 BC
2000 BC
3000 BC
4000 BC

图22

来自哪里，以及他们的文明又是为何及怎样建立的。

因为它的出现太过突然，毫无预兆，毫无原因。

H. 法兰克福在《告知欧盖尔》中称之为“令人惊讶的”。皮尔·阿米埃在《埃兰》中称之为“非常奇怪的”。A. 帕罗特在《苏美尔》中形容其为“突然点亮的一团火”。李奥·奥本海姆在《古代美索不达米亚》中，将这个文明的崛起描述为“一段短暂而令人惊讶的时期”。约瑟夫·坎贝尔则在《神的面具》中如此形容这一事件：“伴随着极其炫目的突然性……出现在了苏美尔的小花园里……世界上所有文明都是这个高度发达的文明身上长出的嫩芽。”

第三章

天地众神

在几千个世纪甚至上百万年的人类漫长痛苦的发展之后，是什么突然将一切都变得如此清晰明朗，而且是通过刚好一个三部曲——大约公元前 11000 年，公元前 7400 年和公元前 3800 年——将大批曾经的猎人和食物采集员变成了农民和陶器工人，接着又变成了城市建造者、工程师、数学家、天文学家、冶金师、商人、音乐家、法官、医生、作家、图书管理员和神职人员？还有个更加深刻和基础的问题，是由罗伯特·J. 布雷德伍德教授在《史前人类》中提出的："这究竟是因为什么而发生？为什么所有的人类不是仍然像北欧中石器时期文化的马格尔莫斯人那样生活？"

苏美尔人，这个突如其来的文明之中的人们从何而来，有了一个答案。这是从出土的一万多个古美索不达米亚文献中的一个里面总结出来的："看上去是多么美丽，我们是由诸神的荣光所创。"

但是，苏美尔人的诸神又是谁？是不是就像是希腊的诸神，被描述为坐在一个法庭里，在天堂里的宙斯神殿里，在人间的奥林匹斯山上大吃大喝？

希腊人将他们的神祇赋予人性，就像是人间的男人和女人：他们会高兴、生气，也会有嫉妒之情；他们会相爱、吵架、打斗；他们的生育也和人类一样，是通过性交——与神或是与人——带来后代。

他们是遥不可及的，并且常常掺杂进一些人类的事情。他们可以在急速中运动、出现然后消失；他们的武器拥有快速而奇特的威力。每一个神都有具体的能力，并且，作为一种结果，每种特定的人类活动，都会因掌管此活动的神的态度而受到惩罚或祝福；因此，祭拜之礼，以及向神献祭自己的产品，都是为了获得他们的青睐。

在希腊时期他们的主神是宙斯，“人类及众神之父”，“天火的主人”，他最重要的武器和象征是闪电，他是从天庭来的世界之王。

他既不是第一个世界之王，也不是第一个在天堂待过的神。由神学与宇宙学共同构成的被学者们称为神话学的科目表示，希腊人认为首先出现的是混沌的创造之神卡俄斯；然后大地女神盖亚和她的丈夫天空之神乌拉诺斯出现了。盖亚和乌拉诺斯生下了 12 个泰坦，6 名男性和 6 名女性。虽然他们在传说中的事迹看上去是发生在地球上的，不过可以推测出他们所对应的星辰。

克洛诺斯是最年轻的男性泰坦，是奥林匹亚神话中的主要人物。在阉割自己的父亲乌拉诺斯之后，他通过篡位成了所有泰坦中地位最高的一个。出于对其他泰坦的恐惧，克洛诺斯囚禁并驱逐了他们。正因如此，他被他的母亲诅咒了：他也将承受和他父亲同样的痛苦，而且也会被他的某个儿子废除掉。克洛诺斯与他自己的姐妹瑞亚结婚，生下了三个男孩和三个女孩：哈迪斯、波塞冬和宙斯；以及赫斯提、帝门特和赫拉。再一次，又是最年轻的儿子废除了自己的父亲，当宙斯替代他的父亲克洛诺斯的时候，盖亚的诅咒成真了。

这些推翻和继承，看上去并不是顺利进行的。发生在诸神与巨怪首领之间持续多年的战争继续着。决定性的战役发生在宙斯和蛇形神堤丰之间。这场战争波及了许多区域，包括地上和天上。最后的战场是卡修斯山，靠近埃及和阿拉伯的边境，很显然是西奈半岛的某个地方（见图 23）。

图 23

在获得胜利之后，宙斯被公认为至高无上的神。然而，他必须与他的兄弟们分享对世界的控制权。通过选择（在另一种版本里，被认为是通过扔骰子），宙斯掌管天界，大哥哈迪斯掌管冥界，老二波塞冬掌管海洋。

虽然最后哈迪斯以及他的地盘成为地狱的象征，他最初的地盘却是一个"很远很远"的地方，那里是沼泽、无人区和有大河流过的陆地。哈迪斯被描述为"不可见的"、冷漠、可怕、严厉，面对祈祷和贡品都无动于衷。波塞冬刚好相反，时常都可以看见他举着他的象征物（三叉戟）。虽然是海神，他同样还是冶金及雕刻艺术之神，像是一个手工行业的魔法师。虽然宙斯在希腊传统和神话中对人类是非常严格的，但波塞冬则被认为是人类的朋友，他是一个受到凡人高度赞赏的神。

这三兄弟和三姐妹，所有克洛诺斯和瑞亚的孩子，组成了老一代的奥林匹亚众神，十二大神。其余六个都是宙斯的后代，希腊神话中大部分都涉及了他们的谱系和关系。

由宙斯所生的男神和女神有着不同的母亲。第一个孩子是和墨提斯生的，是个女儿，也就是伟大的女神雅典娜。她主管人的主要感观和行为，并成为智慧女神。但作为唯一的主要女神，她在与堤丰的战役中陪伴着宙斯（其他神都逃走了），由此获得了战争的能力并成为战争女神。她成“完美的处女”，一直没有成为谁的妻子；但在有一些神话中，说她常与她的叔叔波塞冬交往，虽然他的正式的妻子是来自克里特岛的迷宫女神，但侄女雅典娜是他的情妇。

宙斯又和其他女神生下了孩子，但是他们的孩子没有资格成为奥林匹亚众神。当宙斯想方设法地要制造一个男性继承人时，他想到了他自己的姐妹。最大的是赫斯提，在所有的记录中，她都是一个隐士，她多半因为太老太虚弱而无法完成生育之事。这使宙斯需要将他的注意转移到老二帝门特身上，她是丰产之神。但是，她并没有为他生下一个儿子，而是生了一个女儿，波尔塞弗捏。这个女儿后来成为哈迪斯的妻子，和他共同掌管着冥界。

由于没有生下儿子，失望的宙斯开始到其他女神那里去寻欢作乐。他与哈尔摩尼亚生下了九个女儿。接着勒托又为他生了一个女儿和一个男孩，分别是阿尔特弥斯和阿波罗，他们被列为主神。

阿波罗是宙斯的第一个儿子，是希腊众神中最伟大的一个，为人类和其他神所敬畏。他将他父亲宙斯的需求传达给人类，并由此在神庙里受到供奉。他代表着道德与神圣的条文，也代表着净化与完善，无论是心灵还是肉体。

宙斯的第二个儿子是和女神迈亚所生，叫作赫尔墨斯，是人群和牲畜的守护者。他没有他哥哥阿波罗那么有地位和能力，但更接近人类；各种形式的幸运都被认为是出自他手。作为一个给予人这么多好东西的神，他成为贸易之神，商人和旅行者的庇护者。但他在神话和史诗中最主要的职务是充当宙斯的使者、诸神的信使。

由于历代惯例，宙斯还需要他的某个姐妹为他生一个男孩。他想到了最小的妹妹赫拉。在一次神圣的婚礼中，宙斯娶了赫拉为妻，并册封她为众神的皇后。赫拉又被称为母亲女神。他们的婚姻为他们带来了一个男孩阿瑞斯，还有两个女孩，但由于宙斯常常与其他女神通奸，以及传言中赫拉的不忠，导致另一个儿子的身世常被怀疑，他就是赫菲斯托斯。

阿瑞斯立刻就进入了由十二主神组成的奥林匹亚众神，并成了宙斯的最高级别的军官，号称战神。他被描述为屠杀之魂；特洛伊战争时的阿瑞斯离不可战胜还有些距离，他受了只有宙斯才能医治的伤。赫菲斯托斯则刚好相反，他必须努力地奋斗才能进入奥林匹亚众神的组织。他是创造之神，冶金术及锻造之火都被认为是出自他的手中。他是神中的技师，为人类和诸神制造日用品和充满魔力的物件，传说中说他生来丑陋，于是他的母亲赫拉在气头上把他驱逐到了人间。另一个更可信的版本说是宙斯赶走了赫菲斯托斯——因为人们对他的身世表示怀疑，但是赫菲斯托斯却用自己的魔法般的创造能力，逼迫宙斯在众主神之中给他一席之地。

传说中提到过，赫菲斯托斯曾制作了一张看不见的网，这只网能够罩住他妻子的床，如果它被某个前来打扰的情人睡过。他的确需要如此防范，因为他妻子是阿芙罗狄忒，爱与美的女神。很自然地，许多与爱情有关的神话都是围绕她来讲的；在许多勾引她的人中，有一个是阿瑞斯，他是她丈夫赫菲斯托斯的哥哥。他们有一个私生子，厄洛斯，也就是爱神。

阿芙罗狄忒是奥林匹亚十二主神之一，这种情况对我们的研究来说是很不错的。她既不是宙斯的姐妹也不是他的女儿，但却不能被忽视。他来自面对希腊的亚洲的地中海沿岸——古希腊诗人赫西奥德说她是从塞浦路斯而来；还说她来自天空之神乌拉诺斯的生殖器。她由此成为谱系中和宙斯辈分相同的一代，成为（姑且这么说吧）她父亲的妹妹和早已失去势力的众神先祖的化身（见图 24）。

这么说来，阿芙罗狄忒就应该被归于奥林匹亚众神中了。可是他们的最大数目，12，理所当然是不能被超过的。解决办法相当灵活：加入一个的同时去掉一个。自从哈迪斯被授予了冥界的控制权而离开了奥林匹斯山的众神组织，一个空位就出现了，刚好方便了阿芙罗狄忒的加入。

12 这个数目同样是一种工作上的需求：奥林匹亚神不能多于 12 个，也不

图 24

能少于 12 个。这成为狄俄尼索斯加入奥林匹亚众神的依据。他是宙斯之子，是宙斯与他自己的女儿塞墨勒所生。狄俄尼索斯为了躲避赫拉的怒火，被送到了极为遥远的地方（甚至到了印度），他在所到之处传播了种植葡萄和酿造葡萄酒的技术。与此同时，在奥林匹斯又多出了一个空位。赫斯提，宙斯最老的姐姐，因为过度年老和虚弱，从十二主神的位置上被迫退了下来。所以狄俄尼索斯回到了希腊并获准填补这个空位。于是，奥林匹亚神又成了 12 位。

虽然希腊的神话没有明确地讲述过人类的起源，但它和传统观点一样，都称神生下了英雄和国王。这些半神成了人的命运（日复一日地辛勤劳动，还要受自然、瘟疫、疾病和死亡左右）和一个辉煌的过去（一个只有诸神在世间行走的时代）之间的联系。而且，虽然众多的神祇都是出生在地球，但十二主神的选拔却展示出了他们的神性。在史诗《奥德赛》中，最早的奥林匹斯被描述为置放在“纯净的高空中”。最早的这 12 个主神是从天堂到地球上来的神；他们还说那 12 个天体是在“天堂的穹顶”里。

这些主神的拉丁名字，是在罗马人接受这些希腊神话之后被授予的，并表明了他们所对应的星体：盖亚是地球，赫尔墨斯是水星，阿芙罗狄忒是金星，阿瑞斯是火星，克洛诺斯是土星，宙斯是天王星。如同希腊人的传统，罗马人认为木星是个雷神，他的武器是闪电螺钉；和希腊人一样，罗马人也将他和公牛联系起来（见图 25）。

现在人们普遍认为，是克里特岛奠定了引人注目的希腊文明的基础。在那里，克里特文明从大约公元前 2700 年一直到公元前 1400 年都兴旺发达。在克里特的神话和传说中，弥诺陶洛斯的神话是很突出的。这个半人半牛是帕西法尔的后代，她是迈诺斯王和一头牛的妻子。考古学的发现已经证明了克里特岛人要供奉公牛，一些圆柱碑刻将公牛描述为神圣的事物，身边围绕着一圈符号，代表着一些尚未鉴别的行星或天体。因此，可以推断克里特岛人的公牛崇拜不是源于地球生物，而是天上的公牛——金牛座，以纪念春分时太阳出现在这个星座所发生的某些事件，大约是在公元前 4000 年（见图 26）。

在希腊传统中，宙斯经过克里特岛到达了希腊大陆，他在化身为公牛劫持欧罗巴之后从那儿逃跑（游过地中海）。欧罗巴是腓尼基港口城市推罗的国王阿格诺尔的漂亮女儿。事实上，当最早的克里特文献最终被塞勒斯 · H. 戈登破译的时候，它们被发现是“来自地中海沿岸东部的闪族土语”。

诸神直接从天堂来到了希腊。宙斯是从地中海经过克里特游过来的。阿芙

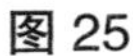
图 25

图 26

罗狄忒被记录是从近东渡海而来，经过了塞浦路斯。波塞冬（罗马的海王星）是带着马从小亚细亚来的。雅典娜带着“橄榄、富饶与天然播种”从“《圣经》里的土地”来到希腊。

毫无疑问，希腊的传统和宗教是从近东到达希腊大陆的，经过了小亚细亚和地中海群岛。他们的神话的根扎在这个地方，也正是这个地方，才是我们需要寻找的、希腊诸神的源头，以及他们为何要对应天体数目“12”的地方。

※

印度的古代宗教印度教认为，《韦达经》（Vedas，也译《吠陀经》）——由颂歌、祭祀以及其他与神有关的东西组成，是神圣文字，“不是人类的”。印度的传统观点认为，在现在这个时代之前的那个时代，神自己创作了它们。但是，随着时间的流逝，那 10 万条起源经文，经过一代又一代人口口相传，越来越多的经文流失或被扭曲了。在最后，有一个圣人写下了残留下来的经文，并将它们分开放进四本书里，让他的四个主要弟子每人守护一本。

在 19 世纪的时候，学者们开始破译并懂得了一些已被遗忘的语言，并探寻它们之间的关系。他们发现《韦达经》是用一种非常古老的印欧语系的语言写下的，是印度古语梵语、希腊语、拉丁语和其他欧洲语言的前身。当他们最终能够阅读并解释《韦达经》的时候，他们很惊讶地发现，韦达神话中的神与希腊诸神竟然有着不同寻常的相似之处。

《韦达经》中讲到的神，都是来自一个庞大却并不是很和谐的家族。神话中充满了升上天穹和沦落地下，空中战争，超级武器，友好和对抗，婚姻和不忠，似乎也存在着一个基本的关系图谱记录——谁是谁的父亲，以及谁是谁的长子。地球上的诸神都是来自天堂，而主要的神即使是在地球上生活时，仍然代表着天体。

在远古时代，圣人瑞西们神圣地“流动”着，为令人着魔的强大力量而疯狂。其中，有七个伟大的先祖。罗日侯和计都是一个天体，他在没有获得允许的前提下试图成为神；但是风暴之神将自己的“易燃的武器”（可能是燃烧弹）掷向了他，将他劈成了两半。其中，罗日侯被称为“龙头”，他不断地在天堂里穿梭，伺机报复；计都被称为“龙尾”，Mar-Ishi，是太阳王朝的先祖，生下了 Kash-Yapa（意为“这是王位”）。《韦达经》里将他描述为相当多产多育，但是王朝的继承人只能由他的第十个孩子 Prit-Hivi（意为“宇宙之母”）继承。

作为王朝之首，Kash-Yapa 同样还是半神们的首领，并被称为迪奥斯。同他妻子和孩子们一起，他们成了 12 个阿迪提亚神，每个神都分配到了一个天体和一段黄道带。Kash-Yapa 的天体是“闪光的星辰”，Prit-Hivi 代表地球。接着就有了代表太阳、月亮、火星、水星、木星、金星和土星的神。

最后，十二天神的领导权转移到了伐楼拿的手中，他是宇宙之神。他无所不在，无所不见；有一首写给他的颂歌，听上去就像《圣经》里的赞美诗：

正是他让太阳在天国里闪闪发光

吹过的风是他的呼吸

他给河流挖出了渠道

它们听他的指挥流动

正是他成就了海洋之深

他的统治同样是迟早都要走到尽头的。因陀罗，转动天“龙”的神，通过杀死自己的父亲继承王座。他是天空和风暴神的新首领。他的武器是闪电和雷霆，他的称号是战神。然而，他不得不与他的两个兄弟分享权力。一个是日神毗婆萨婆，摩奴的先祖，第一个人类；另一个是火神阿格尼，他把火种从天国带到人间，所以人类才可以使用它们。

※

韦达神话与希腊神话的相似是再明显不过的了。神话中关于主神，以及诗句中提到的其他小神——儿子、妻子、女儿、情妇等——显然是在重复希腊神话的故事（或者这个才是原稿）。毫无疑问，迪奥斯就是宙斯，伐楼拿就是天王星，等等。而且，在两个例子当中，主神的队伍始终保持在12个，无论在那些神的继承人之间发生了什么。

那个时候，两个在地理位置上相隔如此之远的地方，怎么可能在神话上有如此相同的内容？

学者们相信，在公元前2000年左右的某个时候，一群说印欧语言的人，在北部伊朗的中心或者是高加索地区，开始了伟大的移民。一群人向东南方走，到了印度；印度教称他们为雅利安人（意为“高尚的人”）。他们将《韦达经》口述给了他们，那时大约是公元前1500年。另一群人向西到了欧洲；有些人围绕黑海并通过俄罗斯的草原到了欧洲。但是若要让这些人将他们的传统和宗教带到希腊去，最主要也最短的一条道路，就是小亚细亚。一些最古老的希腊城市，实际上并不是修建在希腊大陆，而是修建在小亚细亚的最西部。

但是这些将小亚细亚作为自己住所的印欧人种又是谁呢？

再一次，唯一现成又可靠的来源依然是《旧约》。学者们发现其中有很多地方提到了居住在小亚细亚山区的赫梯人。他们对迦南人和其他邻居抱有仇恨，但对以色列人来说，他们始终是友好的盟友。这正是以色列的大卫王之子所罗门王梦寐以求的。所罗门王除了错乱地娶其军中将领乌利亚的妻子拔示巴为妻之外，也通过娶来邻国国王的女儿建立和亲关系，其中有一个埃及法老的女儿，另一个正是友好的赫梯王的女儿。在另一个时候，一支叙利亚的侵略军因听到“以色列王仇恨雇用我们的赫梯及埃及的国王”的传言而逃跑了。这些针对赫梯的短小的典故，表现了他们在古代近东拥有的强大武力。

随着对埃及圣书体的破译，而后是对美索不达米亚楔形文字的破解，学者们见到了很多描述“赫梯之地”是一个小亚细亚的庞大强盛的王国的文献。但是一支如此重要的力量会消失得如此没有痕迹吗？

根据由埃及和美索不达米亚提供的线索，学者们开始对小亚细亚古代山区进行考古挖掘。努力见了成效：他们发现了赫梯的城市、宫殿、皇家宝藏、皇陵、神庙、祭祀用品、工具、武器、工艺品。除了这些，还出土了很多文献——既有象形文字又有楔形文字，《圣经》中的赫梯人进入了现实。

古代近东遗留给我们的一个独特的石刻纪念碑，是在古代赫梯首都郊外发现的。现在这个地方叫作雅兹勒卡亚，土耳其语意思是“铭刻之石”。走过大门和圣殿之后，一个古代的祭拜者出现在一座露天的画廊里。在一个环形的石头圈里的空地上，赫梯所有的神祇都被刻在了一个行进的队列之中。

由左向右行进的是男性神祇，很明显是按照12“集团”组成的。在最左边，是看上去完全相同的12个女神，她们都拿着相同的武器（见图27）。

图 27

中间的 12 个行进者中，包括了一些看上去较老的神和拿着不同武器的神；还有两个神用一个神圣的符号突出显示（见图 28）。

第三组“十二神”显而易见地是由更为重要的神祇组成。他们的武器和标志都更具特色。有四个神的头上有神圣的天国标志，有两个神是有翅膀的。这组人中还包括不是神的人员：两头公牛顶着一个球体，赫梯之王戴着一个骷髅帽站在翼碟的符号下面（见图 29）。

来自右边的是两支女神队伍；然而，石刻已经太过破损，以至于我们无法看清她们的人数。我们应该不会推测错误，她们也是两个 12“集团”。

来自左边和右边的队伍在面板中心相遇，那里很明显地描述着他们的主神，因为他们都显得很高兴，并站在山顶上、动物身上，甚至是神仆的肩上（见图 30）。

图 28

图 29

学者们，比如 E. 拉洛奇，在其著作《雅兹勒卡亚的众神》中研究了这些图画与象形符号，那些相对易读的刻在岩石上的神的名字。这些名字、称号、地位也都包含在了这个队伍中。只是有一点是很明确的：赫梯众神是由奥林匹亚十二神统治的。那些次神都是 12 个一组，地上的主神也对应着 12 个天体。

这些神祇是被“神圣数字”12 统治的现象，还被刻在了另一个赫梯古迹上，它是一个石砖筑成的圣坛，在靠近现在叫拜特 - 泽希尔的地方被发现。它清楚地描述了一对神的情侣，由另外 10 个神环绕着——刚好 12 个（见图 31）。

考古发现毋庸置疑地告诉我们，赫梯人所崇拜的神祇是“天上和地上”的，这与他们的等级制度息息相关。一些伟大的、“老一辈的”神是天国的创立者。他们的标志——在赫梯象形文字中的意思是“神圣”或“天国的神”——看上

图 30

图 31

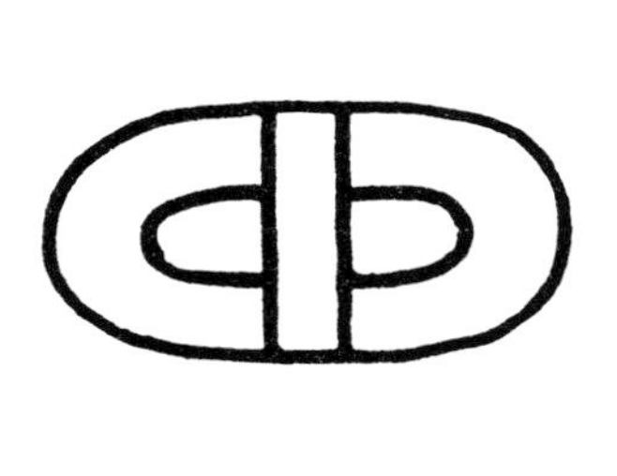

图 32

图 33

去就像是一对护目镜（见图 32）。他们常常出现在一个火箭状物品的周围（见图 33）。

其他的神当然也有，他们在地球上——当然也在赫梯人之中——充当一个统治者的角色。由他们任命人类的国王，并在战争、拟定条约和一些其他国际事务中指导他们。

一个亲自领导赫梯人的神名字叫特舒卜，意思是“鼓风者”，由此，他被学者们称为暴风神，与风、闪电和雷霆有很大的关系。他也有个绰号叫塔鲁，意为“公牛”。和希腊人一样，赫梯人也有公牛崇拜；并且，就像他之后的木星神朱庇特一般，特舒卜也被描述成闪电与雷霆之神，一样地站在公牛身上（见图 34）。

赫梯文献就像后来的希腊神话，讲述了神为了显示自己的至高无上是如何与怪物作战的。被学者称为“屠龙神话”的文献提到了特舒卜的对手是杨卡。特舒卜未能在战场上打败他，乃请求其他神的帮助，但只有一名女神站到了他的阵营中，并设计在一次聚会中将杨卡灌醉。

可以认识到，这些故事类似于圣乔治和龙的传说，学者们将这种对抗称作“好神”与“恶龙”的争端。但事实上，杨卡这个名字的含义是“大蛇”，并且古代人喜欢将“恶神”都描述成这样——这一点可以从赫梯的浮雕作品中体现出来(见图35)。宙斯也是一样，正如我们看到的，他所战胜的并不是一条“龙”，而是一个蛇形的神。我们会在之后说明，古代传统中，暴风神击败蛇神以取得神的王位的战争是具有重要意义的。这个时候我们只想先强调一下，这样的战争在古代文献中是作为一种确实发生过的历史事件，而被严肃地记录下来的。

图34

图35

一篇保存较好的长篇赫梯史诗，被称作《天国之王》，讲的就是这样的事件——天上诸神的起源。这段故事的叙述者首次呼吁“十二大神”来倾听他的故事，并证明故事的准确性：

让各位天上的神
和深色大地之上的神倾听吧
倾听吧，伟大古老的神

由此可以证明，老一辈的神既在天上又在地上。史诗中记录了 12 个“伟大古老的神”，并且为了吸引他们的注意，叙述人讲述了“天国之王”是如何来到“深色大地”的：

很久之前，遥远的时代，阿拉卢是天国之王
是他，阿拉卢，坐在王座上
伟大的阿努，第一神，站在他的面前
鞠躬直到脚底，呈上了酒杯
在九个时代，阿拉卢都是天国之王
在第九个时代，阿努发动了战争
阿拉卢失败了，他逃跑了
他向下到了深色大地
下面的深色大地就是他要去的
而王座上坐着阿努

史诗由此讲述了“天国之王”是因为王座被夺而来到地球：一个名叫阿拉卢的神被武力赶下了王座（也就是天上的某个地方），接着，为了逃生，“他向下到了深色大地”。但这还没有完。史诗继续讲述了阿努的遭遇，之后，他又被一个叫库玛而比的神（在一些文献中，他是阿努的亲哥哥）夺位。

毫无疑问，这首史诗是在早于希腊神话1000年左右写下的，是克洛诺斯赶走乌拉诺斯，宙斯又赶走克洛诺斯这个神话的“先行版”。甚至在赫梯文献中，我们也能看到宙斯赶走克洛诺斯这个故事的影子，这完全就是库玛而比对阿努做的：

> 在九个时代，阿努都是天国之王
>
> 在第九个时代，阿努不得不和库玛而比打仗
>
> 阿努从库玛而比的手中滑了出来，并逃走
>
> 阿努向天上逃
>
> 在他身后库玛而比追着他，抓住他的脚
>
> 将他从天上拽下
>
> 他咬阿努的腰，和阿努的“阳物”
>
> 在库玛而比的体内
>
> 它像铜一样融化了

照这个神话来看，这场战役不能算是完胜。虽然被“阉割”了，阿努设法飞回了自己天上的住所，离开库玛而比并掌控地上。同时，阿努的“阳物”在库玛而比体内诞生了几个神，导致他（就像希腊神话中的克洛诺斯一样）必须将他们释放出来。其中有一个就是特舒卜，最高级别的赫梯神。

然而，在特舒卜正常执政之前还需要另一场史诗级的战争。

在得知阿努的继承人在自己体内之后，库玛而比想到了一个计划，“给暴风神制造一个对手”。“他把力量放在手中；脚上的鞋轻巧得像风”；他还从他的城市乌尔基什去了大山女士的住所。

“他的愿望是唤醒她；他与山女一起睡觉；他的男子气息流入她的身体。他与她这样五次了……他与她这样十次了。”

难道库玛而比只是好色吗？我们有理由相信他这么做是有深意的。我们的猜测是神的统治者需要继承人，而库玛而比和山女的儿子有资格登上天国的王座；因此，库玛而比与她“这样”五次和十次则是为了确保让山女怀孕。确实也怀上了：她生了一个儿子，库玛而比象征性地称它为乌力－库米，意为库米亚（Kummiya，特舒卜的住所）的镇压者。

库玛而比预见了为了抢夺继承权而引发的战争，它将发生在天国里。在命令他的儿子去剿灭库米亚的官僚后，他进一步向他儿子宣布：

> 让他为了王位而升上天国！
>
> 让他征服库米亚，这美丽的城市！
>
> 让他攻击风暴之神
>
> 并把他撕成碎片，像撕裂一个凡人！
>
> 让他击落所有在天空的神

这场与特舒卜有关的特殊的战争，是公元前4000年左右的金牛座时代的开端，在地上和天上发生的吗？是因为这个原因导致胜利者要踩在公牛背上吗？这些事情是否与同一时间的苏美尔文明的开端，有着某种方式的联系？

※

毫无疑问的是，赫梯众神以及他们的神话故事，确实有着存在于苏美尔文明及神祇中的根源。

有关乌力－库米挑战天国王位的神话，继续讲述了这个英雄式战争。特舒卜在与对手的战争中失败了，甚至导致他的妻子赫巴特试图自杀。最后，有人呼吁调解诸神之间的争执，并且召集了一次神的聚会。这是两位“老一辈的神”——恩利尔和艾领导的，他呼吁制作“天命古书”——某种可以帮助解决神的王位继承问题的古代记录。

然而这些记录却无法解决这些纠纷，恩利尔建议为这些挑战者设立另一个战斗，用一种极为古老的武器。“听着，古老的神，你们懂得这些古老的词汇。”恩利尔向他的追随者们说：

打开古老的仓库

那些属于父辈之上的仓库

拿出那些铜矛

它们曾劈开天堂与凡间

用它们劈开乌力－库米的双脚

这些“老神”是谁？答案是明显的，他们是阿努、安图、恩利尔、林利尔、艾、伊希库尔——他们使用的是苏美尔的名字。甚至连特舒卜这个名字，也和其他赫梯神名字一样，常常以苏美尔文字来表达他们的身份。同样地，一些地点也是古代苏美尔的地名。

这种现象让学者认为，赫梯人实际上是在崇拜苏美尔的起源神话，而且，在他们眼前上演的神话故事，还有那些“老神”，也都是苏美尔的。事实上，这只是一个更大发现的一部分。不仅是发现了赫梯语是基于印欧语系的，还发现它受了阿卡德语的影响，表现在发音和写作上。自从阿卡德语在公元前2000年成为古代世界的国际语言，它影响赫梯语也就很好理解了。

但真正的问题是，学者们在破译赫梯语的过程中惊奇地发现，它广泛使用了苏美尔的象形符号、音节，甚至是整个单词！不仅如此，很明显地，他们也在相当程度上掌握了苏美尔语的使用。苏美尔语，用 O.R. 格尼在《赫梯文化》中的话来说，“是在首都哈图 – 沙斯被深入学习了的，而且苏美尔 – 赫梯词汇也是在那里发现的……许多赫梯文献中与楔形符号有关的象征物的确是苏美尔词汇，但也许它们的实际意义已经被赫梯人遗忘了……在赫梯文献中，赫梯词汇都用与之类似的苏美尔或者巴比伦词汇代替。”

而后，当赫梯人在公元前 1600 年之后接触到了巴比伦人，那时苏美尔人早就消失于近东的舞台。那就是为什么，他们的语言、文学和宗教影响到了亚洲另一头的伟大王国，而且时隔千年？

这个文化桥梁，学者们已经发现了，是一个叫胡里安的民族。

在《旧约》中他们被叫作何利人，意为“自由之人”。他们控制着美索不达米亚的苏美尔和亚甲与小亚细亚的赫梯王国之间的广大区域。他们领土的北方是古代的“雪松之地”，在东方他们的领土包含了现在伊拉克的油田。在一个单独的城市，努济，考古学家们不仅发现了普通的建筑物和工艺品，同时还发现了上千件价值连城的法律及社会文件。在西边，胡里安的法律和影响力一直延伸到了地中海沿岸，其中包括古老的贸易和工业中心，并被迦基米施和亚拉拉克学习。

但他们的权力中心与主要商路，以及最受人崇拜的神庙地点，都被认为是在“两河之间”的中心区域，《圣经》中的拿哈兰。他们最古老的都城（还没有被发现）是定都于哈布尔河流域的某个地方的。他们最显赫的贸易中心，是在巴利克河，也就是《圣经》里的哈兰——亚伯拉罕家族从南美索不达米亚的乌尔前往迦南途中旅居的城市。

埃及和美索不达米亚的皇家文件都提到了一个胡里安王国，叫作米坦尼，并把它放在了一个与自己同等的地位。这是一个影响力超出自己国境的强大王国。赫梯人称他们的乎曼邻居为赫利。一些学者指出，这个词还可以念“哈尔”，并且，就如 G. 康特劳在《古代赫梯与米坦尼文明》中所说的，它也可能就是哈利这个名字。

毫无疑问，哈兰是雅利安或者印欧语系的民族。他们的文字援引了雅利安语言中的很多神的名字，他们的国王使用印欧语系的名字，他们的军事和骑兵术语也是源自印欧语系。

B. 赫罗兹尼在 1920 年领导了一场解读赫梯文献的运动，虽然时隔很久，但仍然称哈兰人为"最早的印度教徒"。这些哈兰人影响着赫梯的文化和宗教。赫梯的神话文献被发现是出自哈兰的。甚至包括史前神话，半神英雄的史诗都起源于哈兰。

已经没有任何疑问了，赫梯人是从哈兰人那里获得了宇宙学，以及他们的神话、他们的诸神——他们的十二主神。

这里出现了一个三角联系——雅利安、赫梯、哈兰，它被很突出地记录在了一个女人为他生病的丈夫而写下的祈祷文里。这是特舒卜的妻子写给女神赫巴特的：

> 噢，让雅利安崛起的女神
> 我的女士，赫梯的情人
> 天与地的皇后……
> 在赫梯，你的名字是
> "让雅利安崛起的女神"
> 但在松雪土地上
> 你的名字是"赫巴特"

所有这些由哈兰人所采用并传递的文化和宗教，并不属于印欧语系。甚至他们的语言本身就不是印欧语系。毋庸置疑，在哈兰语言、文化和传统中充满了阿卡德（亚甲）的元素。他们的首都的名字，瓦树格尼，是闪族语言 resh-eni 的变种，意思是“水的发源地”。底格里斯河被叫作阿兰扎卡，我认为是从阿卡德语“雪松之河”演变过来的。沙马氏神和塔什美吐是从哈兰语的沙马克和塔什美特什演变过来的，还有很多。

但是阿卡德人的文化和宗教也只是在苏美尔文化与信仰的基础上的一点小发展，哈兰人，实际上吸收并传承了苏美尔的宗教。正是这样，他们很明显地频繁使用了原来苏美尔人的神的名字、称号和符号。

史诗中讲得很清楚，故事内容是苏美尔的神话；“老神”的居住地是苏美尔城市，“老神的语言”是苏美尔语。甚至哈兰艺术也是在重复着苏美尔艺术——在形式、主题和象征物上。

到底是在什么地方通过怎样的方式，哈兰人“突变成了”苏美尔的“基因”？

有资料表明，公元前 2000 年左右，哈兰人是苏美尔与亚甲的北方邻居，并且在 1000 年之前与苏美尔人混居过。这个事实证明：在公元前 3000 年，哈兰人存在和活跃于苏美尔。在苏美尔最后一个光荣时期，乌尔的第三个王朝，他们在苏美尔占有比较重要的地位。有证据显示，哈兰人在苏美尔（特别是乌尔）对服装业的管理和操作在古代是闻名的。那些享有盛誉的乌尔商人很可能大部分都是哈兰人。

公元前 13 世纪，在外来入侵和大移民（包括从埃及前往迦南的以色列人）的压力下，哈兰人撤往他们王国的东北方，在靠近凡湖的地方定下了新的都城。他们称这个王国为乌拉尔图（Urartu，也就是亚拉腊）。在那里，他们崇拜由特什卜（Tesheba，特舒卜的谐音）带领的众神，并把他描述为一个充满力量的神：他头戴角帽，站在他的符号——公牛身上（见图 36）。他们把他们最重要的圣坛称作比特阿努，意为“阿努的房子”，并称他们自己正在将这个王国建设成“阿努山谷的要塞”。

这个阿努，我们可以看出来，正是苏美尔的众神之父。

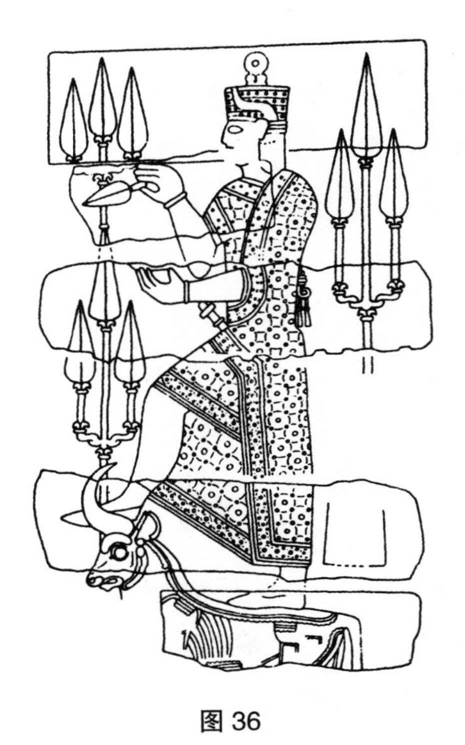

图 36

※

那么，这些神话和神祇崇拜到达希腊的另一条路，是从东地中海沿海，经过克里特岛和塞浦路斯到达希腊的吗？

这片土地现在是以色列、黎巴嫩和叙利亚南部，它们形成了古代“新月沃地”的西南部，当时是迦南人的居住地。再一次，我们认识到，所有那些直到最近才被我们发现的史实，其实在《旧约》和一些分散的腓尼基文稿中早有提及。考古学家们是在以下两项发现之后，才开始了解迦南的：在卢克索和塞加拉找到的埃及文献，以及——更加重要的——在一个迦南的主要中心出土的有关历史、文学和宗教的文献。这个地方，现在叫拉丝沙姆拉，位于叙利亚海岸上，当时是古城乌加里特。

乌加里特文稿中所使用的语言是迦南语，被学者们称为西闪族语，是包括最早的阿卡德语以及现在的希伯来语的语系的一个分支。

确实，任何一个对希伯来语有较好了解的人都会觉得，迦南语也是相对容易的。这种语言、文学风格和专用术语，在《旧约》中都是有暗示的。

迦南文稿中展现出来的神话，和之后希腊的神话有很多相似之处。在迦南神话的开头，也有一个至高无上的神，他叫 EI，这个单词既是一个个体神的名字，又有“崇高的神”的意思。他是所有事物，包括神界和人界的最终裁决者。阿博・亚当是他的称号，肯德里（the Kindly，意为“友好的”）与莫西浮（the Merciful，意为“仁慈的”）是他的绰号。他是“万物创造者，王权掌握者”。

迦南文献（对许多学者而言只是“杜撰的神话”）把 EI 描述为一个贤明的、较老的神，并远离日常事务。他住在很遥远的地方，在“两河源头”。在那里，他坐在他的王座上，接收使者们的信件，考虑并解决其他神祇告诉他的问题和困难。

一块在巴勒斯坦发现的石碑上描述了一位较老的神祇坐在王座上，一个年轻神祇向他提供饮料服务。坐着的神头戴一顶装饰着角的圆锥形头饰——角是神的标志，就像我们从史前时代就开始看到的一样。在画面中心上方有一个带翅膀的星星，一个我们越见越多的相当普遍的象征物。学者们普遍认为这个雕刻是描述迦南诸神 EI 的（见图 37）。

EI 自然不是一开始就是个年老的领袖。他还有一个绰号叫托儿，意思是公牛。学者们相信，这是为了表达他的卓越的性能力，并以此作为他众神之父的身份象征。一首迦南的诗，叫作《仁慈之神的诞生》，将 EI 放在了海边（多半是裸体），那里，两个妇女被他阳物的尺寸深深吸引。当一只鸟在沙滩上晒太阳的时候，EI 和这两个女人交合了。由此生下了沙哈（Shahar，意为黎明或初始）和沙拉木（Shalem，意为黄昏或完结）这两个神。

图 37

但他们不是他仅有的孩子，也不是他所有七个孩子中最重要的。他最重要的儿子是巴尔——这既是一个纯粹的名字，又有“领主”的意思。就像希腊人在神话中讲述的一样，迦南人也提到了儿子争夺父亲王位和统治权的故事。和他父亲 El 一样，巴尔也被学者们叫作暴风神，是个闪电与雷霆之神。巴尔还有一个小名叫作哈达，意为锋芒。他的武器是战斧和闪电矛，他的代表动物，和 El 的一样，都是公牛；而且，和 El 相同的还有他们的头饰，都是镶有一对角的圆锥形。

巴尔也被叫作伊利恩，意为至高无上；这是因为，他是被承认的王子，王座的继承人。但是他也并不是毫无竞争就获得这个称号的，首先是与他的兄弟海王子亚姆，接着是与另一个兄弟打击者莫特。在一首用碑刻碎片拼凑起来的感人的长诗里，一开篇就写道，“工匠大师”受到召唤，来到 El“于水的源头，两河之源的中心”的住处：

他来了，穿越了 El 的领地

他走进了岁月之父的庭院

在 El 脚下，他鞠躬，弯下腰

将自己卧倒，以示崇敬

工匠大师被命令为亚姆修建一所宫殿，以象征亚姆日益增强的力量和权力。有了这个壮胆，亚姆发出信息召集群神，来要求巴尔向他屈服。亚姆命令他的使节进行挑衅，群神都没有反抗，甚至连 El 都承认了他与儿子之间所出现的新的格局。“巴尔是你的奴隶，噢，亚姆。”他说。

然而，亚姆的至高无上是短暂的。装备着两样“神兵”的巴尔与他对抗并祭拜了他——现在只剩与莫特之间的挑战了。在这个对抗中，巴尔很快就落了下风；但是他的妹妹阿娜特拒绝接受让巴尔成为最后的牺牲者，于是她“抓住了莫特，El 之子，并用剑劈死了他”。

迦南神话中并没有让莫特来充当领袖，却奇迹般地让巴尔成为最后的赢家。

学者们试图通过认为这整个神话只是一个象征，来证明它存在的合理性。也就是说，这仅仅是一个讲述近东一年一度的干旱与雨季之间的对抗。但我们没有任何理由认为迦南神话就不带有任何寓意。他们提到了一些在后来被发现是真实事件的东西：神的儿子是如何自相残杀的，其中一个又是怎样在失败后仍然成为继承人，这可使 El 高兴了：

El，善良的、仁慈的那一位，高兴了。

他的脚放在他坐的凳子上，

他放开嗓子大笑，

他提高声音大声叫喊：

“我应该坐着静享安宁，

灵魂应该在我的呼吸中安息；

因为强大的巴尔活了下来，

因为大地之主存活了下来！”

阿娜特在迦南传统中，由此站在了她的兄弟巴尔一边，在他与邪恶的莫特的生死较量中陪伴着他；这与希腊神话中女神雅典娜站在宙斯一边，在宙斯与堤丰的生死较量中陪伴宙斯，是多么相似。雅典娜，和我们所看见的一样，被称为“完美处女”，即便她有一些不太正当的恋情。同样地，迦南神话（在希腊神话之前）使用了“处女阿娜特”这个称号，而且，尽管这样，还是讲述了大量的有关她的爱情故事，特别是与她自己哥哥巴尔之间的。有一段文稿描述阿娜特到了巴尔位于扎丰的住所，巴尔急忙将他的老婆们都遣散了。接着他站到他这个姐妹的脚上；他们相望对方的双眼；他们在对方的“角”上涂以药膏——

他拿起并握住她的子宫

她拿起并握住他的“石头”

处女阿娜特……怀孕了

难怪，阿娜特常常被描述为全裸的，来强调她的性能力。而在一幅图中，加入了一个戴头盔的巴尔，他正在与其他神战斗（见图 38）。

就像希腊宗教和它的创始者们，迦南众神中包含了一个母亲女神，众神首领的正式妻子。他们叫她阿舍拉，她刚好对应希腊的赫拉。阿施塔特，即《圣经》中的亚斯他录，对应着阿芙罗狄忒，她常与阿施塔特交往，后者常与一个明亮的星星有关，可能对应着阿瑞斯，阿芙罗狄忒的哥哥。还有一些年轻的神，男神和女神，他们与希腊中神的关系可以很容易地看出来。

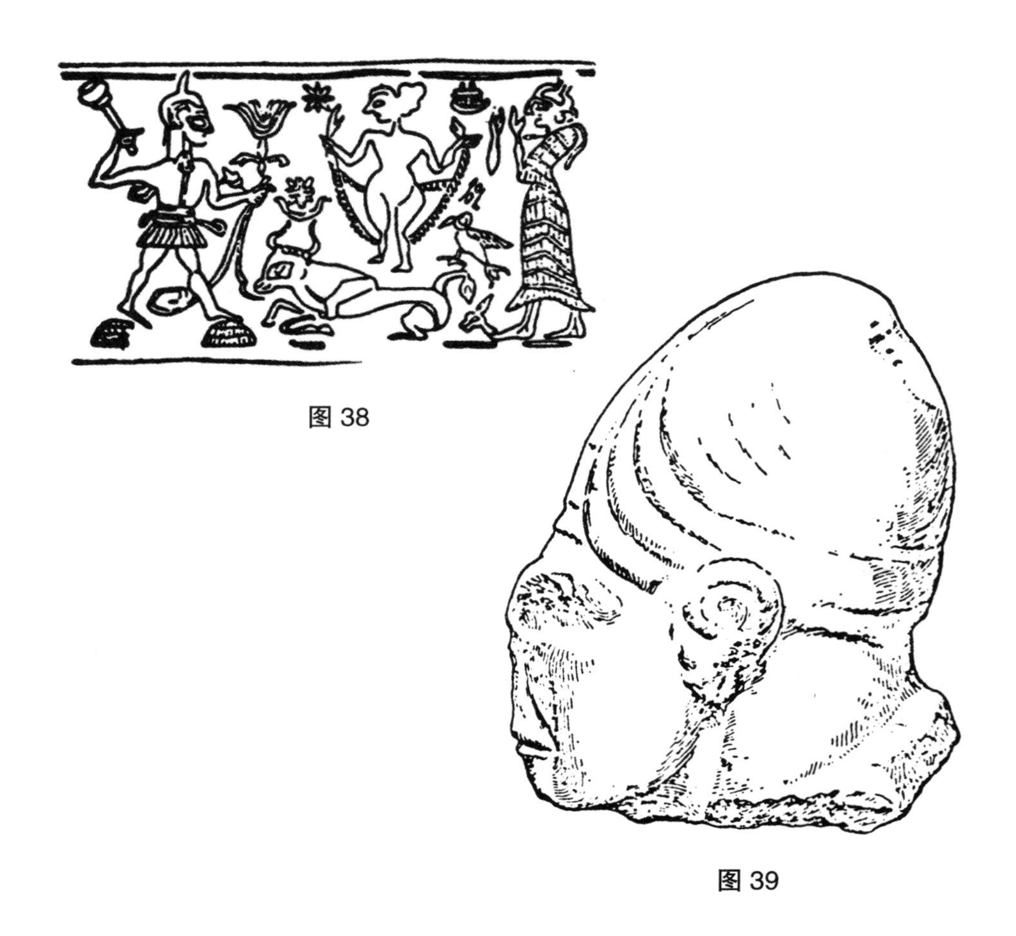

图 38

图 39

然而，除了这些年轻神之外还有一批“老神”。他们远离日常事务，但当诸神自己陷入麻烦的时候，只有他们能出面解决。一些关于他们的雕塑，甚至是一个部分被毁的石碑上，都可以从他们的特征和角帽上看出他们是老资格的神（见图 39）。

迦南人是从何处制定他们的文化和宗教的呢？

《旧约》认为他们是哈姆族的一部分，扎根于非洲的热带（炎热正好是哈姆的含义），是埃及人的兄弟。一些考古行动中出土的人造物品和文字记录，显示出了两者的相似，就像迦南和埃及之间的诸多相似一样。

很多当地的神祇，他们大量的名字和绰号，他们职务的多样化，他们的象征物以及动物符号……第一次出现在埃及神谱上，就像一群在奇怪的舞台上表演的奇怪的演员。但进一步看，他们与古代世界里的其他大陆上的同类物体基本上没有区别。

埃及人相信天国与地球上的神，并且，大神与小神被很明确地区分开来。G.A. 韦恩莱特在其著作《埃及天神》中出示了一个证据，显示出埃及人认为，天神从天上下降到地球是在“太初之时”。一些大神的绰号——最伟大的神，天国公牛，山王（或山女）——听上去都很耳熟。

虽然埃及人使用十进制数，他们在宗教活动中却继承了苏美尔人的六十进制，而且与天有关的事情都由神圣数字 12 来组织。天国被分为三个部分，每个部分都包含 12 个天体。死后的世界被分成 12 个部分。白天和晚上都被分割为 12 个小时，每一种分法都对应着神的“集团”，反过来，每一个分法中都包含着 12 个神。

埃及众神之首是创造者拉，他主持了 12 个神的集会。在远古时代，他进行了他奇妙的创造，带来了大地盖布和天空纳特。接着他让植物在大地上生长，动物在地上爬行——还有，在最后，创造了人。拉是一个看不见的天上的神，他只是周期性地出现。他的象征物是阿托恩——天碟，一个长翅的球（见图 40）。

在埃及传统中，拉在地球上的出现与活动，是与埃及的王位直接相关的。传统观点上，埃及的第一批统治者不是人类而是神，而第一个掌管埃及的神就是拉。他将王国分开，将下埃及给了他的儿子阴间之神奥西里斯，将

图 40

上埃及给了他的儿子混乱、暴风雨、沙漠之神赛特。但是赛特企图推翻奥西里斯并最后将他淹死。伊西斯，是奥西里斯的妻子和姐妹，找到了奥西里斯的尸体并将其复活。之后，他穿过了“玄秘之门”，并加入了拉的天球路径；他在埃及的王位是他的儿子何璐斯继承的，有些时候他被描述为带翼和长角的神（见图 41）。

虽然拉是天国中最高等级的神，但在地上，他却是引领事物发展的神卜塔的儿子。埃及人相信是卜塔通过在尼罗河的关键区域修建防水工事，将埃及陆地从洪水中升起来的。这个大神，他们认为，是从其他地方来到埃及的；他不仅建立了埃及，还建立了“山地和遥远的他国”。实际上，埃及人认为，他们所有的“老神”都是从南方坐船来的；并且，从被发现的很多史前石刻上，可以看见这些老神——因为他们戴着长角的头饰——坐船来到埃及（见图 42）。

唯一通往埃及的海路就是南方的红海，它的埃及名字叫乌尔海。在象形文字中，乌尔这个符号的含义是“东方的遥远的土地”；当然这同样完全可能是指苏美尔的乌尔，因为它就在那个方位，所以不排除这种可能性。

埃及语言中对应“圣物”或“神”的单词是 NTR，意思是“看着的那个”。太形象了，这简直就是苏美尔这个名字的含义：“看着的那些”之地。

认为埃及是文明起源的早期观点现在已经被推翻了。现在有很多证据表明，埃及文明晚于苏美尔文明超过半个千年之久，并吸收了苏美尔文明的文化、建筑、科技、艺术和很多其他方面的成就。甚至，众多证据还显示，埃及的神都是起源于苏美尔的。

与埃及人有血缘关系的迦南人和他们共享着相同的神。但是，由于这里有从远古起就连接着亚非的桥梁，迦南也受到了强烈的闪族或美索不达米亚的影响。就像北方的赫梯，最北方的乎曼，南方的埃及，迦南人不可能有完全属于自己的原始的神。他们同样是从其他地方，得到了他们的宇宙观与众神以及神

图 41

图 42

话故事。而他们直接接触到来自苏美尔的资源，则是通过亚摩利人。

※

亚摩利人的土地坐落在美索不达米亚和西亚的地中海陆地之间。他们的名字得自阿卡德语的阿穆鲁和苏美尔语的玛图（martu，意为“西方人”）。他们不被当作外来人，只被当作是居住在苏美尔和亚甲西部领地上的居民。

在苏美尔，使用亚摩利名字的人被列为寺庙工作者。在大约公元前 2000 年，乌尔败给埃兰人的时候，一个玛图人伊什比埃拉在拉尔萨重建了苏美尔王权，并完成了他的首要任务：夺回乌尔，将那里重建成一个祭祀的圣坛。亚摩利人的“酋长”建立了第一个独立的亚述王朝，那时大约是公元前 1900 年。还有为巴比伦带来荣耀的汉谟拉比，是在公元前大约 1800 年；他是巴比伦第一个王朝的第六个继承人，也是亚摩利人。

在 20 世纪 30 年代，考古学家找到了亚摩利人的中心和都城，名叫马里，位于幼发拉底河的一个蜿蜒处，也就是现在叙利亚边境穿越河流的所在。挖掘者们在那儿发现了一个主城，其建筑都是在公元前 3000 年到公元前 2000 年之间连续不断地修建和重建的，比他们生活的时代早了几个世纪。这些最早的遗迹，包括一个阶梯金字塔和供奉苏美尔神伊南娜、宁呼尔萨格和恩利尔的神庙。

马里的宫殿独自占据了五英亩，其中包括了一个涂有大型壁画的王座房间、300 个多种多样的房间、文官办公室以及（对史学家们来说最重要的）多于两万个写满楔形文字的碑刻，其中提到了当时的经济、贸易、政治和社会生活，还有国家和军队，当然，还有那里的宗教和它的人民。

马里宫殿的壁画中，有一幅描述了女神伊南娜（亚摩利人叫她伊师塔）授予基姆利里姆王权的事迹（见图 43）。

图 43

就像在其他神话中一样，他们的神的首领同样是个气候或暴风之神。他们叫他阿达德——相当于迦南神话中的巴尔，还为他取了个小名叫作哈达。他的标志是预料之中的，叉状闪电。

在迦南文献中，巴尔常被称作“龙之子”，马里文献中也讲到一个名叫龙的老神，是“丰腴之神”——就像 EI，也是一个退了休的神。有那么一次他抱怨说，他再也不能与战争的领导层一起议事了。

诸神的其他成员还包括月神，迦南语称她为耶拉，在阿卡德语中是辛，在苏美尔语中是兰纳；当然也有太阳神，被称为沙马氏；此外，还有一些其他神祇。所有这些神都证明了，毫无疑问地，马里是连接东地中海和美索不达米亚的桥梁，无论是地理上还是时间上。

在马里发现的文物，就像在苏美尔发现的一样，有很多塑造人类自己的雕像：国王、贵族、神职人员、歌手，他们被始终如一地塑造成双手紧握呈祷告状，眼神永远凝望着自己的神（见图 44）。

这些天和地的神到底是谁，始终是由一个十二主神集团带领着？

图44

我们进入过希腊和雅利安的神庙，赫梯人和哈兰人的神庙，以及迦南人、埃及人和亚摩利人的。我们跟随着这个轨道和上千年前的线索越过大陆，跨过海洋。

而且每座神庙的每条走廊都把我们带向一个地方：苏美尔。

第四章

苏美尔：神的领地

毫无疑问，构成这几千年来高度发达的学识和宗教的“古老的语言”就是苏美尔语。同样毫无疑问的是，所谓“老神”，也是苏美尔的神；但是，比这些苏美尔神还要古老的神，却还没有找到。

当这些神在最初的苏美尔版本或是后来的阿卡德、巴比伦或亚述版本中，被命名和记录时，我们发现，在这份名单里，他们一共有好几百个。但一旦他们被分类了，就可以很明显地看出，他们并不是一个众神大杂烩。他们被一组主神统治，被一群次神环绕，互相都有关系。一旦众多的侄女、外甥、孙子……被排除在外，一个小得多却又更加连贯的神祇团体出现了——每一个都扮演着一个角色，每一个都有一种独特的力量和属性。

苏美尔人相信，诸神来自“天国”。有文献提到，“在万物创造之前”，有很多天国之神，例如阿普苏、泰麦特、安莎、凯莎等。他们没有发表过任何声明表示这一批神到过地球。当我们进一步察看这些存在于地球之前的“神”的时候，我们发现，他们竟是组成我们这个星系的天体；而且，苏美尔神话相当关心这些天神，实际上，用较为科学合理的话来讲，是很关心我们这个星系的创立。

也有一些次神是“地球上”的，但他们被膜拜的中心主要是一些偏远的小地方；他们最多不过就是某地的神。在最好的情况下，他们也只是有限地管理一些事物——举个例子，女神宁卡西只监管饮料制作。在他们之中，没有产生英雄级的神话。在赫梯的雅兹勒卡亚发现的石头上，他们是走在队伍最后面的一些年轻的神。

在上述两者之间的，是天上和地上的神，被称为“远古之神”。他们是史诗中的“老神”，苏美尔人相信，他们是从天上来到地球的。

他们不仅是某地的神，是全国性的神——事实上，还是国际性的神。他们之中的一些神甚至早于人类出现在地球上。确实，人类的最终存在就是这些神在地球上的活动引发的结果。他们力量强大，不是世俗可以理解的。而这些神祇不仅看上去像人，而且吃喝也和人一样，并且和人一样有着七情六欲。

虽然一些主神所扮演的角色和他们的地位在千年过后有了转变，但仍有一部分从来没有失去过他们的高位和他们在国内甚至国际上所享受的尊崇。当我们进一步察看这一群核心人物的时候，出现了一张绘有一个密切相关而非分离的神族家庭的图谱。

※

领导这个天上和地上的神族家庭的是 AN（或者是巴比伦和亚述中的阿努）。他是众神之父，众神之王。他的领土是整个天国，他的标志是一颗星星。在苏美尔的象形符号里，星星符号同样也代表着 AN，或者“天国”，或者“天神”，或者“神”。这个四重含义的符号在岁月的流逝中保存了下来，它作为一种文字，从苏美尔（象形文字）传到了阿卡德（楔形文字），再传到了巴比伦和亚述手里（见图 45）。

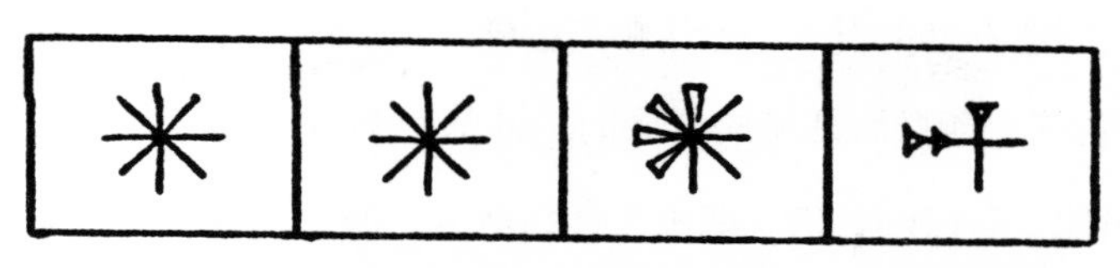

安 = 伊斯特拉 = 希耶罗斯 = 戴尔罗斯

图 45

从很久很久之前，一直到楔形文字逐渐消失——从公元前 4000 年开始，几乎要接近基督时代，这些在神的名字出现之前就有的符号，表明这个写在文献中的不是一个凡人的名字，而是原始天堂的神。

阿努的住所以及他的王座，是在天上的。那里就是其他天地众神在请愿或是朝拜时所要去的地方，当然也是他们需要解决自己纠纷或者制定决策之时该去的地方。很多文献都形容，在阿努的宫殿（由真实之树和生命之树两位神把守着入口）和他的王座面前，其他的神是如何走近他，并在他面前坐下。

苏美尔文献同样提到过，不仅是其他的神，甚至包括一些被选定的凡人也能走进他的住处，大多数都是为了躲避死亡。有一个神话是关于“模范人类”亚达帕的，传说他相当完美，且对创造他的神，阿努的小儿子艾十分忠诚。艾把他推荐给阿努。接着艾就向亚达帕描绘了即将发生的事：

亚达帕

你走在国王阿努之前

你将踏上天国之路

在天堂面前你上升了

你跨过了阿努之门

“生命的信使”和“真实的耕种者”

会站在阿努的门前

在他的创造者的指引下，亚达帕“去到天国……上升到天国并穿过阿努之门”。但接到这个能摆脱凡尘的机会时，他却拒绝食用生命面包，并认为生气的阿努会给他带有毒的食物。他由此回到地球，成了一名神职人员，不过仍是一个凡人。

苏美尔人声称，不仅是神，甚至是被选定的凡人也能上升到天堂并进入神的居所，这与《旧约》中通过伊诺克和先知以利亚上升天国相互对应。

虽说阿努住在神的地界，苏美尔文献中也记录了他下临地球的例子——发生某种大的危机之时，或者是礼仪上的往来之需（由他的妻子安图陪伴着），或者（至少一次），来找他在地球上的曾孙女印·安娜。

自从他不再定居地球，似乎就没有什么必要继续在城市或祭祀中心里独享尊崇了；一处为他而建的纪念性住所，所谓的“高房子”，是修在乌鲁克（也就是《圣经》中的以力）的，这里也是女神伊南娜的领地。乌鲁克的废墟包括了一个巨大的人造山，在那里，考古学家们找到了此处曾经修建并重修过一个大型神庙的证据——共有不少于 18 个楼层的阿努神庙。

阿努神庙的名字叫 E.ANNA，意思是“安的房子”。但对这个庞大的建筑而言，这个简单的名字显得相当微不足道。苏美尔文献誉之为“真正的圣地”。连大神们自己“都为之感到奇特”：“它的檐口就像铜”，“高耸的墙壁触到了云朵——居高临下的居所”，“这是一个让人不能拒绝的充满魅力的建筑”。当然，文献中提到了修筑神庙的目的，是“为了神从天上降落而建的房子”。

一个属于乌鲁克官方档案的碑刻启发我们去想象，当阿努和他妻子来这里进行“国事访问”时的壮观场面。因为这个碑刻已经损坏，我们只能从中间部分看到这场庆典，那时，阿努和安图在神庙的庭院中间坐定。他们周围，“听众同一个命令”，众神手举权杖，形成了一个首尾相顾的游行队伍，一场外交典礼开始了：

他们下降到了神圣的庭院

并转身面向神阿努

纯净的牧师向权杖敬酒

权杖传递手进来并坐下

神帕苏卡尔、努斯库

随后坐在了神阿努的庭院

同时，女神们，“阿努神圣的后代，乌鲁克的神圣的女儿们”（她们的名字不是很清楚），承担着第二个任务，前往 E.NIR，也就是“女神安图的金床之屋”。随后，她们组成了一个队列回来，到了安图坐着的地方。虽然晚餐按照严格的仪式准备着，一个特别的神职人员还是把由“好油”和葡萄酒制成的混合物，涂抹在了阿努和安图准备用来过夜的屋子的大门插槽上——这是一个很有想法的动作，看上去是为了避免大门在阿努和安图睡觉时吱吱作响。

当“晚餐”——各种饮品及开胃食品端上来时，一个研究天文的神职人员走到了“主殿高塔的最上层”以观察星象。于是，他背诵了“献给带来光明、天国之星的主阿努”和“创造者的形象提高了”这两段辞章。

阿努和安图用从一个金盆中流出来的水洗了手，于是，宴会的第一部分开始了。接着，七个大神也用从一个大金盆里流出来的水洗了手，宴会的第二部分也就开始了。接着上演了“洗嘴典礼”；神职人员朗诵了赞美诗“阿努之星是天国的英雄”。火炬被点燃了，各位神祇、歌手、神职人员以及传菜员都把自己编入了一个队列之中，陪伴着两位访客去他们夜晚的圣地。

四个主要的神被指派留在院子里当看守，直到天亮。其他的神则被安置在了其他的大门。与此同时，整个国家都燃起火炬来庆祝这两名神圣访客的到来。在一个主殿的图像信息中，整个乌鲁克所有神殿中的神职人员都“用火炬燃起了篝火”；其他城市里的神职人员看见乌鲁克的篝火，也同样地燃起了篝火。接着：

> 整个陆地的人们在家里点起了火光
> 向所有的神祇奉上盛宴
> 城里的守卫们点燃了篝火
> 在街上，也在广场里
> 两位大神的离开也计划好了
> 不是按天来算，而是按分钟
>
> 在第十七天
> 日出后的第四十分钟
> 大门在神阿努和安图面前打开
> 为他们的旅行画上句号

这个碑刻的结尾被损坏了，但在其他文献中也有对他们离开的描述：早餐，符咒，神之间的握手。在亚述文献描述的一个神的队伍中（虽然是在很久以后），也许可以向我们提供一些有关阿努和安图在乌鲁克访问时当地的风俗习惯。一些特殊的咒文在队伍走过“满街的神”的时候被朗诵着；其他诗篇和圣歌被唱了起来，当队列走到了“神圣码头”上“备好的阿努的船”，他们在那里说了再见。“挥手告别”的时候，更多的圣歌被吟诵起来（见图 46）。

接着所有的神职人员在最高等的神父的带领下，进行了一场“临行前的祈祷”：“伟大的阿努，愿天国和大地保佑你！”他们吟诵了七遍，祈祷并恳求七位天神和其他天地众神的保佑。在最后，他们向阿努和安图告了别：

图46

愿深远之神，

以及有着神圣居所的神

保佑你们！

愿他们保佑你们的

每一年的每一月的每一天

在出土的无数个关于古代神祇的描述中，好像没有一个直接关于阿努的，尽管他从每一个雕塑和每一个国王像中凝视着我们，从远古到现在。在苏美尔文明中，权力由阿努而来；而且，“王权”的另一种说法是阿努图（Anutu，阿努的权力）。阿努的印章是三重冠（神圣的头饰）、权杖（权力的象征）和牧人的手杖（以表现“善牧者”给予迷失者的引导）。

从今天来看，牧人的手杖更多地出现在主教的手里，而不是国王，但是皇冠和权杖仍然是国王的代表。

※

在苏美尔众神中，排名第二的神是恩利尔。他的名字的意思是“天空大神”，是后来统治古代世界众神的暴风神的原型和父亲。

他是阿努的大儿子，出生于他父亲在天国的居所。但出于某些原因，在很早的时候，他被送到了地球，并且由此成为最主要的天上和地上的神。当众神在天上聚会的时候，恩利尔在他父亲身边主持会议；当他们去到地球上聚集时，则在尼普尔——一个“将自己奉献给恩利尔的城市”的神圣区域中的庭院里相会，那儿，E.KUR（像山的房屋），是恩利尔的主要神庙所在地。

不仅是苏美尔人，连苏美尔众神都认为，恩利尔是至高无上的。他们叫他“万物统治者”，并很清楚地说明：“在天国里——他是王子；在地球上——他是领袖。”他“向上使天国颤动，向下使大地震裂”。

恩利尔
他的命令其意深远；
他的“话语”崇高而神圣；
他的言语驷马难追；
他为遥远的将来写下命运
地上诸神愿意在他面前弯腰低头；
在地上的天神
在他面前让自己谦卑

在苏美尔人的心目中，恩利尔在地球开化之前就来到了地球。一首名为“献给恩利尔所有的仁慈”的赞歌，讲述了如果不是因为恩利尔的诸多“长远的指令”，社会和文明的很多方面都不会存在：

没有任何城市被建立，
没有任何居住地被设立；
没有任何商铺被建造，
没有任何羊圈会出现；

没有任何国王被拥立，

没有任何祭司会诞生。

苏美尔文献还指出，恩利尔在“黑头人”被创造之前抵达地球。“黑头人”是苏美尔语言中对人类的昵称。在人类之前的这段时期，恩利尔将尼普尔作为他的中心，或“指挥部”，在这里，天国和大地通过某种“连接”联系在了一起。苏美尔文献中将这种“连接”称为 DUR.AN.KI（天地连接），并用诗化的语言记述了恩利尔在地球上做的第一件事情：

恩利尔

当您在大地上标注了神圣的定居点

尼普尔是您为您自己设计的城市。

崇高的大地之城

纯粹的您的位置，那儿，水都是甜的。

您创建了杜尔安基

在世界中心

在那些遥远的日子，在只有诸神居住于尼普尔而人类尚未被创造的年代，恩利尔认识了会成为他妻子的女神。在一个故事里，恩利尔看见了她未来的妻子在小河里洗澡——全裸的。他一见钟情了，不过，也不一定当时就想到了结婚：

牧师恩利尔，命运裁决者

眼光一亮，看见了她。

恩利尔欲与她交流

她却不情愿。她说：

“我的阴道太小了

它不知道如何交配；

我的双唇太小了

它不知道怎样亲吻。”

但是恩利尔没有给她任何回答，他只是向他的侍从努西库诉说了他对这位被称为苏德（SUD，意为“护士”）的“年轻的女士”的强烈渴望。苏德与她母亲住在“有香味的房屋”伊立什。努西库建议带她乘船游河，于是恩利尔说服苏德与他一起上了船，然后在船上强奸了她。

这个古代故事讲述了作为领袖的恩利尔是如何遭到其属下痛恨的。他们抓住了他，并把他驱逐到了下界。“道德败坏的恩利尔！”他们向他怒吼。“自己滚出城去！”在这个版本中，苏德怀上了恩利尔的孩子，并跟随被放逐的恩利尔，最后和他结婚了。

另一个版本中讲到，忏悔的恩利尔去寻找这个女孩，并派遣他的侍从去请求她的母亲，希望得到苏德的原谅。不过不管怎样，反正最后苏德成了恩利尔的妻子，而且他赐给她一个称号：宁利尔（NIN.LIL，意为“天空女神”）。

但无论是恩利尔还是驱逐他的神都没有想到，事情的真相并不是恩利尔勾引宁利尔，而是相反：宁利尔的母亲蓄意安排宁利尔在河里裸浴，为的就是让恩利尔——他常常路过小河边——能够注意到宁利尔，并能“毫不犹豫地拥抱你，亲吻你”。

且不管是用何种方式让两人爱上对方，最终，恩利尔是一直都对宁利尔宠爱有加的。有一次，恩利尔还给了她一件“贵妇之衣”。一个发现于尼普尔的碑刻，显示恩利尔和宁利尔在他们的神庙里享受食物和饮料。这个碑刻是由乌尔－恩利尔（Ur-Enlil，“恩利尔的用人”）授权的（见图 47）。

图47

除了是众神的领袖之外，恩利尔还被认为是其领地苏美尔和其上的“黑头人”的至高无上的神。一首关于他的苏美尔圣歌用崇拜的语气唱道：

知道这片大地命运的神

他的呼唤值得信赖

知道苏美尔命运的恩利尔

他的呼唤值得信赖；父恩利尔

大地之主

父恩利尔

权威的主；父恩利尔

带领着黑头人

从日出之山

到日落之山

这片土地再无他神

你是唯一的君王

苏美尔人对恩利尔的尊崇已经超出恐惧和感谢了。是他批准了诸神会议中对付人类的法令；是他的“风”刮起了摧毁不忠城市的大型风暴；是他，在大洪水时代力图毁灭人类。但是在和人类和平共处的时候，他是一个被人们喜爱的友好的神；在苏美尔文献里，通风的知识以及犁和镐，都是恩利尔带给人类的。

恩利尔还选择并认定了统治人类的国王。但国王不是作为一个君主，而是作为神的侍从而存在的，他的职责是听从神圣计划的安排。苏美尔、阿卡德和巴比伦的国王都曾经写下记录，来述说自己对恩利尔的崇拜，描述恩利尔将他们送上王位。这种行为——出于恩利尔和他父亲阿努的利益——赋予了统治者权威性，也标示出了这个人的职能。就连汉谟拉比——他承认一个名叫马杜克的神是巴比伦的国神——都在他的法典的开头写下：“阿努和恩利尔要求我提高人民的福祉……让正义充满这片大地。”

天上和地上的神，阿努的第一个儿子，王权的分配人，诸神的领袖，众神及人类之父，农业的发明者，天空大神——这些都被认为是恩利尔的名号，这些名号显示了他的伟大和力量。他的“命令其意深远”，他的“言语驷马难追”，“他为遥远的将来写下命运”，他拥有“天地连接”，并且，从他的“令人敬畏的城市尼普尔”，他可以“提起光束并搜索所有土地的核心”，“眼睛可以审视整片大地”。

但他也像人类的年轻人一样，被一个裸体美女诱惑；也不得不服从诸神给他的惩罚，并遭到驱逐；甚至无法避免死亡。至少在一个已知的例子中，乌尔的一个苏美尔王直接向众神议会抱怨说，乌尔出现了一系列的问题，它的人民会遭受厄运，因为“恩利尔将王位给了一个不值得给的人……他不是苏美尔种”。

当我们继续向前考察，还可以看到，在处理地球事务时，恩利尔在神和人中所扮演的最主要的角色，以及他们的几个儿子是如何为了继承权与其他神交战甚至自相残杀的。毫无疑问，这给之后爆发的神的内战提供了依据。

※

恩利尔之后，苏美尔的第三个大神是阿努的另一个儿子，他有两个名字，艾和恩基。和他的哥哥一样，他也是天上和地上的神，也从天国来到了地球。

在苏美尔文献中，他来到地球，是在波斯湾的水比现在进入内陆的多，并将国家的南部变成湿地的时候。艾（名字意思是“水房”）是个工程大师，设计并监管了运河以及河堤的修筑，还有湿地的排水工程。他喜欢在这些水道上滑水，特别是湿地上。这些水域，作为他的符号，象征着他的家。他在湿地的边缘修建了一座城市并将他的“大宅”建在了里面；这个城市被称为哈亚基（HA.A.KI，意为“水族的领地”），它还被称为埃利都（E.RI.DU，意为“远行的家”）。

艾是“咸水之王”，包括近海与大洋。苏美尔的文献中反复提到，在很早之前，三大神分配领土的时候，“海洋给了恩基，他是地上的王子”。恩基由此得到了“阿卜苏（Apsu，《巴比伦史诗》中的原始甜水之渊）的统治权”。作为海之大神，艾建造了船队并前往遥远的陆地，特别是前往向苏美尔提供贵金属和宝石的地方。

最早的苏美尔图章上将艾描述成一个被流动的溪水包围的神，水里有时还有鱼。与艾有关的图章中，比如显示在这里的，带有一个月亮（用月牙象征），这也许是出于对月亮能够引发潮汐的认识（见图 48）。

图 48

在苏美尔文献里，有一段让人真正震惊的艾的自传。这部被学者们称为《恩基和世界秩序》的文本，说他生于天国，并在人类诞生之前来到地球。“当我接近地面，那里是一片泽国。”他陈述道。接着他继续描述他采用了多项措施，将这里改建为居住地：他用淡水填充底格里斯河，“哺育生命的水域”；他派遣了一个神去监管河堤建设，让底格里斯河和幼发拉底河能够通航；他还清空了淤塞的湿地，将鱼投放了进去，并为各种鸟类制作了庇护所；此外，他还指挥种植了芦苇，这是一种很实用的建筑材料。

后来，他的工作从海洋与河流转向陆地，艾声明说，是他“提供了耕犁和牛轭……切开了神圣的犁沟……修建畜栏……制作羊圈”。自传中还写到了把制砖的技术、住房与城市的建造、冶金工业和其他成就带到地球的神。

艾作为人类的最伟大的恩人，就连那些同样为人类带来文明的神，也在许多文献中将他描述成人类的首领，诸神圈子里的主角。在苏美尔和阿卡德的大洪水文献中，当然，也包括在《圣经》中，都有类似描述，说艾后来无视众神的决定，让一个值得信任的跟随者（美索不达米亚的“诺亚”）逃脱了灾难。

实际上，苏美尔和阿卡德文献乃至《旧约》，都认为神或者众神蓄意创造了人类，而艾是个关键人物：他是众神的科学首领，是他制定了创造人类的方式和过程。因为这种“创造”而产生了人与神这一全新的关系，所以，难怪是艾而非别的神，带领亚达帕——因艾的“英明”而创造的“模范人类”在阿努的天国之家里，无视众神要扣留人类“永恒生命”的决定，从而保留了人类的遗脉。艾之所以站在人类这边，是因为他自己参与创造了人类，还是另有什么具有深意的动机呢?

但在仔细审视这些记录的时候，我们发现，无论是何种事件中，艾自始至终都在违抗恩利尔的很多决定和计划。

这些文献充满了艾对恩利尔的嫉妒。确实，艾的另一个（也有可能是第一个）名字是恩基，意为“大地之主”，这些文献暗示，这三个神（阿努、恩利尔与艾）分割这个世界仅仅是通过扔骰子，而艾则因此将对世界的掌控权输给了恩利尔：

诸神将手握在一起
扔出骰子开始了划分
阿努升入了天国
到了恩利尔，他得到了大地
海洋，被围在一个圈里
给了恩基，他是大地的王子

恩基的不幸大概可以看出来，他内心深处种下了怨恨的种子。恩基在自传中写出了原因：是他，而不是恩利尔，他才是第一个出生的，恩基自称；是他，而不是恩利尔，他才有资格继承阿努的位置：

我的父，宇宙之王，
将我带到宇宙之外……
我是多产的种子，
由大野牛产生；
我是阿努的长子。
我是众神最大的哥哥……
我就是这个人
神圣阿努的第一个儿子。

自从法律被诸神带给了古代近东的人，就已表明人类所使用的社会或家庭的法典，只是神的法典的拷贝而已。在马里和努济发现的宫廷和家庭的记录，证明了《圣经》中的习俗和法律，也就是希伯来人始祖的法律，约束了整个古代近东。因此，之后的人类对这个始祖及其继承人的问题，也由此而受到启发。

亚伯拉罕被剥夺了拥有子女的权力，因为其妻子萨拉不孕，他的第一个儿子是他的女佣生下的。然而这个叫以赛玛利的孩子，在萨拉自己终于为亚伯拉罕生下以撒之后，丧失了家族继承权。

以撒的妻子丽贝卡怀了一对双胞胎。理论上先出生的是以扫，一个长着很多淡红色毛发的强壮小子。跟在以扫脚后面的是更加文雅的雅各，也是丽贝卡最宠爱的一个。当因年老而双目近乎失明的以撒宣布其遗嘱的时候，丽贝卡用了一个调包计，使本该降临于以扫身上的祝福旁落在了雅各身上。

最后，雅各在接受祝福后被发现有诈，被打发走了。雅各想娶拉班的女儿蕾切尔，但拉班逼迫他先娶姐姐利亚。利亚为雅各生了第一个孩子鲁宾，此外，她还和另外两个妾为雅各生下了其他几个男孩和一个女儿。然而，当后来妹妹蕾切尔最终嫁给雅各，并为他生下第一个孩子约瑟夫之后，相比其他的孩子，雅各更喜欢他。

在道德和继承法这样的背景下，人们可以了解恩利尔和恩基之间的冲突。恩利尔在所有的记录中，都是阿努和他的正房妻子安图所生的孩子，是法定的长子。但是恩基在痛苦中呼喊着“我是多产的种子……我是阿努的长子”，肯定是基于事实的声明。是不是他本是阿努的第一个儿子，却是由一个身为小妾的女神所生？以撒和以赛玛利的故事，或者以扫和雅各的故事，可能在天国中也发生过？

虽然恩基承认了恩利尔的继承权，不过一些学者发现了足够的证据，证明在这两个神之间有着持续的权力斗争。塞缪尔·N. 克莱默曾经命名过一个文献，名字就叫《恩基及其自卑情节》。就像我们之后将要看见的，几个《圣经》故事——关于伊甸园中夏娃和蛇的故事，或者大洪水的故事，在它们的苏美尔原版中，都有恩基违背他兄弟法令的例子。

从某种角度来说，恩基知道自己争夺神之王座是个没有意义的斗争；并且他将努力放在了让自己的一个孩子——当然不能是恩利尔的孩子——成为第三代继承人。他这么做，至少在一开始，是在他的姐妹宁呼尔萨格的帮助下进行的。

她也是阿努的女儿，但不是安图生的。这牵涉到了另一条继承法令。在过去几年里学者们一直想知道，为什么亚伯拉罕和以撒他们的妻子同时也是他们的姐妹。这对于《圣经》中反对与姐妹发生性关系而言，的确令人困惑。但当马里和努济的法律文献出土之后，事情才变得清楚，原来男人可以和同父异母或者同母异父的姐妹结婚。不仅如此，在所有妻子生下的所有的孩子中，由这么一个妻子所生下的儿子——“纯种”的，要得到超过 50% 的遗产，无论是不是长子都可以获得法定的继承权。这样一来，不经意地，就让（马里和努济的）人们在选择妻子时首选自己的姐妹，以便让他们的儿子获得不可动摇的继承权。

就是这么个同父异母的姐姐，宁呼尔萨格，帮助恩基得到一个儿子。她同样是“天上的”神，在非常早的时候来到了地球。许多文献提起，当诸神在地球上划分领域的时候，她分到了迪尔门——“一个纯净的地方……一片纯净的陆地……一个光明的地方”。这是一个神秘的岛，上面没有死亡或疾病，只有甜甜的活水，就像《圣经》里所说的伊甸园。在一部被学者们称为《恩基和宁呼尔萨格：极乐神话》的文献中，讲到了恩基为了婚姻之事而前往迪尔门。而宁呼尔萨格，文献中强调她是“独身的”——尚未订婚的女人。虽然在之后她被描述成一个老妇人，但是她年轻的时候肯定还是很有魅力的，因为文献中很直率地告诉我们，当恩基靠近她的时候，她的眼光“让他的阴茎像决水之堤”。

他们两人单独在一起，恩基“让精液进入了宁呼尔萨格的子宫。她将它们放进子宫，它们来自恩基”；接着“过了九个月的孕期……她在河岸上生下了孩子”。只是这是个女孩。

在生男孩儿失败后，恩基继续与自己的女儿做爱。“他抱住她，他亲吻她；恩基将精液射进了她的子宫”，但是，她同样给他带来一个女儿。恩基继续让他的孙女怀孕；但再一次，她为他生了一个女儿。为了停止这些努力，宁呼尔萨格在恩基身上下了一个诅咒，在吃了一些植物后，他生病了。然而，其他诸神迫使宁呼尔萨格移走了这个咒语。

当这些事件在神的事务中产生巨大影响的时候，其他关于恩基和宁呼尔萨格的神话却在人类的事务中产生了巨大影响；在苏美尔文献里，人类是在宁呼尔萨格遵循恩基所制定的准则和过程中创造出来的。她是护士长，掌管医药设备；正因为有这样一个角色，所以这个女神被称为 NIN.TI，意为“生命之女”（见图 49）。

一些学者把恩基的“模范人类”亚达帕读作《圣经》中的阿达玛或者是亚当。苏美尔文中的 TI 的双重含义同样也在《圣经》中找到了对应。因为 TI 可以意为“生命”和“肋骨”，所以 NIN.TI 这个名字既有生命之女的意思，又有肋骨之女的意思。

作为诸神和人类的生命给予者，宁呼尔萨格被认为是母亲女神。她的昵称是玛姆——这是现在的 mom 和 mamma 这两个词的原型，意为“妈妈”；她的象征符号是切割刀——这是一种在古老的年代里，接生婆用于剪断新生儿脐带的工具（见图 50）。

图49

图50

※

而恩利尔，恩基的兄弟，也是竞争对手，的确是交了好运，他和宁呼尔萨格在天国生下了尼努尔塔（NIN.UR.TA，“完成建设的主”）。他是地上诸神中最年轻的，他是“恩利尔的英勇的儿子，带着光束之网”去为他的父亲战斗；他是“发射光束的复仇之子”（见图 51）。他的妻子巴乌（BA.U）同样也是名护士或医生，她的绰号是“起死回生术之女”。

尼努尔塔的古代肖像显示，他拿着一个奇特的武器——毫无疑问这就是那个可以发射“光束”的东西。古代文献中将他誉为一个强大的猎人，对他的战斗力的评价是直呼其为“战神”。但他最伟大、最英勇的一次战役并不是为了他父亲的利益，而是为了自己。这是一次波及面很广的战斗，并且牵涉到地上众神的领导权；而对手是邪神祖（ZU，意为“聪明”）。交战的原因，则是祖非法获取了首席大神恩利尔的徽章和神圣物体。

文献中对这些事件的描述在一开始还是较为混乱的，直到祖到达恩利尔的神庙伊库尔，故事才变得清晰起来。因为自己的崇高地位，恩利尔合乎礼仪地欢迎了他，“嘱托他守护好自己圣坛的大门入口”，但是“邪神祖”却将信任变为了背叛，因为他想要趁机“除掉恩利尔的王权”——神权的枷锁，所以，“他

图51

在心里反复谋划”。

要想达成目标，祖知道，他必须设法从恩利尔手中盗走一些重要的东西，包括充满魔力的命运碑刻。在恩利尔脱掉衣服走进池子，开始他每天一次的游泳之时，诡计多端的祖抓住了这个机会：

在圣地的入口
他被观察着
祖等待着一天的开始
当恩利尔用纯净之水洗浴时
他的王冠被移走了
放在了王座上
祖将命运碑刻紧握于手
带走了恩利尔的王权

当祖搭乘他的 MU（翻译过来是 name，“名字”，但实际上却是一种飞行器）逃到了一个遥远的隐蔽处，他的这种冒失行为所引发的后果开始慢慢显现出来：

神圣的规则被悬置
四野寂静，八极沉默
圣地的光彩消失了

“父恩利尔隐忍难言”，但“诸神传递着这个消息”。这个后果实在是太严重了，以至于就连在天国居所的阿努，都被告知了这个消息。

他回顾了一遍这个事件，认为祖必须拘获，这样“规则”才能恢复。对“诸神，他的孩子们”，阿努问道：“诸神之中，谁可以战胜祖？他的名字将是所有名字之中最荣耀的一个！”

一些以勇武著称的神被征召了。但他们都指出，掠取了命运碑刻的祖，现在拥有和恩利尔相同的力量，所以，“他可以像击打泥土一样击败”他们。出于这一顾虑，艾有了一个伟大的想法：为什么不叫恩利尔的儿子尼努尔塔去进行这个几乎没有希望的战斗？

众神会议没有错过艾的这个恶作剧。很明显，如果尼努尔塔战死，继承王权的机会将会落在他的后代身上。让众神们惊讶的是，宁呼尔萨格（在这段文献中被称为宁马赫 NIN.MAH，意为“伟大的女士”）同意了。她对她的儿子尼努尔塔解释说，祖抢夺恩利尔王权的行为不仅侵犯了恩利尔，还侵犯了尼努尔塔。她认为“我在极度疼痛中”的分娩本身，也“为我的兄弟和阿努取得了一定的”“天国的王权”。所以她的苦痛不会白费。她命令尼努尔塔在战斗中获得胜利：

启动你的进攻
捕获逃犯祖
用你可怕的进攻对付他的愤怒
割破他的喉咙！征服祖！
让你的七股魔风迎面吹他
让整个旋风攻击他
让你的光辉攻击他
用你的风带着他的翅膀去一个秘密地点
让王权回归伊库尔
让神圣的规则得以恢复
到生下你的父亲那儿。

各种不同版本的史诗都描述了接下来的这场战斗。尼努尔塔向祖发射“箭矢”，但是“箭矢无法接近祖的身体——当他将诸神的命运碑刻拿在手里的时候”。他们双方的飞行器发射出的“武器都停在了中间”。这场毫无结果的战斗刚过去，艾就建议尼努尔塔动用他的一种称为 TIL-LUM 的武器，将其射进祖的“翅膀”的“小齿轮”里。根据这个建议，并一再射击“翅膀”，尼努尔塔将 TIL-LUM 射进了祖的小齿轮。通过密集的击打，小齿轮变得松散，接着祖的“翅膀”开始打转。祖被打败了，命运碑刻也被送还了恩利尔。

※

谁是祖？是不是如一些学者认为的，是一只“神鸟”？

很明显，他可以飞。但是现在的任何人都可以坐飞机，或者任何宇航员都可以进入太空。尼努尔塔也可以飞，和祖一样熟练（甚至更好），可是他自己却不是任何一种鸟类动物，就像所有描述中的一样。实际上，他是在一只异乎寻常的“鸟”的帮助下进行飞行的，这只“鸟”，平常被存放在拉格什的一处圣地 GIR.SU。

祖也不是什么“鸟”，显然，他也有自己的一只异乎寻常的“鸟”，这样才能飞走躲起来。也就是说，他们是依靠这种“鸟”进行的这场神之间的空战。而且毫无疑问，最后是某种武器击败了祖的“鸟”。它在苏美尔语里被称为 TIL，在亚述语里被称为 TIL-LUM，在象形文字中则被写作：。

现在我们已经知道，它肯定是有含义的，因为 TIL 在现在的希伯来语中的意思是导弹！

祖，一个来历不明的神，一个策划篡夺恩利尔王权的邪恶的神；尼努尔塔，作为法定继承人，有无数个理由去击败他。但我们面临的问题是：祖究竟是何方神圣，他从何而来？

有这样一种猜测：祖是否可能实际上另有身份，是恩基和他妻子唐克娜所生的第一个儿子马杜克——后来被汉谟拉比认作巴比伦国神的“净土之子”？他是否可能为他不是法定继承人而不择手段？

有理由相信，在通过借姐妹生子并制造一个恩利尔王权的竞争者这一计划失败后，恩基决定依靠他的儿子马杜克。事实上，在公元前2000年的初始之时，古代近东经历了社会和军事的大变动，马杜克的地位在巴比伦被提高到了和苏美尔及阿卡德神一样的国家级神的位置。马杜克取代了恩利尔，被宣布为众神之王，并且，其他诸神被要求进驻巴比伦，向他宣誓尽忠。马杜克在这个地方成了至高无上的神（见图52）。

这次对恩利尔王权的篡夺（当然，是在祖的尝试之后很久的事情了），是伴随着巴比伦人大规模的伪造古代文献进行的。为了让马杜克以天国之主、造物者、大恩人以及大英雄的形象出现，并用他取代阿努、恩利尔或尼努尔塔，最重要的文献被重写，其中包括关于祖的神话。于是，在巴比伦版本中，击败祖的是马杜克，而不是尼努尔塔。在这个版本中，马杜克自吹“Mahasti moh

图52

il Zu”，意思是说“我碾碎了神祖的头颅”。所以很明显，祖不可能是马杜克。

另一个理由来自恩基。这位“科学之神”提议尼努尔塔参战并建议他使用了一个很成功的武器，而他根本不可能想用这种武器来对付自己的儿子——如果祖真的是他的儿子马杜克。相反，他帮助尼努尔塔“割断了祖的咽喉”。

唯一符合逻辑的是，祖的神秘面具后隐藏着另一个恩利尔王权的合法竞争者：兰纳（Nanna，NAN.NAR 的简称，意为“闪光者”），宁利尔为恩利尔生的第一个孩子。因为如果尼努尔塔被消灭了，兰纳将会成为唯一的继承人。看来问题与恩基一家无关，而是出在恩利尔自家的后院。

兰纳在经过时间的流逝之后来到我们身边，不过用的是他另一个广为人知的阿卡德（或闪族）名字：辛。

作为恩利尔的长子，他被授予了对苏美尔最著名的城市乌尔的最高统治权。在那里，他的神庙被称为 E.GISH.NU.GAL，意思是“王座种子的房屋”。在这个地方，兰纳和他的妻子宁加尔（NIN.GAL，意为“伟大的女性”）用他们的仁慈和善良带领城市及其人民蓬勃发展。乌尔的人民则用爱来回报他们身为神的统治者，亲切地称其为“兰纳父亲”。

乌尔的繁荣完全取决于在兰纳带领下的它的人民。舒尔吉，公元前第三个千年末期乌尔的一个统治者（由神指派），形容兰纳的“房屋”是“一个满载的畜栏”，一个“提供面包的富足之地”，那里屠宰着牛羊，环绕着美妙的音乐。

在兰纳的管理之下，乌尔成了苏美尔的粮仓，一个向各地神庙提供谷物和牛羊的地方。一首叫《乌尔消亡了的悼词》的诗，从一个否定的角度告诉我们，在乌尔消亡之前，那里是什么样子的：

在兰纳的粮仓里，颗粒无存

诸神的晚宴不再丰盛

在他伟大的餐室里，蜜酒消失了

在他崇峻的神庙里，看不见备好的牛羊
忙碌声不再出现在兰纳的羁绊大殿
那里曾是屠牛之地——
现在却是寂静一片
它的工具都躺在一旁
送货船上没有货物
也没有给在尼普尔的恩利尔送去面包
乌尔的河流空了，没有驳船航行
路上没有脚印，如今是一片荒草

另外一段悲叹，则因“羊圈被交给了风”而起。这些讲述被遗弃的畜棚和出走的牧人与屠夫的文段，实在是极不寻常的：因为这并不是乌尔的人所写，而是由神兰纳和宁加尔他们自己写下的。各种各样的关于乌尔衰落的哀叹，揭示了一些不寻常的事件。苏美尔文献告诉我们，兰纳和宁加尔在乌尔完全衰落之前就离开了这个城市。这是一次极为仓促的离开。

兰纳，他曾爱着他的城市
却已不再是城的一部分
辛，他爱着乌尔
但已不再待在他的家中。
宁加尔，在可怕的敌人中逃离了城市
匆忙地坐上货船
也已不再是城的一部分

这些文字描述了乌尔的衰落以及它的神祇的出走，而这是阿努和恩利尔的蓄意之作。兰纳在他们面前恳求取消对他的惩罚，于是：

阿努，众神之王

说“这已经足够了”。

恩利尔，大地之王

判决一个命运！

“辛将他痛苦的心带给了他的父亲；在恩利尔——生他的父亲之前行屈膝礼”，并恳求道：

噢，我的生父，

什么时候你因我的罪过

对我充满敌意？

什么时候？

你让心上有如火焰

摇曳着的苦痛

请给我一个友善的眼神。

文字中却没有任何地方告诉我们阿努和恩利尔暴怒的原因。但如果兰纳是祖，对他的判决则会是篡夺王位。他是吗？

他当然有可能是祖，因为祖占有某种飞行器——他用来逃离并击打尼努尔塔的“鸟”。苏美尔的颂歌中称这种东西为“天国之船”：

父兰纳，乌尔之王

神圣天国之船中的荣耀

属于主，恩利尔的长子。

当你在天国之船中

飞升而上

美轮美奂。

恩利尔在你的手上

配上了永恒权杖

当你的圣船穿越乌尔。

还有一个证据表明兰纳可能是祖。兰纳的另一个名字 SIN，是由 SU.EN 转化来的，这是 ZU.EN 的另一种拼读方式。一个双音词包含了两个同样的意思，那么其中的两个音节则可以任意摆放。而 ZU.EN 和 EN.ZU 则是互为“镜像”的单词。兰纳 /SIN 是 ZU.EN，这与 EN.ZU 没有任何区别，而 EN.ZU 则是统治者祖的意思。我们必须指出，就是他，想要篡夺恩利尔的王权。

现在可以知道是为什么，尽管艾出主意将祖打败了，但祖却没有被依法处决，而是流放。这是恩利尔的家丑。苏美尔文献和考古发掘都证明，辛和他的妻子逃到了哈兰，一个由很多河流和山保护着乎曼人的城市。这里有个值得注意的地方，当亚伯拉罕家族在他的父亲德拉的带领下离开乌尔，他们也是将目标设定到哈兰，在通往应许之地的道路上，他们在那儿停留了数年。

虽然乌尔一直被当作供奉给兰纳 / 辛的城市而保留下来，但哈兰一定也是他长期居住过的地方，因为那里的建造与乌尔极其相似——它的神庙、建筑和街道几乎是一样的。安德鲁·帕罗特在其作品《亚伯拉罕及其有生之年》中说：“任何事物都能证明，哈兰除了是一个乌尔的复制品之外什么都不是。”

当位于哈兰的辛的神庙——它在千年之内被不停重建——在超过 50 年的考古发掘中被发现的时候，文物中包含着两根纪念石柱，上面刻着一段由辛的高级祭司阿达迪古皮口述的记录，说她在某个不太具体的较早时期，是怎样祈祷并计划让辛回归的：

> 辛，众神之王，
> 对他的城市和神庙生气了
> 所以回升天国

辛厌烦或者无望了，于是匆匆“收拾行李”并“回升天国”这一事件，在其他的文献资料中也有记录。这些信息告诉我们，亚述王亚述巴尼波从某些敌人那里，寻回了一个神圣而“昂贵的碧玉印章”，并“在上面画了一个关于辛的图画来修饰它”。他还在这块圣石上刻着“辛的颂词，并把它佩戴在辛的塑像的脖子上”。这个辛的印石肯定是古代留下来的遗迹，因为它进一步陈述：“当敌人进行破坏的时候，脸被毁掉了。”

阿达迪古皮生于亚述巴尼波当政期间，被认为是拥有皇室血统的。她在对辛的请求中，提出了一个很具有可行性的“交易”：她把他对手的力量归还于他，他则帮助她的儿子拿波尼度成为苏美尔和亚甲之王。历史记录证明，在公元前 555 年，拿波尼度控制着巴比伦的军队，并被他手下的官员推上了王座。对于这一崛起，记录显示，他肯定是受了辛的帮助。拿波尼度写下的文献告诉我们：辛“在他出现的第一天”，展示了一种叫“Ami”的武器——它可以“用光速触碰”天空并击碎敌人，使其掉下地面。拿波尼度信守他母亲对这位神的诺言，他重建了辛的神庙 E.HUL.HUL（意为“极乐之屋”），并宣布辛是最高的神。这样，才能让辛抓住“阿努的能力，恩利尔的能力，艾的能力——在手中把持着整个天国的力量”，由此击败马杜克，甚至夺取马杜克父亲艾的权力。辛获得了“圣月牙”这个称号，并成为所谓的月神。

辛是怎么在地球上拥有了如此众多的荣耀之后，于厌恶中回到天国的？他是否一去不复返了？根据拿波尼度的描述，辛后来又完全“忘记了他的愤怒的指令……并计划回到 E.HUL.HUL 神庙”，试图通过回归创造一个奇迹，一个“从远古时代就没有再出现过的”奇迹：

> 一位神祇“从天国下来了”
> 这是辛的大奇迹，
> 这从没有在这片土地发生
> 自从远古时代；
> 这片土地的人民
> 从没有见过，也没有写过
> 在泥板上，永恒地保存下去：
> 辛，众神之主
> 居住在天国
> 如今已从天国下来了

遗憾的是，没有任何关于辛重返地球的细节被提供，比如地点或是事件。但是我们知道那是在哈兰的郊外。来自迦南的雅各在去“老村庄”寻找新娘的路上，看见“一个架在地上的梯子，顶部直到天国庭院，那里有主的天使飞来飞去”。

※

在同一时刻，拿波尼度正在重建兰纳/辛的神殿并恢复他的力量；他同样也重建了辛的双胞胎孩子的神庙——他们是伊南娜和乌图。他们两个是辛的正房宁加尔所生，并由此成为神皇室的一员。理论上说伊南娜是首先出生的，但实际上她的弟弟乌图才被认为是长子，并由此成为法定的继承人。不像发生在以扫和雅各之间的敌对竞争，这两个神兄妹非常亲密友好地成长着。他们分享着欢乐和刺激，互相帮助，而且当伊南娜要在两位神中选择一位作为自己的丈夫时，她找了他的弟弟来出主意。

伊南娜和乌图出生于回忆所不及的远古时代，当时只有诸神待在地球。乌图的城市西巴尔被列为由苏美尔诸神建立的最早的城市之一。拿波尼度在一个文献中，写到了他着手重建乌图在西巴尔的神庙伊巴巴拉（E.BABBARA，意为“闪光之屋”）：

我寻找着它在远古的根基

我向下走了十八腕尺，进入了泥地

乌图，伊巴巴拉的大神

向我个人展示了它的根基

是那拉姆－辛，萨尔贡之子，3200 年来

没有任何早于我的君王见到过

当文明之花在苏美尔开始绽放的时候，在这片两河之间的土地上，人类加入了神的队列，乌图确立了法律与公正的原则。一些早期的法典，除了从阿努和恩利尔那里引用过内容，还提出了要保持赞美和忠诚，因为它们是在“与乌图的真言符合”的前提下颁布的。巴比伦王汉谟拉比将他的法典刻在了柱子上，在其开篇部分，这个君王告诉我们，这些法律条文都是从诸神那里得来的（见图 53）。

在西巴尔出土的泥板证实，在古代，这里是一个有着公正法律的地方。一些文献描述乌图亲自坐在对神或人的判决台上；西巴尔实际上是苏美尔的“仲裁”之座。

由乌图所提倡的公正，使人想到《新约》里的“登山宝训”，即耶稣在山头上的训导。一个“睿智的泥板”提议用这样的方式来使乌图高兴：

图 53

不要对你的对手做恶事；

你会为你的恶行受到报应。

公正地对待你的敌人。

而面对一个乞丐——

给他吃的事物，喝的饮料

助人为乐，做好事。

因为他相信——或者也可能是其他一些原因，我们之后将会看到——正义，所以反对各种形式的压迫。乌图被认为是旅行者的保护神。然而对乌图最普遍也是最持久的看法，无一例外都集中在他的光辉上。从最早的时候起，他就被称为巴巴尔（Babbar，意为“发光体”）。他是“乌图，散发着大片的光彩”，他“点亮了天国和地球”。

汉谟拉比在他的叙述中，将这位神称为沙马氏，这是他的阿卡德名字，在闪族语系中的解释是“太阳”。因此很多学者推断乌图/沙马氏其实是美索不达米亚的太阳神，这个神的天体标志是太阳。这么一来，就可以从另一个角度来看待他在执行他的祖父恩利尔交代的特殊任务时，“散发着大片的光彩”。

※

众多记录显示，一个名字叫乌图/沙马氏的神祇在古代美索不达米亚的人群中确实存在过，也有数不尽的文稿、文献、符咒、神谕和祷告词，证实女神伊南娜确实有过物理上的存在。她的阿卡德名字被称为伊师塔。一个美索不达米亚的国王在公元前13世纪记录说，他在她弟弟的城市西巴尔重建了她的神庙，是在一个当时就有800年历史的地基上重建的。但是在她的主要城市乌鲁克，关于她的神话则回溯到了更远古的时期。

在罗马被称作维纳斯，在希腊被称为阿芙罗狄忒，在迦南和希伯来被称为阿施塔特，对亚述、巴比伦、赫梯及其他一些古文明而言，则是伊师塔或者伊师达；阿卡德人和苏美尔人称之为伊南娜或者伊宁，或者宁尼，或者其他很多昵称和绰号。她在所有时候都是战争女神和爱神，一个凶狠、美丽的女性。虽然她只是阿努的曾孙女（唯一的），但仍然为自己在天地众神之间谋得了主神地位。

作为一位年轻的女神，显而易见地，她只分到了苏美尔东边的一块偏远的土地，也就是阿拉塔之地。就是在这个地方，“最高的，伊南娜，所有土地的女王”有了她的“家”。但是伊南娜有着更大的野心。在乌鲁克城里有阿努的大神庙，只有当他极少数造访地球时才会使用；而伊南娜将她的目光放到了这个权力宝座上。

苏美尔国王将美什迦格什列为乌鲁克的第一个统治者，他是神乌图的儿子，妈妈却是人类。在他之后是他的儿子恩麦卡尔，一个伟大的苏美尔王。伊南娜，则是恩麦卡尔的姑婆；然而她发现，要劝服他相信她可以成为乌鲁克而不是偏远的阿拉塔的女神，似乎有些小困难。

一段被称为《恩麦卡尔和阿拉塔之主》的相当吸引人的长篇文献，描述了恩麦卡尔是如何派遣使者前往阿拉塔，在一次“心理战”中用尽了每一种能想到的辩论方法，来迫使阿拉塔屈服，因为“伊南娜的仆人——恩麦卡尔大人——让她成为阿努神殿的女王”。这段史诗不太清晰地暗示了一个完美的结局：当伊南娜前往乌鲁克时，她没有“遗弃她在阿拉特的房屋”。而她成为一个“公共之神”是不太现实的，因为在其他很多文献当中，伊南娜/伊师塔被描述成了一个充满冒险精神的旅行者。

伊南娜对乌鲁克的阿努神庙的占领，不可能在恩麦卡尔没有允许的情况下成功。很快，伊南娜就被称为“Anunitum”——“阿努所宠爱者”的缩写。在文献中，她被进一步说成是“阿努的情人”；而且在那之后，伊南娜不仅分享了阿努的神庙，同样分享了阿努的床——不管是在他来乌鲁克停留期间，还是她去到他在天国的居所之时。

通过这些手段，她成为乌鲁克的女神和阿努神殿的女主人。随后，她用更多权谋来加强自己在乌鲁克的地位，并提升自己的权力。在幼发拉底河的下游，伫立着一座古城——埃利都，恩基领地的中心。在得知恩基对各种工艺以及科学知识十分精通后，伊南娜决定前来借用或是偷盗这些秘密。很显然，她将对她这位大名鼎鼎的姑爷施展其“个人魅力”。伊南娜安排了一次对恩基的单独拜访，结果不出所料。但刚开始时，恩基却并不是没有一点防备，他吩咐他的管家准备了两个人的饭菜：

过来，我的管家伊斯穆德，听从我的命令；我将告诉你一句话：这位少女，独自一人，直接将脚步踏进了冥界之屋……这位少女进入了埃利都的冥界之屋。给她吃带黄油的大麦蛋糕，给她浇淋清净心灵的凉水，给她喝啤酒……

很快，他们喝多了，也都很高兴，于是恩基打算为伊南娜做些什么。她大胆地问起了神圣公式，也就是这个高度文明的根基。恩基答应给她 100 个公式，包括了至高无上的神权、王权、祭祀、武器、法律、印刷、木工……甚至有关乐器和宗教型性行为的知识。当恩基清醒过来发现自己的所作所为时，伊南娜早就在回乌鲁克的路上了。后悔不已的恩基在她后面用一种“令人敬畏的武器”拼命追赶，但为时已晚，因为伊南娜已经坐在她的“天国之船”里急速飞往乌鲁克了。

在相当多的时候，伊南娜被描绘成一个裸体的女神，炫耀着自己的美丽；在某些时候她甚至被描绘成一个撩起裙边、露出下体的形象（见图 54）。

吉尔伽美什是公元前 2900 年时乌鲁克的统治者。这个半神（由人类父亲和女神所生）讲述过伊南娜是怎样诱惑他的——甚至是在她已经拥有正式伴侣之后。在一次战斗之后，伊南娜给他洗了澡，并为他披上“一件饰边的斗篷，用饰带扎上”。愉快的伊南娜将目光转移到了他的健美上：

来吧，吉尔伽美什，做我的情人！
来吧，给我你的果实。
你将成为我的男伴，
我将是你的女人。

但是吉尔伽美什知道这一招。“你的哪个爱人是你一直都爱着的？”他问：“你的哪一个情人一直都能取悦你？”在历数了一大段她的爱情琐事之后，他拒绝了。

随着时间的推移——当她在众神中占有更高的地位，随之而来的则是承担处理国家事务的责任——伊南娜 / 伊师塔开始进行更多的军事活动，并时常被描述为战争女神，武装到了牙齿（见图 55）。

亚述国王们留下来的文献讲述了他们是如何为了她并且在她的指挥下投身

图 54

图 55

战场，她是如何直接提出何时等待何时进攻，在某些时候，她又是如何挺进在军队之前，还有，至少有一次，她是如何在整个队伍的面前突然显现的。为了回报他们的忠心，她承诺给予亚述王长寿和成功。“我将在天上的一个金色房间里看着你们”，她向他们保证。

但马杜克的崛起使她遭遇了一个艰难时期，并变成一个痛苦的战士。在马杜克的一个文献里，拿波尼度说：“乌鲁克的伊南娜，住在金色内殿的高贵公主，骑在由七头雄狮牵着的战车上——乌鲁克的居民在欧巴 - 马杜克的统治时期改变了对她的崇拜，移除了她的内殿，并放弃了对她的信仰”，拿波尼度“离开了愤怒的伊南娜，从此待在一个看不见的地方”（见图 56）。

可能是因为将爱与权力联系在了一起，伊南娜选择恩基的小儿子杜姆兹作为自己的丈夫。许多古代文献都讲述了这两个神之间的爱与恨。一些是描述形象美丽的做爱场面的情歌，其他的一些则讲述伊南娜是如何发现杜姆兹在庆祝

图 56

她的离开。于是她安排了他的被捕和下落冥界—— 一个由她的姐妹厄里斯奇格丈夫奈格尔统治的区域。苏美尔和阿卡德的一些文献，讲到了伊南娜后来为寻找她的被驱逐的爱人的冥界之旅。

※

在恩基的六个已知的儿子里面，有三个在苏美尔神话中拥有具体描写：长子马杜克，最终篡夺了王座；奈格尔，成为冥界的统治者；杜姆兹，娶了伊南娜/伊师塔。

恩利尔，同样有三个儿子在神界和人界的事务中扮演着关键角色：尼努尔塔，由恩利尔的姐妹宁呼尔萨格所生，是个法定继承人；兰纳/辛，恩利尔正式伴侣宁利尔所生的长子；最后，是一个由宁利尔所生的小儿子，称为伊希库尔（ISH.KUR，意为“山”或“远山的大地”），常常被称呼为阿达德（Adad，意为“所宠爱的”）。

作为辛的弟弟和乌图及伊南娜的叔叔，阿达德更多地与他们待在家里而不是他自己的神庙里。苏美尔文献中经常把他们四位放在一起。

阿努造访乌鲁克的仪式同样也将这四个神放在了一起。一段文献中，描述通往阿努的庭院的入口处，王座房间是通过“辛、沙马氏、阿达德和伊师塔之门”到达的。另一段文献是由 V.K.V.K.Shileiko 首先公之于世的，它用一段富于诗韵的语言描述了他们四个是如何悠闲地共度夜晚。

阿达德和伊南娜之间似乎有种很深厚的喜爱，他们两个甚至被形容成几乎总是黏在一起。在一块残碑上，一名亚述的统治者接受了阿达德（拿着戒指和闪电）和伊南娜（拿着她的弓）的赐福（第三个神由于碑刻太残破而不能识别出来，见图 57）。

除了这种柏拉图式的关系之外，他们对于这种“喜爱”还有没有更多的理由，特别是在伊南娜有着为数不少的爱情琐事“记录”的情况下。值得注意的是，在《圣经》的“圣诗集”（雅歌）里，一个爱玩的女孩叫她的恋人为“dod”——这个单词既是“爱人”又是“叔叔”。现在，伊希库尔是否该这样叫阿达德，因为他就是那个既是恋人又是叔叔的人？

但是伊希库尔不仅是一个花花公子，他还是一个明智的神。他的父亲恩利

图 57

尔赐给了他暴风神的力量和权力。他被胡利安人/赫梯人称为特什卜，被乌拉尼亚人称为特舒卜（Teshubu，与 Teshub 一样，都意为“鼓风者”），被亚摩利人（Amorite）称为拉玛努（Ramanu，意为“雷神”）；在迦南，他是拉吉木（Ragimu，意为“冰雹投掷”者），在印欧语中，则是布里亚什（Buriash，意为“光源”）。而在闪族语里，他叫美尔（MEIR），其含意是“他点亮了”天空！（见图 58）

汉斯·斯奇洛比展示的一份收藏在大英博物馆里的神祇名单证实，伊希库尔是一位远离苏美尔和阿卡德的统治者。正如苏美尔文献中表达的，这并不是意外。看起来确实是恩利尔自己，派遣他年轻的儿子去到美索不达米亚北边和西边的山地，并成为那儿的“常驻神”。

可他为什么要将自己最宠爱的小儿子派遣到远离尼普尔的地方？

一些讲述年轻神祇之间的冲突甚至流血事件的苏美尔史诗神话被发现了。许多印章都描述了神与神之间的战斗场面（见图 59）。可以看出，最初存在于

图 58

图 59

恩基和恩利尔之间的冲突在他们的儿子之间继续了下去，并且更为激烈。有时兄弟之间也会反目——比如凯恩和阿伯尔的神话；有时战斗的对象是一个被认为是库尔的神——唯一的可能，是阿达德/伊希库尔。如果是这样的话，就可以很好地解释，为什么恩利尔同意给他的小儿子一个很遥远的领地，因为如此一来，才能让他远离这些争权夺位的危险的战斗。

阿努的儿子们，恩利尔和恩基，以及他们的后代在王室血统中的地位，是用一种独特的苏美尔方式来表达的：用数字分类。对这个体系的发现，同时还让我们知道了苏美尔文明出现时，天上与地上的主神圈里的成员构成。我们可以发现，这个主神圈是由 12 个神祇构成的。

对这个密码数字系统确实存在的暗示，第一次出现在关于辛、沙马氏和伊师塔这几个神名的一些文献中，它们偶尔会分别用 30、20、15 这几个数字来代替。在苏美尔的数学体系中，最大的单数 60 代表阿努；恩利尔“是”50，恩基 40，阿达德 10。数字 10 和它的 6 倍数由此代表着男性神祇，由 5 结尾的数字则可以认为是代表女性神祇。如下表：

男性	女性
60——阿努	55——安图
50——恩利尔	45——宁利尔
40——恩基/艾	35——宁基（Ninki）
30——兰纳/辛	25——宁加尔
20——乌图/沙马氏	15——伊南娜/伊师塔
这是 6 位男性神祇	这是 6 位女性神祇

尼努尔塔——我们不必惊讶——也是用 50 来表示的，就像他父亲一样。在其他一些文献中，他在王室中的地位是用一段密码信息传达的：如果恩利尔走了，你，尼努尔塔，穿上他的鞋；但是直到那时，你都不是十二神之一，因为“50”这个位置已经被占了。

同样我们不必为另一件事感到惊讶：当马杜克篡夺了恩利尔王权，他坚持宣称诸神将“五十个名字”赠给了他，“50”这个位置也成了他的。

苏美尔还有很多其他的神——众大神的孩子、孙子、侄女和侄儿；同样还有几百个拥有名字和固定地位的神祇，叫作阿努纳奇，被指派担任“普通职务”。但是主神圈，只有 12 个（见图 60）。

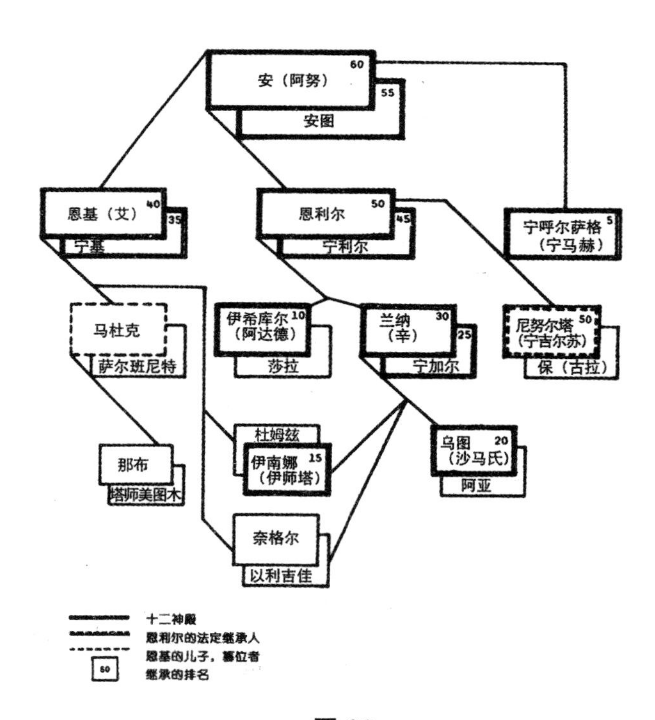

图 60

第五章

纳菲力姆，火箭中的人

苏美尔和阿卡德文献毫无疑问地表明了古代近东的居民是天上和地上的诸神，他们可以从地上升到天国，就像是任意在地球上空漫步一样。

一段文献讲述了伊南娜被一个人（这个人现在已经无法识别）强奸，那个人为自己的行为作出如此的辩解：

有一天我的女王
在跨过天国，跨过地球之后——
伊南娜
在跨过天国，跨过地球之后——
在跨过伊拉木和舒布尔之后
在跨过……
她变得疲惫，进入了梦乡。
我在我的花园边缘看见她，
亲吻了她，与她交媾。

伊南娜在这里被描述成穿越了天国的大片遥远的土地——这只可能是飞行，她自己提到过她的另一次飞行。在由 S. 朗盾命名为《献给伊尼尼的古典崇拜仪式》的文献中，这位女神因从自己的城里被驱逐而感到悲哀。按照恩利尔的命令，一位使者“给了我天堂的话语”，进入了她的王座室，“他没有洗过的手放在我身上”，并在其他一些不礼貌的行为之后，

> 我，从我的神庙里
> 他们让我飞起；
> 我，一个女王，从我的城市里
> 像只鸟，他们让我飞走。

拥有如此的能力，伊南娜和其他主神一样，常常在古代的艺术品上被描述成——正如我们曾看见过的，其他各方面都是很拟人的——有翅膀的。这双翅膀，从很多地方都可以看出，并不是她身体的一部分——不是天生的翅膀，更像是神的衣服上的饰物（见图 61）。

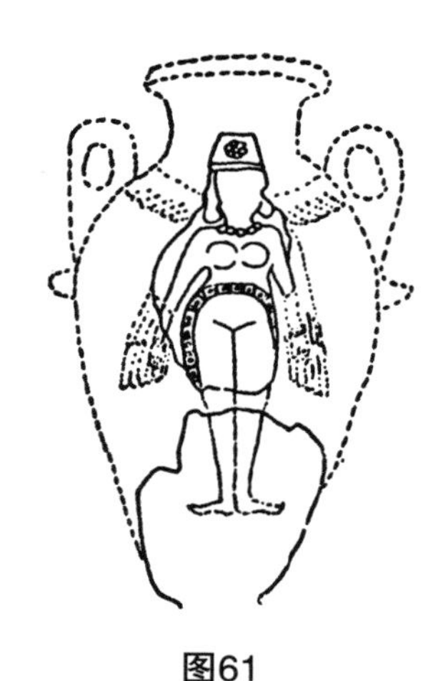

图61

伊南娜/伊师塔的广泛的旅游——往返于她最初在阿拉塔的偏远领地和她后来在乌鲁克的住所之间——在很多文献中都有提及。她拜访过埃利都的恩基和尼普尔的恩利尔，也到过乌图的城市西巴尔，去拜访她的弟弟乌图。

但她最重要的一次旅行是去往冥界，她姐妹厄里斯奇格的领地。这段旅行不仅被史诗和神话记录了，还被雕刻在了很多浮雕和印章上——后者展示了这位背着翅膀的女神从苏美尔飞往冥界的画面（见图 62）。

讲述这段冒险旅行的文献中，描写了伊南娜是怎样在旅行的开始之前将七个物体放到自己身上，接着又是怎样在穿越通向她姐妹住所的七道门的时候不得不将它们丢弃的。在其他一些讲述伊南娜的空中旅行的文献中，也提到了七个这样的物件：

1. 放在她头部的 SHU.GAR.RA
2. 在她耳朵上的“测量坠饰”
3. 围在她脖子上的小蓝石项链
4. 一对在她肩上的“石头”
5. 她手上的一个金柱
6. 扣在她胸前的带子
7. 穿在身上的 Pala 服

图 62

虽然没有任何人可以真正解释这七个物体是什么和它们所代表的意义，但是我们还是可以感觉到，答案早就是现成的了。从 1903 年到 1914 年，在对亚述都城阿舒尔的考古发掘中，沃尔特·安德鲁和他的同事们在伊师塔的神庙里发现了一个受损的女神雕像，各种各样的"奇特装置"被安放在她的胸和背上。1934 年，考古学家们在马里的挖掘活动中又发现了一个很相似而且相当完整的雕像。这是一个有着真人尺寸大小的美丽女人。她戴着一个不同寻常的、用一对角装点着的头饰，表明她是一位女神。站在这尊拥有 4000 年历史的雕像旁，考古学家们为她的极度仿真而感到无比激动（晃眼一看，一个人很难发现这不是一个活着的人而是一具雕像）。他们把她称为"花瓶女神"，因为她手里握着一个柱状物（见图 63）。

不像浮雕和壁画那样，这个真人尺寸大小、拥有三维效果的女神塑像勾起了人们对她的着装的极大兴趣。在她的头上不是普通的女帽而是一个特制的头盔；从两边伸出来的东西让人联想起宇航员的耳机。她的脖子和前胸是一串用很多蓝色小石头（可能是宝石）串成的项链；她手里拿着的柱状物如果是用来装水的瓶子，那就太厚重了。

她穿着一件用透视材料制成的衬衣，两条带子在她胸前穿过，指向一个矩形的奇特盒子。这个盒子紧紧地绑在女神的脖子后面，并用一条带子绑在她的头盔上。这套装备的穿戴，是在两套绑在女神背部和胸前的十字形带子的帮助下完成的。

伊南娜用于空中旅行的七个物件和在马里出土的塑像的着装（当然还有在阿舒尔的伊师塔神庙中发现的残缺雕塑）之间的联系是不言自明的。我们可以看见"测量耳坠"——耳机——在她的耳朵上；小石头"项链"在她脖子上；两个石头——两个肩垫——在她的肩上；和她手上的"金柱"，以及呈十字形绑在她胸上的紧身带。她的确是穿着一套"Pala 服"（统治者之服），戴着一个 SHU.GAR.RA 头盔——这个词的意思是"使旅行更深入太空"。

图 63

所有这些都让我们相信伊南娜是一个宇航员。

《旧约》中将主的“天使”称为玛拉基姆，意思是带着神的信息和指令的“使者”。就像所有的例子中所讲述的那样，他们是神圣的飞行员：雅各看见他们在一个天梯上向上前行，他们在天上叫住了夏甲（Hagar，亚伯拉罕的妾）；而且是他们在天上导致了索多玛和蛾摩拉的毁灭。

从《圣经》对这些事件的记录可以看出，这些使者在任何一方面都是相当拟人化的；此外，他们一旦被人看见，就会被发现是“天使”。我们知道，他们的出现是很突然的。亚伯拉罕睁开了眼睛，看见有三个人站在他身边。他向他们鞠躬并称他们为“我的主”，他恳求他们，“别忽略你们的仆人”，并服侍他们洗脚、休息和吃饭。

在接受亚伯拉罕邀请之后，两个天使（另一个变成了主本身）便前往了索多玛。罗得，亚伯拉罕的侄子，“正坐在所多玛城门口，看见他们，就起来迎接，脸伏于地下叩拜”，并说“我主，请你们到仆人家里洗洗脚，住一夜，清早起来再走。”接着“为他们预备筵席，烤无酵饼，他们就吃了”。当天使来到城里的消息传遍全城的时候，全城的老老少少，围住了房子，问罗得：住在你这里的两个人在哪儿?

这两个人——他们要吃喝睡，还要洗脚——是怎么那么快就被辨认为主的天使的？唯一说得过去的解释就是他们的穿着——头盔或是制服，或者是他们手中拿的武器让他们很容易被辨认。他们拿着奇特的武器是很有可能的：这两人在索多玛，就要被众人害死的时候，“使门外的人，无论老少，眼都昏迷。他们摸来摸去，总寻不着房门”。另一个天使，这时出现在基甸（Gideon，他被选为以色列的法官）的面前，通过用他的棍子接触一块岩石来授予他一个圣印，岩石上就冒了一团火出来。

由安德鲁带队的小组在阿舒尔的伊师塔神庙里发现了另一个不太寻常的雕刻。与其说是浮雕，不如说它是刻在墙里面的雕塑。显然，女神头上戴着一个两边有类似宇航员用的耳机伸出来的紧身头盔，上面还有两个很明显的护目镜（见图 64）。

不用说，任何人看见这样的穿着，都会在第一时间就认为这是一名宇航员。

在苏美尔遗址发现的小泥塑，有一部分被认为是拥有 5500 年历史的。它们很清晰地表现了这些天使所使用的棍形武器。在一个泥塑上，我们可以透过护目镜看见头盔下的脸。在另一些泥塑上，这些“使者”戴着截然不同的锥形头盔，并穿着用一些用圆形物件装饰的制服。我们目前还不清楚这些圆东西的用途（见图 65 和图 66）。

这些面罩或护目镜是最引人注意的，因为公元前 4000 年的苏美尔有着大量的薄饼状的泥塑，用一种较为风格化的手法来描绘神的上半身，并夸大了他们的特征：戴着有面罩或护目镜的锥形头盔（见图 67）。在特尔布拉克发现了很多这样的泥塑，那里是哈布尔河流域的史前遗址，正是在这里的河岸上，

图64

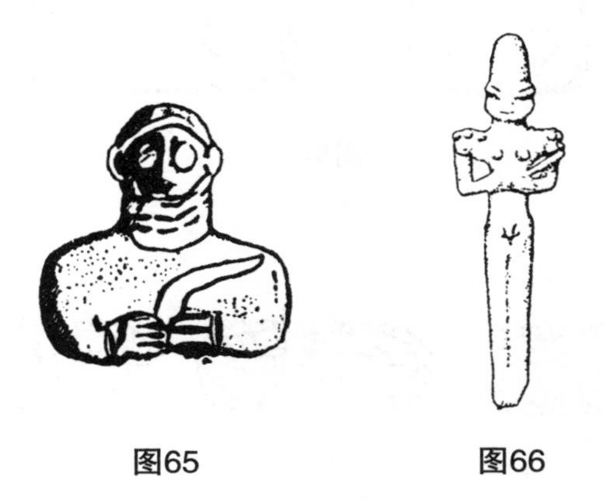

图65　　图66

以西结看见了神的战车。

毫无疑问，不仅是赫梯，通过哈布尔流域连接到苏美尔和亚甲，都用一个显然是“眼睛”的形象来表达“神”这个概念（ ）；同样，这个用艺术手法来表示的“神”的符号，不仅存在于小亚细亚，同时还存在于古代希腊（见图 68）。

古代文献中指出，诸神不仅是为了在地球上空飞行，同时也是为了升入天国。伊南娜在讲述她到阿努的天国住所的时候，解释说她之所以能够进行这次旅行，是因为“恩利尔亲自将神圣的 ME 服穿在了我的身上”。文献中引用了

图67

图68

恩利尔对她说的话：

> 你已经穿上了 ME，
> 你已经将 ME 系在了你的手上，
> 你已经穿上了 ME，
> 你已经将 ME 绑在了你的胸前……
> 噢，ME 中的皇后，噢，跃动的光芒
> 她的手握紧了七个 ME。

一个名叫恩麦杜兰基的苏美尔先王被邀请到过天国。他的名字的意思是“拥有连接天国和地球的 ME 的统治者”。一部由尼布甲尼撒二世留下的文献，描述了一个为马杜克的“飞天战车”而重建的特殊的亭子，说它是“天地七 ME 的加强房屋”。

学者们认为 ME 是“神的能量物体”。这个术语来源于“在天河中游泳”这一观念。伊南娜形容它们是“天服”，她穿着它们坐上天国之船旅行。由此可见，这种 ME 是一种用于在地球上空和外太空飞行的特殊衣物。

希腊的伊卡洛斯神话讲到，他将带羽毛的翅膀用蜡粘在自己身体上尝试飞行。来自古代近东的证据显示，虽然神被描述成带翅的，以显示他们的飞行能力——或者可能是有时需要穿上带翅的衣服来显示他们的飞人身份，他们却从来不通过拍动翅膀来进行飞行。相反地，他们使用运输工具来进行此类活动。

《旧约》告诉我们，族长雅各在哈兰郊外过夜，看见“一个天梯”降了下来。主站在梯子的最上方。“吃惊的雅各”受到了惊吓，他说：

> 是的，一位神出现在这个地方

这个地方多么令人畏惧！

是啊，这是主的寓所

这是通往天国的门廊。

这个故事中有两个有趣的地方。第一个是那些天神在“天国的门廊”上下使用了一种设备：一个“梯子”。第二个是这样的景象让雅各大吃一惊。当雅各在地里躺下睡觉的时候，“主的寓所”“梯子”和“主的天使”并不在那儿。突然地，有了令人敬畏的“视野”。而且到了早上，“寓所”“梯子”和所有其他的，又都不在了。

我们可以认为，这些天神所使用的道具是某种飞船，这样才可以突然出现在某个地方，停留一段时间之后，再次消失于人的视野。

《旧约》里同样还记录了先知以利亚并没有死在地球上，而是“在一阵旋风中升上了天堂”。这并不是一个突然而无法预知的事件：以利亚的升天是预先安排好的。他被告知在特殊的一天去主的房子贝斯艾，在他的门徒中，早就有流言传说他将升入天堂。当他们询问他的助手这些流言是否真实的时候，他证明了这件事，的确，“主今日将带走师父”。接下来：

出现了火马拉着的火战车，

以利亚在旋风中升入天堂。

更著名而且表述得更为清楚的，是先知以西结看见的天国战车。他住在美索不达米亚北部的哈布尔河岸边的犹地亚：

天国之门打开了，

我看见了主的出现。

以西结看见的是一个人形物体，被光芒包围，坐在一辆战车里的王座上。王座放置在一片金属“苍穹”上。战车本身呢，可以走任何的轨道，还可以垂直升降，被这位先知形容为一股炙热的旋风。

> 我还看见
>
> 有一股来自北方的旋风
>
> 伴随着一团火云
>
> 有光芒环绕着
>
> 在光里，在火里
>
> 有着炙热光晕般的光辉

不久之前，一些研究《圣经》的学者，比如美国航空航天局的约瑟夫·F.布拉里奇指出，被以西结看见的“战车”实际上是一个带有螺旋桨的、在四个架桩上有着驾驶舱一样的飞船，所以被认为是旋风。

大约 2000 年前，当时的苏美尔统治者古蒂亚为他修建的尼努尔塔神庙举行了一次庆祝，他在记录中写道：一个“像天国般闪耀之人……戴着头盔，这位神”出现在他的面前。当尼努尔塔和两位天神出现在古蒂亚面前的时候，他们都站在尼努尔塔的“圣黑风鸟”的旁边。结果，修建这个神庙的主要目的是为了构建一个安全区，这个神庙的内部，是停放“神鸟”用的。

关于这次修建工程，古蒂亚记录道，需要从远方运来巨大的梁柱和大块的石头。只有当“神鸟”可以被放在里面时，神庙的建设才算完工。这个物体非常重要——“神圣”——以至于始终由两件“神兵”守护：“至尊猎手”和“至尊杀手”——它们可以发射出致命的光束。

《圣经》神话与苏美尔神话中的描述是极为相似的，包括这些天神和他们的交通工具。在文献中这些交通工具被描述为“鸟”“风鸟”“旋风”等物体，它们能在一团光辉之中升入天上。毫无疑问，这只能是某种飞行器。

在特尔·佳苏尔发现了一些让人难以理解的壁画。那里是死海东边的一个遗址，人们尚不清楚它在古代叫什么名字。而那些奇怪的壁画也许会在这个问题上帮我们一把。让我们回到公元前 3500 年，当时，这些壁画描绘的是一个巨大的、有八个点的“指南针”和一个在钟状房间里的戴着头盔的人的头部，以及两个完全有可能是古代所谓“旋风”飞船的形象（见图 69）。

古代的文献同样还提到了一些用于帮助宇航员升天的交通工具。古蒂亚陈述说，当“神鸟”升到空中开始盘旋的时候，它们“让人想到飞天的砖头”。这个被守护着的库房被形容成 MU.NA.DA.TUIiTUR（意思是 MU 的大石室）。乌鲁卡基纳，拉格什的统治者，曾对“圣黑风鸟”尊敬地说道：“燃气火焰的 MU，我已修建得又高又强”。与之相似的，陆 - 乌图，曾在公元前 3000 年左右统治着乌玛，他为乌图的神祇在“他神庙中指定的地方”修建了一个 MU 专用的、被形容为“那里有火焰向外散发”的地方。

巴比伦王尼布甲尼撒二世，留下了有关重建马杜克圣域的记录，其中讲到，在一道加强城墙——用烧过的砖与闪闪发光的条纹大理石制成——里面：

图69

我升起了船 ID.GE.UL 的头部，

这高贵的马杜克的战车；

还有船 ZAG.MU.KU——可以看见它的接近，

这往返于天地之间的伟大的旅行者；

在区域最中间，我上去了，

用幕布隔开它的两边。

ID.GE.UL，被用于描述“伟大的旅行者”或者“马杜克的战车”的第一个单词，可以很明确地意为“高至天国，在夜晚发光”；ZAG.MU.KU，是形容这些交通工具的第二个单词——很明显它是停在一个特殊区域里的“船”，意思是“为了远征的明亮的 MU”。

MU——一种椭圆顶、锥形的物体被置放在天地众神的神庙内部某个神圣区域，是可以证明的。在地中海海岸，现在的黎巴嫩位置的毕博罗斯（Byblos，《圣经》中的迦巴肋）发现的古代硬币——来自公元前的第一个千年——描绘了伊师塔的大神殿。

这枚硬币描绘了 2/3 个神庙的 2/3 部分的景观。前面是神庙的主建筑和庄严的门廊柱子，后面是一个内部庭院，或者“圣域”，用一个高大的墙围住。很明显这是个凸起的区域，因为只有通过一些上行的梯子才能到达（见图 70）。

在这个神圣区域的中心部分有一个特殊的平台，它的大梁建筑像极了埃菲尔铁塔，好像是为了承担起极大的重量。在这个平台上，有一个物体，它只可能是 MU。

和所有苏美尔象形文字一样，MU 有一个基本含义，就是“直线上升的”之意。它同时还有其他的一些意思：“高”“火焰”“指挥”“被记录的时段”——就像（后来的）“被记住的那一个”。如果我们将亚述和巴比伦的楔形文字中的

图 70

MU，溯源到苏美尔象形文字中的 MU，那么这些图形将显示出证据：

我们很清楚地看到一个锥形房间。“我将在天上的金色房间里看着你们”，伊南娜是这样向亚述王承诺的。这个 MU 是“天国房间”吗？

一首写给伊南娜及她乘坐天国之船旅行的赞美诗，很清楚地指出，MU 就是诸神用于在高空旅行的交通工具：

天国的女士：
她穿上了天国之服，
她勇敢地升上了天国。
穿过所有有人的土地
她在她的 MU 中飞行。
在 MU 中的女士
用充满乐趣的翅膀，

升入高高的天国。

穿过所有无人的土地

她在她的 MU 中飞行。

有证据显示，在地中海东部的居民曾经看见过这种形似火箭的物体，不仅仅是在神庙的库房里，而且的的确确是在飞行。例如一些赫梯符号，显示了飞行中的巡航导弹，发射架上的火箭，以及一位在散发着光芒的房间里的神（见图 71）。

H. 法兰克福教授在《圆筒图章》一书中，论证了他们是如何制作这些美

图 71

索不达米亚图章，并让其描述的形象流传整个古代世界。在克里特发现的公元前 13 世纪的图章上的形象，描绘了一艘正在空中航行的火箭飞船，其尾部有火焰助推（见图 72）。

带翼的马、缠在一起的动物、带翼的天球，以及在头盔上有角伸出的神祇，都被证明了它们是美索不达米亚的形象。这就完全可以推断出，出现在克里特的带火焰的火箭形象，也是由古代近东流传过来的。

确实，带有“翅膀”或鳍——用一个“梯子”到达——的火箭形象，也可以在从基色出土的泥板上看到。基色是古代迦南的一个城镇，在耶路撒冷的西

边。同一个图章的两个相似版本，都显示出了一个火箭停靠在一棵棕榈树旁边。这个物体的“天空属性”及归属地，由装饰着它的太阳、月亮和黄道带上的星座符号表现了出来（见图73）。

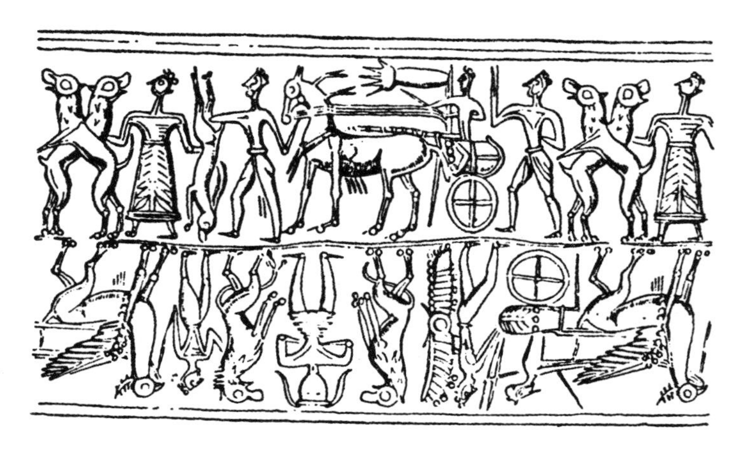

图72

图 73

※

很多提到过神庙的仓库区域，或是神的天国旅行，甚至还有凡人升天的美索不达米亚文献，都使用了苏美尔文字 MU，或是它的闪族版本 SHU-MU（意为“它是 MU”）、SHAM 及 Shem。因为这个词同时还有“被记住的那一个”的意思，它后来也就有了“名字”的意思。但是早期文献中“名字”一词的普遍使用，混淆了它们的原本含义。

由此，G.A. 巴顿在《苏美尔和亚甲的皇家文献》一书中，给出了对古蒂亚神庙中的文献的翻译：原文“它的 MU 将拥抱着地平线，从一端到另一端”的意思，翻译过来就是“它的名字遍布天下”。一首写给伊希库尔的赞美诗则表明，二者其实是可以随时置换的：“你的名字发着光，它到达了天国的顶点。”显然，这里的“名字”应该是 MU 这种物体。

要追溯这个词的词源并不是很困难，而且“天上的房间”的来源可以推测出是“名字”一词。有出土的雕塑显示，一位神在一个火箭状的房间里面，而 12 个天球环绕在外面。这个雕塑现在被存放在费城大学博物馆（见图 74）。

图74

有很多图章都极为相似地描绘了一位（有时也是两位）这样的神祇：他们在椭圆形的“神圣房间”里受到尊崇。

在人类的国王和统治者出现之前，他们将自己的形象刻在了石柱上。通过这些石柱，他们把自己与天国的永恒居所联系在一起。如果他们最终无法避免被遗忘，至少他们的“名字 MU”会被永久地记住（见图 75）。

这些纪念石柱是在模拟一个喷火的飞船。苏美尔人叫它们 NA.RU（意为“上升的石头”），阿卡德人、巴比伦人和亚述人叫它们拉鲁（naru，意为“发光的物体”），阿穆鲁人叫它们那拉斯（nuras，意为“喷火的物体”）——在希伯来语里，ner 至今都有发光的柱子的意思，由此衍生出现在的“蜡烛”；在哈兰和赫梯印欧语里，这些石柱被称为乎乌阿西（hu-u-ashi，意为“石头火鸟”）。

图75

《圣经》的内容显示了两种类型的纪念碑的近亲关系：Yad 和 Shem。先知以赛亚给苦痛中的犹地亚人带去主承诺的更好更安全的未来：

> 我会给他们，
>
> 在我们房子和我的墙里面的，
>
> Yad 和 Shem。

照字面翻译，这意味着主承诺给他的人民的，是一只“手”和一个“名字”。幸运的是，圣地至今都还保留有一个被称作 Yad 的遗迹，我们是通过它酷似方尖塔的顶部认出它的。Shem，与之不同，是一个椭圆顶纪念碑。这样一来，看上去似乎有些明白了：它们都是模仿“天上的房间”，这种诸神升空所用的交通工具。事实上，在古代埃及，那些虔诚的人前往太阳城的一个特殊神庙进行朝圣活动，是为了见到并朝拜本本石——一个方尖塔状的物体，传说它在太初之时随着神来到地球。埃及法老在他们死的时候，都有一次“张嘴”仪式，

图 76

被猜测是用一个 Yad 或是 Shem 将他们升入天国，以获永生（见图 76）。

大量的《圣经》翻译人员在遇到 Shem 一词的时候，通通将之译为“名字”，这完全忽略了超过一个世纪以前的 G.M. 雷德斯罗布的一个相当有远见的观点。他在《德国东方学会杂志》上，很正确地指出 Shem 和 SHAMAIM（天国）的词源都是 SHAMAH，意思是“很高的”。《旧约》中有对大卫王的记录，说他“制作了一个 Shem”，象征自己在阿拉米的卓越功绩，雷德斯罗布相信，他并不是“取了一个名字”，而是修建了一个指向天空的纪念塔。

在许多美索不达米亚文献中，我们遇到的 MU 或者 Shem，其实很多都不能翻译为“名字”，而应该翻译成“飞行器”，这样我们才可以明白那些古代文献的真正含义，其中就包括《圣经》中的巴别塔。

《创世记》第十一章，记录人们要修建一个通天塔。《圣经》用很简单明确的语言记录了这一事件。然而一代又一代的学者和翻译家的努力，都只能从这段故事中读出寓言类的意义，因为在他们的认识里这是一个关于人类打算为自己“取个名字”的故事，真正的意义其实是如此接近。我们认为，Shem 的含义能让这个故事充满意义，就像古代人曾经认为的那样。

《圣经》中的巴别塔讲述了这样一件事：在大洪水之后，地球的生物再次复苏，有一些人“从东方来，他们在示拿地发现了一片平原，他们定居在那里”。

示拿，当然，就是苏美尔，南部美索不达米亚的两河之间的平原。而那些人，他们已经掌握了制砖和建造较高建筑物的知识和技能。他们说：

> “我们要建造一座城和一座塔，
> 塔顶通天，为要传扬我们的名（注：原文 Make us a Shem 其实毫无传扬名字之意），
> 免得我们分散在全地上。”

耶和华降临，要看看
世人所建造的城和塔。
耶和华说："看哪，
他们成为一样的人民，
都是一样的言语，如今既做起这事来，
以后他们所要做的事就没有不成就的了。"

然后主就对《旧约》中并没有点名的他的"同僚"说：

"我们下去，在那里变乱他们的口音，
使他们的言语彼此不通。"
于是，耶和华使他们从那里分散在全地上。
他们就停工，不造那城了。
因为耶和华在那里变乱天下人的言语，
使众人分散在全地上，所以那城名叫巴别（Babel，意为"变乱"）。

Shem 的传统翻译为"名字"，使这一段故事从来没有被真正理解过。为什么古代的巴别——也就是巴比伦——居民要用尽努力"取一个名字"，为什么这个"名字"会被放在"塔顶通天"的塔上，而且，为什么"取一个名字"就可以避免人类在地球上分散开？

我们相信，能够回答这些问题的答案已经变得可知了——甚至是明显。我们读到过，Shem 也表示"飞行器"，而不只是"名字"。这是希伯来文的《圣经》的原始版本中所引用的词。这个故事描写的是，当人类遍布地球的时候，他们将失去彼此之间的联系。所以他们决定制造一个"飞行器"并为之修建一个高塔，这样他们就可以像伊南娜一样在一个 MU 里飞过"所有有人居住的土地”。

有一份叫《创造史诗》的巴比伦文献，描述了第一个“众神的门廊”，它是由诸神自己在巴比伦修建的。阿努纳奇，普通神，被命令去——

> 修建众神的门廊……
>
> 让它完工。
>
> 它的 Shem 要被在指定的位置。

阿努纳奇辛苦工作了两年——“使用模塑成型的砖”，直到“他们建起了伊莎吉拉(Eshagila，意为‘伟大众神之屋’)之顶”，以及“和天国一样高的塔”。

正是由于这个，一部分人类才打算在这个原本供神使用的塔上修建自己的通天塔，因为这个名字——巴比利，意思就是“众神的门廊”。

还有其他一些能支持我们对《圣经》故事的理解的证据吗?

生活在公元前 3 世纪的巴比伦史学家兼祭司贝罗苏斯，总结了人类的发展史，认为“地上的第一批居民，凭着自己的力量升起了一座齐天高塔”。但是这座塔被众神和飓风推翻了，“而且神让人类的语言变得混乱，当时他们说的是同一种语言”。

乔治・史密斯在《迦勒底叙事的起源》中披露，他从希腊史学家赫斯塔亚斯的文稿中，发现了与“古代传统”相符合的记录：从大洪水中逃脱的人来到了巴比伦的赛拿，但由于语言不通而被赶了出去。公元前 1 世纪的史学家亚历山大·波里希斯托写道：所有人原本都使用同一种语言，后来一部分人为了“通向天国”而修建了一个又高又大的塔。但是神的首领用一阵旋风制止了他们的行动，而每一个部落都被赋予了不同的语言。“这件事就发生在巴比伦”。

如今，就像是 2000 年前的希腊史学家以及他们前辈贝罗苏斯记录的一样，关于《圣经》故事，我们也有一些小小的疑问，即：它们都是源于苏美尔的吗？A.H. 赛斯，《巴比伦的宗教》一书的作者，讲他阅读过一个被存放在大英博物馆的泥板碎片，是一个“巴别塔的巴比伦版本”。而在所有的版本中，整个故事的基础都是尝试通往天堂，然后语言变得混乱。在其他的一些苏美尔文献中，则是说一位狂怒的神让人类变得语言不通。

人类，在那个时代，多半还没有掌握到修建这么个飞机场的科技，所以与一位技术丰富的神合作并接受他的领导是必不可少的。那么，是否有这么一个违背其他神而帮助人类的神呢？一个苏美尔的图章描绘了这样的画面：全副武装的神的对抗，并且，很明显，对抗源于一场针对人类修建高塔的争论（见图 77）。

现在在巴黎卢浮宫内展出的一个苏美尔石柱上，很好地表现了《创世记》中讲述的这个故事。它是在大约公元前 2300 年的时候，由亚甲王那拉姆－辛修建的。学者们推测，它描绘的是国王杀敌获胜的画面。只是，中心部位的图画却是一位神而不是人类的国王，因为这个“人”戴着长角的头盔——神的通用标志。此外，这个较大的中心区域所描绘的神，并不是在指挥那些小一号的人类，而是踩在他们身上。这些人类，有秩序地前行，但不像是被征召进行军

图77

事行动，而像是迈向一个受人崇拜的圆柱形物体。连那位神的注意也被它吸引。这位神拿着弓和矛，看上去似乎对它带有敌意，而不是崇敬（见图 78）。

这个圆锥物体看上去是指向三个天体的。如果它的大小、形状等可以证明它是一个 Shem，那么这幅画就描绘了一个生气并全副武装的神祇踏过人群前往这个 Shem。无论是美索不达米亚文献还是《圣经》，都很明白地指出：这

图 78

些飞行器是神的，不是人的。

《圣经》和美索不达米亚文献都声称，人类只能在神的许可之下才能升到天国。而由此又出现了更多的诸如升天甚至宇宙飞行的故事。

※

《旧约》中记录了几个凡人升天的事迹。

第一个是伊诺克，他是大洪水之前的一位族长，是主的朋友并“与主齐

行”。他是自亚当以下的第七个族长，也是诺亚，这位大洪水里的英雄的曾祖父。《创世记》的第五十章列出了所有这些族长的关系和族谱，以及他们是何时去世的——除了伊诺克，“他离开了，是主带走了他”。用暗示的手法说明他进入了天国，避开了地球上凡人的生老病死。第二个升天的凡人是先知以利亚，他在一阵“旋风”中升入了天国。

而第三个升天的凡人则鲜为人知，他造访了天国，并在那里被赐予伟大的智慧。后来他成为地中海东海岸的城市推罗的统治者。我们可以在《以西结书》的第二十八章读到，主让以西结回想起这位国王是多么的完美和睿智，他是被神允许和其他天神一同造访天国的人：

> 计划中的你，
> 充满智慧，完美。
> 你曾在伊甸园，上帝的花园；
> 每颗宝石是你的……
> 你是受膏的天使，
> 我已经把你带到了圣山；
> 你作为神，
> 在火石里移动。

书中预言了这位推罗的国王会死于“未受割礼”，一群陌生人会杀了他，哪怕他向他们喊出：“我是一个神。”接着主将原因告诉了以西结：在这位国王被带到神的居所并赐予他财富和智慧之后，他的内心变得“阴暗，目中无人”，他将他的智慧用错了地方，玷污了神庙。

因为他的心已经被污染了，他说道：

我是神

我坐在神的位置

群水之中

他虽然不是真的神，但他却把自己当成了一个神。

苏美尔文献也有类似的描述，一些凡人被授予了通往天国的特权。其中一个是阿达帕，由艾创造的“模范人类”。艾给了他“智慧，但没有给他永生”。随着时光的推移，艾打算“赦免”他的凡人属性，给了他一个 Shem，通往阿努在天国的居所，吃那里的生命面包，喝那里的生命之水。

当阿达帕到达了阿努的天国居所，阿努想要知道，是谁向阿达帕提供的 Shem。

在《圣经》和美索不达米亚文献中，关于凡人升天的事情，我们发现了几个很重要的线索。就像推罗的国王，阿达帕也是用一个相当完美的“模子”塑造出来的。他们都必须乘坐 Shem——火石才能到达天上的“伊甸园”。其中一些上去了，然后又回到了地球；其他一些，像是大洪水时期的美索不达米亚英雄，至今仍享受着天伦之乐。这位美索不达米亚的“诺亚”，留给了苏美尔王吉尔伽美什生命之树的秘密。

凡人对于生命之树的无意义的寻找，是苏美尔文明留给人类文化的最长最重要的史诗巨作。现代学者称其为《吉尔伽美什史诗》，它讲述了这位由人类父亲和神母亲所生的乌鲁克统治者的故事。吉尔伽美什被认为拥有“三分之二的神性，三分之一的人性”。由于人终有一死，他不得不寻求如何躲过死亡。他得知他的一位祖先，乌特纳皮斯坦恩——大洪水时的英雄躲过了死亡，并和他的妻子一起，被带到了天国。于是吉尔伽美什打算去那个地方并得到他祖先的永生秘方。

驱使他去天国的直接原因是他接到了阿努的邀请。这段诗文读上去好像是在描述，他在一艘降落的火箭里所看见的地球。他是这样向他母亲——女神宁桑描述的：

我的母亲，

在那个夜晚我十分愉快

群星汇聚在天国

阿努的手工艺品向我靠来

我试着去举起它，它太重了

我试着去移动它，却移不动

乌鲁克的人围绕着它

贵族们亲吻它的脚

他们撑住我

我升起了它

我将它带给你

吉尔伽美什的母亲对这一现象的解释如今已残缺不全了，所以并不清楚。但是很明显的是，吉尔伽美什因看见这个降落的物体而感到兴奋——“阿努的手工艺品”，它载着他进行他的旅途。在这个史诗的序言中，古代的作者将吉尔伽美什称作“英明之人，见识过所有事情”：

他见过秘密事件，人类被隐瞒着但他知道；他甚至带来大洪水之前的消息。

他还进行过困难而且使人疲倦的极远的旅行；他回来了，并将他的艰辛通通刻在了石柱上。

吉尔伽美什经历的这个“极远的旅行”，当然是说他前往众神的居所一事；他的伙伴恩奇都陪伴着他。他们的目的地是提尔蒙之地，因为在那里，吉尔伽美什才可以为他自己升起 Shem。在苏美尔和阿卡德的古代文献中出现的 MU 和 Shem，在现在的大多数翻译中都被翻译成了“名字”。而我们要使用“飞行器”这个解读，才能使文献的本意表达出来：

统治者吉尔伽美什
将思绪锁定在了提尔蒙
他对他的伙伴恩奇都说：
“噢，恩奇都……
我要进入那片土地，
建立我的 Shem。
在那个 Shem 升起的地方
我会升起我的 Shem”

由于无法劝说他，与他商议此事的乌鲁克元老和神们建议他首先要得到乌图/沙马氏的允许和帮助。“如果你想进入那里——告诉乌图，”他们提醒他，“这片土地，是乌图在管辖。”他们一再地对他强调。有了这些建议和预警，吉尔伽美什恳请乌图的批准：

让我进入这片土地，
让我建立自己的 Shem
在这个 Shem 升起的地方
让我升起我的 Shem
让我到达我要降落的地方……

让我在你的保护下成功

很不幸，石碑上的一个裂缝使原文残失，让我们无法得知“要降落的地方”是哪里。不过，无论那是哪里，吉尔伽美什和他的伙伴最终到达了那里的外围。那里是一个“限制区”，有令人恐惧的卫兵把守。由于劳累和疲倦，这两个伙伴决定在这里过了夜再继续。

当他们刚睡没多久，就有东西射在了他们身上，把他们弄醒了。“是你弄醒我的吗？”他问他的朋友。“我是醒着吗？”他在想，因为他看见一个不平凡的景象，他大为惊恐，以至于不知道自己是醒着还是在做梦。他告诉恩奇都：

> 在我梦里，我的朋友，很高的土地倒下了。
>
> 它将我甩到很低的地方，压住我的脚……
>
> 还有无法抵抗的强光！
>
> 一个人出现了；
>
> 世上最美的就是他。
>
> 他风度翩翩……
>
> 他将我拉出倒下的土地。
>
> 他给我水喝，我的心平静了。

这个“风度翩翩”的人是何方神圣？是谁将吉尔伽美什拉出了崩塌的土地，给他水喝，“安抚他的心”？而“无法抵抗的强光”又是什么，而且还伴随着无法解释的山崩？

说不清楚怎么回事，吉尔伽美什再一次睡着了——不过不是很久。

睡到一半他就醒了。

他起身对他朋友说：

> 我的朋友，你叫过我吗？
> 我为什么醒了？
> 你没有碰过我？
> 那我怎么会震一下？
> 有什么神进过这里吗？
> 为什么我身体发麻？

因为这次神秘的惊醒，吉尔伽美什开始思考是谁碰了他。如果不是他的伙伴，那么是有“什么神”从旁边走过吗？再一次，吉尔伽美什睡着了，于是有了第三次惊醒。他向他的朋友描述了这样的惊险场面：

> 我看见的简直太惊险了
> 天空发出尖叫，大地隆隆作响；
> 光明消失，黑暗来临。
> 光芒闪过，一团火焰升起。
> 云朵膨胀，下起死亡之雨！
> 接着燃烧停止了，火焰消失了。
> 所有掉下来的东西都化为尘土。

要看这样的诗文——古人看见了火箭起飞——人们必须要尽力发挥想象才行。首先，巨大的重击声就像是火箭引擎的发动声（“天空发出尖叫”），它伴随着大地的震动（“大地隆隆作响”）。灰尘和烟雾笼罩着发射地点（“光明消失，黑暗来临”）。接着发动着的引擎带来了“光芒闪过”；当火箭向天空飞升，“一团火焰升起”。充满了烟尘和小碎片的云向四周“膨胀”；接着，当它们要掉下来的时候，“下起死亡之雨！”现在火箭已经到了很高的天空，逼近天国了，于是“燃烧停止了，火焰消失了”。火箭逐渐消失于视野，那些散落的碎片“都化为尘土”。吉尔伽美什对他所见的场景震撼不已，他因此更想到达他的目的地了。于是他再一次向沙马氏请求保护和帮助。在战胜一个“大得碍眼的守卫”之后，他到达了马舒山，那里能看到沙马氏“升到天国的拱顶”。

现在他已经接近了他的第一个目标——“Shem 升起的地方”。但是入口处——很明显是建在山里的——由强大的守卫守护着：

他们的恐怖令人生厌，他们的一瞥都带来死亡。他们一闪一闪的射灯在山上扫来扫去。当沙马氏进行升降的时候，他们看守着他。

一个描绘吉尔伽美什和他的伙伴恩奇都的图章，很好地表现出了他们对一位神的恳求，旁边还有一个长得像机器人一样的守卫，他可以用射灯扫描这个区域，还能发射死亡之光（见图 79）。这个描绘让人想到《创世记》中的陈述，主在伊甸园入口处放置了“旋转之剑”，封锁人类的来路。

当吉尔伽美什解释自己的半神血统，这次旅行的目的（我想询问乌特纳皮斯坦恩生死的秘密），以及是沙马氏允许的这次行动之后，守卫们为他让了路。

在“沙马氏之路”上继续前进，吉尔伽美什发现自己身处彻底的黑暗之中；“看不见前后”，他在恐惧中大喊。在数个 BERU（天国的时间或是距离或是

图79

角度单位）之后，他仍然被黑暗包围。最后，“在经过了 12 个 BERU 之后终于变亮了”。

破损和模糊的文献接着说道，吉尔伽美什到了一个华美的花园，那里水果和树木都是用半宝石来雕刻的。乌特纳皮斯坦恩就定居在这里。他把他想问的告诉了他的祖先。吉尔伽美什得到的答案是让人失望的：人类，乌特纳皮斯坦恩告诉他，是不能避免他的凡人宿命的。然而，他又给吉尔伽美什讲述了一种可以推迟死亡的方法，并向他透露了青春植物的地址——“人类可以返老还童”，它有着这样的名号。吉尔伽美什很成功地得到了这种植物。但是，就像是命中注定，他在回来的路上愚蠢地搞掉了它，空手回到乌鲁克。

先撇开这篇史诗的文学和哲学价值不谈，吉尔伽美什的故事最吸引我们的是它的“航空”方面。吉尔伽美什需要得到一台 Shem 才能到达众神的住所，毋庸置疑那就是一艘火箭船。而他还在靠近“发射地”的地方目睹了一艘火箭的发射。这个火箭，看得出来，是放置在一座山里的，而且这个地方还是一个被严密守护的禁区。

大家都知道，没有任何有关吉尔伽美什所见景象的图画描述。但在一个埃及官员的墓中所发现的图画，描绘了在一个遥远的树木环绕的地方，有一个火箭头露出地表（见图 80）。

火箭的机身很明显是存放在地下的，那里是一个人造的发射井一样的筒形建筑，用豹皮作为装饰。

对现代绘图员来说，古代的绘图者想表达的是一个地下发射井的横截面。我们可以看见这艘火箭是有隔间的。最下层里面有两个人，身边有软管。在他们上面那一层里，有三个圆形面板。将火箭头——本本石——的大小与火箭里的两个人的大小，以及站在地面上的人的大小进行比较，可以证明，这个火箭头等同于苏美尔的 MU，“天上的房间”，可以很轻松地搭载一到两个飞行员或乘客。

图 80

提尔蒙是吉尔伽美什的目的地。这个名字直译过来意思是“飞弹之地”，Shem 在这个地方被发射出来，这个地方由乌图 / 沙马氏管辖，在这里可以看见他“上升到天国拱顶”。

虽然与这位十二大神之一的乌图相对应的天体是太阳，但我们认为太阳在这里并非真的是在表达太阳这个意思，而是在说明他的能力。乌图的苏美尔名字的意思是“光明之人”。他的派生出来的阿卡德名字希美斯更是直接：ESH 意思是“火焰”，而 Shem 的本意是什么我们都知道。

乌图 / 沙马氏是“火箭船里的神”。我们认为，他是神的航天站的指挥官。

※

乌图／沙马氏所扮演的指挥官角色，由他安排的通往众神居所的航行，以及他的手下的职能，在另一个讲述凡人升天的苏美尔文献中，有着更为详细的描述。

苏美尔的国王记录表告诉我们，那里的第十三个统治者是伊塔那，“升入天国的人”。这个较短的记录不太需要详尽的表述，因为关于这个人类国王升天的故事，在近东早已广为流传，而且有着众多的图画描绘。

伊塔那是由众神指派来带给人类安全和繁荣的国王，但是伊塔那似乎不能生一个孩子来继承这个王位。唯一有用的方法是从天国里拿到生育植物。

就像后来的吉尔伽美什，伊塔那向沙马氏申请同意和支持。如史诗中描述的，我们很容易就能得知，伊塔那是如何向沙马氏要求一个 Shem 的。

> 噢，主，希望你能同意
> 赐予我生育植物
> 带给我生育植物
> 去除我的障碍
> 为我打造一个 Shem

通过祈祷和用羊只献祭，沙马氏同意了向伊塔那提供一个 Shem。但并没有说是 Shem，沙马氏说的是，一只“鹰”会将他带到答应他的天国之地。

沙马氏事先就告诉了鹰这个即将执行的任务，并指挥伊塔那去那个停放鹰的坑。“沙马氏，他的主人”向这只“鹰”传达了秘密信息，告诉这只“鹰”：“我将送一个人到你这里来，我会牵着他的手……带他到你这儿……照他说的去做……听我的指挥。”

到达了沙马氏所说的地方，“伊塔那看见了个坑”，并且在那里面“有一只鹰”。在“英勇的沙马氏的指挥下”，这只鹰开始与伊塔那交流。伊塔那再一次解释他的目的和目的地。

于是鹰就交给了伊塔那“将鹰驾驶出坑”的步骤。前两次尝试失败了，但第三次鹰起飞了。在黎明到来的时候，鹰通知伊塔那：“我的朋友……我将载你到阿努的天国！”并告诉他如何驾驶，鹰就起飞了，很快就升到了高处。

有现代的宇航员曾在火箭里描述地球是什么样的，这个古代的讲故事的人，同样在这个故事里描述了在伊塔那的眼里，地球是怎样越变越小的：

当他载着他飞行了一 Beru 之后，
这只鹰向伊塔那说道：
“看吧，我的朋友，大地是怎样的！
看那大山看那海：
大地变成了一个小丘，
而那大海也成了一盆水。”

鹰越飞越高；地球越来越小。

当他载着他飞了另一个 Beru 之后，鹰说：
“我的朋友，
看一眼大地是什么样的吧！
它就像是一个犁沟
宽阔的海洋就像是一个面包篮。”
当载着他飞了三个 Beru 之后，鹰说：
“看吧，我的朋友，大地变成了什么样！
整个大地都变成了花园里的沟渠！”

之后，他们继续上升，地球突然消失在他们的视野里。

> 当我环顾四周，大地消失了，
>
> 在大海之上我的双眼无法看东西。

在一个版本的神话里，鹰和伊塔那确实是到达了阿努的天国。但在另一个版本中，当伊塔那看不见地球时，他心生胆怯，让鹰返航并“降落”地球。

再一次，我们在《圣经》中也找到了与之对应的描述，即从高空观看地球景象的文段。赞美主耶和华，先知以赛亚这样描述他：“是他坐在地球大圈之上，这里的居民看上去就像是昆虫。”

伊塔那的神话告诉我们，为了寻找一个 Shem，伊塔那不得不与一只被放在坑里的鹰交谈。

一个图章上描述了一个很高的、带翅的建筑（发射塔？），在那上面停放着一只鹰（见图 81）。

那只带着伊塔那去天国的鹰到底是谁？或者，它到底是什么？

我们忍不住要把这些文献中的描述与 1969 年时，阿波罗 11 号宇宙飞船的指挥官尼尔·阿姆斯特朗带回地球的信息进行比较：“休斯敦！这里是宁静

图81

海基地，鹰已着陆！”

他是在报告人类第一次登月。“宁静海基地”是着陆地点；鹰是从飞船上脱离下来并带着两个宇航员进入月球（并在最后返回飞船）的登月舱的名字。当登月舱第一次从飞船上分离出来，开始在月球轨道上独立飞行的时候，宇航员们告诉位于休斯敦的指挥部：“鹰有翅膀。”

然而“鹰”同样也代表控制飞船的宇航员们。在阿波罗 11 号的任务里，“鹰”同样也代表着宇航员本身，在他们所穿的制服上，也有这样的标志。就像在伊塔那神话中一样，他们就是能飞、能说话、能与人交流的“鹰”（见图 82）。

图82

古代的艺术家是如何描述神的飞船里的宇航员的？他们是否有机会来描述这些鹰？

而这正好是我们所发现的。一个在大约公元前 1500 年就刻好的亚述图章中，有这样的形象：两个“鹰人”在向一个 Shem 致敬（见图 83）。

图83

图84

针对“鹰”也就是“鸟人”的描绘已经被发现了。大多数描绘中，他们都在生命之树一旁，就像是在强调，他们的 Shem 是连接有着生命面包和生命之水的天国的纽带。确实，在阿达帕、伊塔那和吉尔伽美什的故事中，都表明他们有着一种正常的生命轨迹（见图 84）。

还有很多鹰人的描绘很清楚地显示了他们不是外形奇怪的“鸟人”，而是具有人性的穿着带有鹰形象衣服或制服的生物。关于已不存在的神铁烈平的赫梯神话，记录了“大神和次神都开始寻找铁烈平”，而且“沙马氏派出了一只迅捷的鹰”去找他。

《出埃及记》有一段记录，说神想到了以色列的孩子，“我放你们在带翅的鹰上，带你到我面前”，很明显，到达天堂的方式是在一只带翅的鹰上——和神话中讲述的一样。《圣经》中有许多文段，像是描述一种事实，将这位神祇描述成带翼的。波阿斯迎接鲁斯到犹地亚，被说成是“在”主耶和华“翅膀下到来”。赞美诗的作者在“他的翅膀下的阴影中”寻求安全，并描述了主从天国下降到地球：“他登上了基路伯飞走；在风翼上飞行。”通过分析《圣经》中的 EI（作为神的称号或族谱符号而使用的词）和迦南的 EI，S. 朗盾在《闪族神话》一书中指出，它们都将带翅的神描绘在文献和硬币上。

美索不达米亚文献始终都将乌图 / 沙马氏描述成管辖 Shem 和鹰的发射地点的神。和他的下属们一样的是，他也常常穿着一套象征权力的鹰服。正因有着这样的身份，他才能赋予国王们“在鸟翼上飞行”的特权，并让他们“从低空上升到高空”。而且当他自己在一个喷火的火箭里飞升到高空的时候，他“用一段漫长的时间，延伸了未知的空间”（见图 85）。

图85

※

苏美尔用于表达与航天有关的物体的术语，不仅仅局限在诸神乘坐的 ME 或是他们的圆锥形“战车”MU 上。

苏美尔文献认为乌图的城市西巴尔有一个主要部分，隐蔽和保护在坚固的围墙之中。在这些墙里伫立着乌图神殿，“一座像是天国建筑的房子”。在神庙的一个内院里，同样是在围墙内，伫立着“高耸的，坚固的 APIN”，意思是“一个要费力穿过的物体”。

在乌鲁克的阿努神庙中发现的图画描述了这样一个物体。我们很难在几个世纪前猜测这个物体到底是什么；不过现在我们知道了，这是一个多级火箭，在它的顶部就是圆锥形的 MU，或者直接说，指挥舱（见图 86）。

文献中还有证据表明，苏美尔的诸神不仅乘坐“飞行房间”漫游于地球的上空，同时他们还使用了这样的多级火箭来进行太空旅行，而这种神圣的物体就停放在位于西巴尔的乌图神殿里。我们已被告知，在博尔那的最高法院里，目击者们必须在一个内院里发誓，他们站在一个通往三个“圣物”的门廊前。他们被取名为“金球”（乘员舱？）、基尔和阿莱克马哈拉第，意思是“让船舰前行的推进器”。也就是我们所说的发动机或引擎。

图86

这艘三级火箭的顶端带有指挥舱，底部带有引擎，中间则是基尔。基尔，在与空中飞行相关的事务中广为使用。吉尔伽美什在沙马氏的发射地入口遇见的守卫，被称为基尔曼。尼努塔尔神庙中，最神圣也是守卫得最为严密的区域，被称为基尔苏（GIR.SU，意为“基尔升起的地方”）。

基尔在当时是广为人知的。这个词形容的是一个有着锐利边缘的物体。仔细看基尔的图形符号，能更好地明白它的“神圣”性。因为我们所看见的是一个如箭矢形状、被分为很多个部分或隔间的物体（见图 87）。

图87

MU 可以独自在地球上空盘旋，当和基尔附着在一起的时候则能在空中飞行，当然它也能作为指挥舱装在多级火箭的顶端。这可以证明苏美尔的工程师——那些天地众神是多么心灵手巧。

回顾一下苏美尔的图画和表意文字，我们有无数个理由相信，这些东西的创作者一定非常熟悉这些带有喷射火焰、飞弹状舱体和“驾驶室”的火箭的形状和作用（见图 88）。

最后，让我们再看看苏美尔象形文字里的“神”。这是一个双音节词：丁基尔。我们已经看见过 GIR 的符号：带有鳍状物的两节火箭。DIN，它的第一个音节，意思是“正直”“纯洁”“光明”。放在一起，这个作为“神”或“神圣生物”的丁基尔的意思就是“光明的正直者”，或者，更加明确一点，“炙热火箭中的纯洁者”。

丁的象形符号是这个：，让人很轻易地看出，这是一个在尾部喷射着火焰的喷嘴引擎，而在前部却有个莫名其妙的开口。但这种莫名疑惑的感觉转变成了惊讶，如果我们将这两个象形文字结合起来“拼写”成 DINGIR，鳍状 GIR 的尾部就和丁的头部开口完美地结合在了一起！（见图 89 和图 90）

图88

上：卡基尔（KA.GIR，意为“火箭的嘴”）是一个装有鳍状物的基尔，或火箭，被停放在一个轴状地下室里。

中：伊希（ESH，意为“神圣寓所”），一个空间交通工具的房间或是指挥舱。

下：兹客（ZIK，意为“上升”），一个起飞的指挥舱。

这个使人大吃一惊的结果描绘了一个带有火箭推进器的太空船，还有停靠在母船上的登陆舱，每个部分都能与其他部分很好地组接在一起：推进器部分包含着引擎，在中央部分是补给和装备，以及圆柱形的“天房”，住着被称作丁基尔的人或诸神：数千年前的宇航员。

这里是否有一些疑问，关于古代人称他们的神是“天上与地上的神”，而

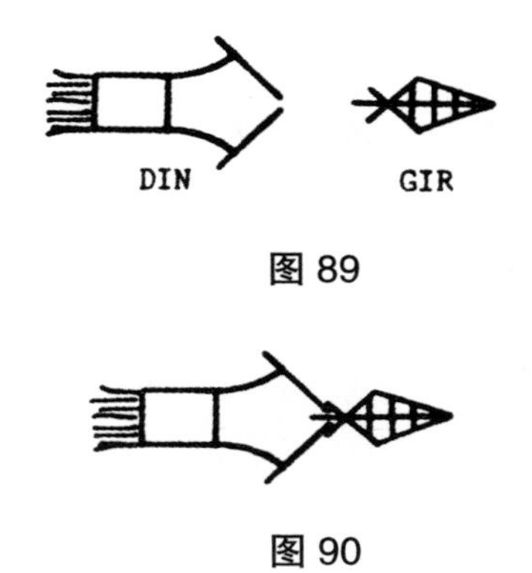

图 89

图 90

直接的翻译应是，他们是从其他地方，是从天堂来到地球的人？

由此我们完全可以得出这样的结论，那些古代的神以及他们的交通工具，毫无疑问地，来自宇宙的其他地方，而他们原本也是血肉之躯。

甚至就连《旧约》的编著人——他致力于《圣经》为唯一的神——都认为有必要讲述在很早之前的地球上，有很多这样的神圣生命确实存在。

一个难以理解的章节，也是神学家最讨厌的章节，是《创世记》第六章的开始。它插在亚当以下人类的繁衍和大洪水前的人类觉醒之间。它毫不含糊地陈述道：

> 神的儿子们看见人的女子美貌，
> 就随意挑选，娶来为妻

这些经文的含义，与讲述苏美尔神，他们自己及其儿子和孙子，还有介于人神之间的半神后代的神话故事，将进一步符合。当我们继续读下去的时候：

> 那些时候及往后，纳菲力姆在地球上，
> 那时神的儿子娶了亚当的女儿为妻，

> 他们生了孩子。
>
> 他们是永恒的强者——Shem 中人。

后者的翻译绝不是传统译法。很长一段时间，“纳菲力姆在地球上”一直被翻译为“那时候有伟人在地上（译注：见中文旧版《圣经·旧约》创世记 6：4）”。然而不久之前的翻译认识到了这个错误，于是简单地在译文中保留了希伯来语 Nefilim（纳菲力姆）一词。“Shem 中人”这一句，在预料之中，被翻译成了“有名字的人”，由此衍生为“有名望的人”。但就像之前我们所说的，Shem 一词必须采用它的原始含义——火箭，飞船。

那么，纳菲力姆这个词，到底又是什么意思呢？源于闪族的 NFL（“被降下的”），它的意思的确就是它所表达的，它代表的就是那些降落到地球的人！

当代神学家及《圣经》学者似乎是有意避开了这些难解的经文，要么将它们翻译为一个比喻，要么直接将它们全部忽略掉。然而，第二圣殿时期的犹太文献，确实与有关“堕落天使”的传统说法有着共鸣。一些早期的学术研究甚至还提到了这些“从天堂坠落到地球”的神圣生物的名字：沙穆－哈宅（Shem's lookout，意为“Shem 的瞭望塔”），乌撒（Uzza，意为“强大”），乌兹－艾（Uzi-El，意为“神力”）。

19 世纪著名的犹太《圣经》评论员马尔毕姆认识这些古代经文并解释说：“古代的一国之主都是从天国下降到地球的诸神的儿子们，他们统治了地球，并在人类的女儿中挑选自己的妻子；他们的后代则包括了那些英雄和强者，王子和女王。”这些故事，马尔毕姆说，是关于非基督教神“及神的儿子，在太初之时从天国坠入地球……所以他们称自己为‘纳菲力姆’，意思是坠落之人”。

不论它们在神学本身上是否有暗示，这些经文最原始的意思绝不能忽略：诸神的儿子们来到地球，他们是纳菲力姆。纳菲力姆又是 Shem 里的人——火箭里的人。从今以后，我们应该归还他们在《圣经》中的真实名字。

第六章

第十二个天体

既然地球曾被来自其他地方的高级智能生物造访过，那么，一个更进一步的假说就是：在另一个星球上，存在着比我们更为高级的文明。

在过去，围绕外星高等生物的推测，都认为他们来自火星或者金星。然而，现在我们相当确定，这两个地球的邻居既没有高等生物也没有高等文明。所有那些仍持有地球曾被造访观点的人将眼光放到了其他的星系，认为那些更加遥远的星球才是这些外来宇航员的故乡。

这些假说的优势是，它们既不能被证明是真的，同时也不能被证明就是错的。而劣势则是他们所提出的外星"故乡"到地球的距离之远，对我们这种生物来说完全是个幻想，即便是光速也需要很多很多年才能到达。由此，这些假说的倡导者又提出了另一种假设，那就是，他们当初进行的只是通往地球的单程旅行：一队宇航员执行不返回任务，或者是一艘失控的宇宙飞船迫降到了地球。

这很明显不是苏美尔人所说的天国诸神。

苏美尔人认为有一个"天国居所"的存在，那是一个"纯洁之地"，"太初的居所”。当恩利尔、恩基和宁呼尔萨格去了地球并在那里安家的时候，他们的父亲阿努则在天国里做统治者。这可不是在众多的经文中偶尔才提到，而是有着详细的“神祇名单”，并在阿努“纯洁之地”的王座前，明确地写上了 21 对神祇伴侣的名字。

阿努自己则亲自统治着一座巨大而辉煌的宫廷。就像吉尔伽美什提到的那样（《以西结》书也有同样的观点），那是一个由宝石镶嵌着的美丽花园。阿努和他的结发妻子安图及 6 个妾、80 个子孙（其中有 14 个是安图所生）一起生活在那里，还有他的总理大臣，三个管理 Mil（火箭船）的指挥官，两位武器管理员，两位掌管写作知识的大师，一位财政大臣，两位主法官，两位“有着声音印记的”神和两位大文士和他们手下的助理文官。

美索不达米亚文献常常提到阿努居所的富丽堂皇，以及那些守卫在大门前的全副武装的神祇。关于阿达帕的神话，记录了恩基向他提供了一个 Shem：

为他指一条通往天国之路，
到那要上去的天国。
当他升到了天堂，
他到达了阿努之门。
塔穆兹和基兹达守卫着
阿努之门。

阿努的王座室是众神集会的地方，有 SHAR.UR（皇家猎手）和 SHAR.GAZ（皇家杀手）守护。这里有苛刻的进入和就座礼仪：

恩利尔进入了阿努的王座室，
坐在了右边皇冠的地方，

阿努之右。

艾进入了阿努的王座室，

坐在了神圣皇冠的地方，

阿努之左。

古代近东的天地众神不仅是从天国来，还可以回到天国去。阿努偶尔会从天国来到地球进行访问；伊南娜至少两次去了阿努的天国居所。恩利尔在尼普尔的中心装备着“天地纽带”。沙马氏管辖着鹰和火箭发射地。吉尔伽美什去过永恒之地并返回乌鲁克；阿达帕也有过类似的旅行并在之后回到了地球；这样做的还有《圣经》中推罗的国王。

古斯塔夫·古特博克对一些讲述阿普卡尔——源于苏美尔文 AB.GAL，意为“伟大的领导者”或“指点方向的大师”的阿卡德词语——的美索不达米亚文献的研究，证明了他们就是我们已经知道的、被描述为“鹰”的“鸟人”。为他们歌功颂德的文献提到，他“从天堂带着伊南娜，在伊安纳神庙降落”。这一段以及其他一些文献都指出，阿普卡尔是驾驶着太空船的纳菲力姆的宇航员。

双向旅行不仅是可行的，而且还是预先制定好的，因为我们已经知道，在决定于苏美尔修建众神的门廊巴比利之后，诸神的领袖解释说：

当要去太初之地，

你们一起起飞，

应该有个夜里休息的地方，

来接纳你们。

当从天国而来，

你们一起降落，

应该有个夜里休息的地方，

来接纳你们。

同时，苏美尔人并没有说他们的神来自遥远的星系。众神居所的“遗址”在这里显露了出来，它就在我们的星系里。

我们看见过沙马氏穿着他的制服，就像是鹰的指挥官。他的两个腕关节，戴着看上去像是表的物体，用金属扣卡住。其他的鹰的描绘显示出，所有重要人物都戴着这样的东西。而它是真正有用还是仅仅作为装饰，我们无从知晓。只是所有的学者都同意，这些物件表示的是圆花饰——由中心放射出来的“花瓣”串（见图 91）。

这种花饰是古代神庙符号中最常见的装饰，盛行于美索不达米亚、西亚、小亚细亚、塞浦路斯、克里特和希腊。比较被认同的观点是，将这些花饰作为神庙符号是因为它们代表着生长或者某种已经风格化的天体形象——行星环绕的太阳。这些古代宇航员将这样的符号放在制服的腕部更是支持了这一说法。

从一个关于阿努的天国门廊的亚述描绘可以看出，古代人熟知的一个星系就像我们现在的太阳系（见图 92）。门廊两侧是两只鹰——指出需要他们的服务才能到达天国居所。带翼的球——象征着至高无上的神圣——的标志在门廊上。它被架在月牙和七颗天体之间，象征着（我们相信）阿努被恩利尔和恩基环绕着。

这些符号所指示的天体到底在什么地方？哪里才是天国居所？古代的艺术家们用另一个描绘来回答：一个大的天神将自己的光束散发到 11 个环绕着他的小一点天体上。这是指的太阳，由 11 颗行星环绕。

当然这并不是唯一一幅有这种场景的画，柏林博物馆的另一幅古代近东的作品，就描画了相似的事件（见图 93）。

当柏林图章上的天体或者神祇被放大之后，我们可以看见，七个天体环

图91

图92

图93

绕着一个大的、发光的星星，它们依次由 24 个小球连接着。这仅仅只是巧合吗？（见图 94）我们星系也刚好有 24 个行星的卫星。

图94

当然，也有一些蹊跷。描绘着太阳和 11 个天体的这些图案表示着我们的星系，我们的学者告诉我们太阳系由太阳、地球和月亮，水星、金星、火星、木星、土星、天王星、海王星和冥王星组成。也就是说，除开太阳，只有十个行星，哪怕把月亮也算上。

但这并不是苏美尔人想说的。他们认为，我们的太阳系是由一个太阳和 11 个行星（包括月亮）构成的，除了我们今天已经知道的行星，我们的星系还有第十二个成员——纳菲力姆的家园。

我们可以称之为“第十二个天体”。

※

在我们考证这个苏美尔信息的准确性之前，让我们回顾一下我们自己的天地观。

今天我们知道，在巨行星木星和土星后面——在宇宙中这种距离甚至可以忽略，但对人类来说这是极其遥远的——还有两颗较大的行星（天王星和海王星），以及第三个，小一点的冥王星。但这样的观念其实也是不久之前的事。

天王星的发现是用天文望远镜证实的，那是在 1781 年。在观察它接近 50 年之后，一些天文学家指出它的运行轨道是受了另一颗行星的影响。在一系列精确的计算和推断之后，那颗被忽略的行星——海王星在 1846 年被天文学家们指出了所在位置。接着，19 世纪末，又有证明指出海王星受着某种未知力场的拉扯。那么还有另外的行星存在于我们的星系吗？这个问题在 1930 年结束，天文学家通过观测发现了冥王星，并为其定位。

而在那些更早的岁月，人们相信我们的星系只有七颗行星：太阳、月亮、水星、金星、火星、木星、土星，而地球当然不被算成行星，因为它理所当然是宇宙中心，其他天体都围绕着它运行——地球是神创造的最重要的天体，上面住着神最伟大的造物：人。

我们的教科书当然有着这么一章，赞扬尼古拉斯・哥白尼发现地球仅仅只是一颗普通的行星，在一个“日心说”系统中围绕太阳运行。这个发现动摇了地心说和地球的神圣地位。由于他惧怕狂怒的天主教会，一直等到他去世的时候（1543 年）《天体运行》一书才得以出版。

几个世纪之前的发现时代，哥伦布、麦哲伦和其他航海家的发现，也证明了地球不是平的而是圆的。这是哥伦布通过精确计算和在古文献中搜寻答案发现的。有一名支持哥白尼的教会人士，名叫卡蒂诺勋伯格，在 1536 年写给他的一封信中写道：“我发现你不仅知道古代数理的基础，还创造了一个全新的体系……地球是运动的，而太阳才是中心，它居于最主要的位置。”

基于希腊和罗马的理念，人们认为地球是平的，被遥远的天空覆盖着，而天上则布满了星星。与那些镶在天幕上的星星不同，有七个行星（希腊语中的 wanderer，意为“流浪者”）绕着地球转。这七个行星根据一周七天和它们的名字来命名：太阳，Sun（星期天，Sunday）；月亮，Moon（星期一，Monday）；火星，Mars（星期二，Mardi）；水星，Mercury（星期三，Mercredi）；木星，Jupiter（星期四，Jeudi）；金星，Venus（星期五，

Vendredi）；土星，Saturn（星期六，Saturday）（见图 95）。

这种天文观点来自公元 2 世纪时埃及亚历山大城的天文学家托勒密。托勒密的宇宙观一直延续了超过 1300 年——直到哥白尼将太阳放到了宇宙中心。

当一些人将哥白尼称为“现代天文学之父”的时候，其他人则认为他更像是一个早期理念的研究员和重现者。事实上，他深入研究了托勒密之前的希腊天文学文献，比如希帕恰斯和萨摩斯岛的阿里斯塔克斯。后者于公元前 3 世纪指出，如果太阳——而不是地球是宇宙中心的话，那天体的运行便能够得到很好的解释。事实上，比哥白尼早大约 2000 年，希腊的天文学家已经从太阳开始，通过正确的顺序排列了那时已知的天体，而且认定是太阳，而不是地球，位于星系的中心。

日心说的观点仅仅是被哥白尼重提了；而更有趣的是，公元前 500 年的天文学家比公元 500 年和公元 1500 年的天文学家知道的都还要多。

的确，学者们现在都很难解释，为什么先是后希腊再是罗马认为地球是平的，它浮在一层黑暗之水上，水下则是哈迪斯或者“冥界”。而更早的希腊天文家们留下的证据，却显示他们反而知道得更多。

希帕恰斯，生活在公元前 2 世纪的小亚细亚，讨论过“冬至与夏至的标

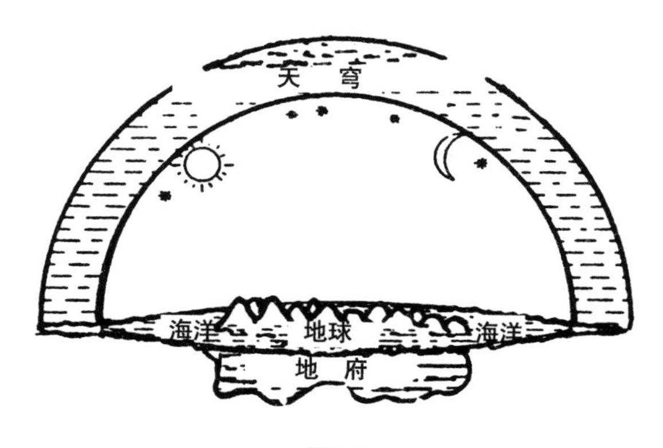

图95

志移动”，现在这个现象被称为分点岁差。但是这种现象只能在“球面天文学”中进行解释，也就是需要一个球形的地球，被其他一些球形天体环绕着，并且，都在一个球面宇宙中。

那么希帕恰斯早就知道地球是球形的了？他的计算和推测是基于球面天文学的吗？与之同样重要的，还有另外一个问题：这种岁差现象可以通过将春分时间和黄道带星座上太阳的位置（从地球上看上去）进行联系来观测。然而从一个星宫向另一个星宫的切换需要 2160 年。很显然，希帕恰斯不可能活那么长的时间来做这样的天文观测。那么，他是从哪里得到这样的信息的？

尼多斯的欧多克索斯，一个比希帕恰斯早两个世纪的小亚细亚数学家和天文学家，设计了一个天球，这个球上描绘了黄道带的星座。但是如果欧多克索斯将天想成一个球形，那么地球呢？他会认为这个球状天是依赖在平面地球上——这是个最尴尬的安排——或是他知道球状地球由球状天包围着？（见图 96）

图96

欧多克索斯的研究原本已经失传了，但感谢阿拉托斯的诗歌让它们得以留存到我们的时代。阿拉托斯是公元前 3 世纪的诗人，他将天文学的事实“翻译”成诗歌的语言。在这首诗中——圣保罗一定很熟悉它，他曾引用过——这些星座被极为详细地描述，“画满了”，并把它们的分组和命名归在了一个很遥远的年代。“昔时之人构想的系统和命名，他们找到了合适的名字。”

那些被欧多克索斯认为构想星座的“昔时之人”是谁？从诗中明显的线索来看，现代天文学家相信，希腊经文描述的天，就跟在公元前 2200 年的美索不达米亚所观测到的一样。

同时，小亚细亚的希帕恰斯和欧多克索斯都被认为有可能是从赫梯得到这些知识的。也许他们甚至还去过赫梯的都城，看见过那些刻在岩石上的神圣队列；因为在那些行进的神祇中，两个牛人举起一个球体——它可以很好地激发欧多克索斯设计他的天球（见图 97）。

图97

是否那些生活在小亚细亚的早期天文学家，比他们的继任者更了解情况，因为他们利用了美索不达米亚的资源？

实际上，希帕恰斯在他的记录中证实了，他的学说是基于已积累了上千年的知识的。他称他的导师为“埃里克、博尔西巴和巴比伦的天文学家”。罗兹的吉米纽斯命名“迦勒底人（古巴比伦人）”为月球精确移动的发现者。史学家迪奥多罗斯·塞库鲁斯，在公元前 1 世纪写下的文字证明了美索不达米亚天文学的精确。他陈述道：“迦勒底人为行星命名……在他们星系的中心是太阳，那朵大光；其他行星都是他的‘后代’，反映着太阳的位置和光辉。”

已知的希腊天文学知识源头是迦勒底；那些早期的迦勒底人掌握了比他们的后人都还要伟大和精确的知识。一代又一代，遍及整个古代世界，“迦勒底”这个名字是“占星师”和天文学家的代称。

亚伯拉罕从“迦勒底的乌尔”中出来，当他讨论着希伯来未来的后代时，被上帝告知应凝望星星。确实，《旧约》充满了天文信息。约瑟将自己和兄弟同 12 个天体进行比较，族长雅各将他的 12 个后代与黄道十二宫建立关系来祝福他们。对于天的科学划分，以及其他天文学的信息，由此在古代近东流行起来，那时可比古希腊要早得多。

早期希腊天文学家从美索不达米亚天文学中汲取的领域一定是很广泛的，因为考古学家们所发现的，足以构成一次文献的山崩——无数的文稿、描述、图章、浮雕、绘画、天体名单、占卜含义、日历、太阳和其他行星上升下降表，以及日月食预测。

很多后来的此类文献，都很显然是更具占卜意义的。天和天体的运行成为国王、神庙祭祀甚至普通百姓最为关心的头等大事；这种对星星的观测似乎是打算从天空中找到地球上所发生事情的答案：战争、和平、富足、饥荒。

R.C. 汤普森在他的《尼尼微与巴比伦的法师和占星师口供》一书中，编译和分析了上百个公元前 1 世纪的文献资料，他告诉我们，这些观星者是试图从一种自然视角来观测这片土地和土地上的人民，以及人民之上的统治者的命运，而不是一个个体的命运（如现在的星宫算命法）：

当月亮在预计出现的时刻却看不见的时候，
一个强大的城市将遭到侵略。

当一个彗星到达了太阳的轨道，场流减小；
一次骚乱将发生两次。

当木星与金星同时离开的时候，

地上的祷文将进入诸神的心。

如果太阳出现在月亮的宫位，

这片土地的君王将有着牢固的王位。

这些占星术甚至还需要广泛而精确的天文学知识，如果没有掌握那些知识的话，你会一个预兆也看不见。美索不达米亚人掌握了这样的知识，并区分开了所谓“不动”的星星和“漫游着”的行星，还知道太阳和月亮既不是不动的星星也不是普通的行星。他们很熟悉彗星、流星和其他天文现象，并计算出太阳、月亮和地球的移动与预测日月食之间的关系。他们观察着天体的运行，并将它们与地球的轨道联系，发现它们在太阳系中旋转。

为了让天体的运行轨迹及其天宫位置与地球和它们彼此之间保持联系，巴比伦人和亚述人制作了精确的星历表。这个表能够定位并预测天体的未来位置。乔治·萨顿教授，《公元前最后三世纪的迦勒底天文学》一书的作者，发现他们用两种方法进行计算：较新的在巴比伦使用着，较为古老的则来自乌鲁克。他对于后者的意外发现，让人们看到这种乌鲁克的方法相比之后的方法更加成熟和精确。他解释了这种令人吃惊的现象，指出希腊和罗马不正确的宇宙观源自一个几何世界观的变形，而迦勒底的占星师和天文家，则继承了苏美尔人的想法和传统。

在过去的100年里，美索不达米亚文明的重现天日，毫无疑问地告诉我们，我们知识的根源无论是在天文领域还是其他很多领域，都是扎在美索不达米亚的。而尤其在天文方面，我们继承和发扬了苏美尔的遗产。

萨顿的成果经O.纽格伯尔深入而广泛的研究后得以加强。在《楔形文字的天文手册》一书中，纽格伯尔说他很惊讶地发现，巴比伦的这些天文学家的星历表十分精确，却并不是自己观察得来的。相反，它们是“通过一些固定的计算……给予”并使用的，“并不受干预”。也就是说，他们不干预那些“固定的”算法。

这种对“算术”的坚持得到了带有星历表的“步骤资料”的帮助，它基于某种“严格的数学理论”，“给予了计算星历的每一个步骤的规定”。纽格伯尔指出，巴比伦天文学家对这种系统是无知的，哪怕他们的星历和他们的数学计算都基于此。他同时还认为，这个精确图表的“观测和推论基础”的范围是很广的，这与现代学者们也不同。然而他相信一点：古代天文理论“必定是存在的，因为如果没有一个非常详尽的计划，是不可能制定出一套高难度的计算法则的”。

阿尔弗雷德·耶利米亚教授在《古代东方精神文化手册》一书中指出，美索不达米亚的天文学家很熟悉逆行现象——从地球上看行星，有时会感觉行星轨迹不稳定甚至呈蛇形，这是因为地球绕太阳运动的速度比其他行星要么快一些，要么慢一些。这些知识的重要意义不仅体现在逆行是一种与围绕太阳的轨道相关联的现象，同样还体现在了观测上。

这些结构复杂的理论是在哪里产生的呢？纽格伯尔指出：“在步骤资料里，我们看见了一大批完全无法阅读的术语，不过懂它们的意思。”一定有另一群远远早于巴比伦时期就掌握了天文和数学知识的人，当然，比后来的亚述、埃及、希腊和罗马还要早得多。

巴比伦人和亚述人将他们大部分的天文学努力都融汇到了一部精确的历法中。就像犹太历法，它是一部以月亮为主体的太阴历，将一年设置为刚刚超过 365 天，每个太阴月都刚刚低于 30 天。历法对于日常事务和其他小事都是相当重要的，它的准确性可以让人们确定哪一天是一年中较为特殊的节日或时刻，或者是祭神的日子。

要测量并把握太阳、地球、月亮和其他行星的复杂的移动规律，美索不达米亚的天文学家和祭司相信一种复杂的球面宇宙学。在这种学说看来，地球是一个带有赤道和两极的球体；天空，则由假想中的赤道和极线分开。天体的经过与黄道带有关，黄道带是我们在地球上看到的太阳运行的轨迹，也就是太阳在“天球”上运动的轨迹；此外，这个年代所使用的天文知识还包括对岁差和冬夏二至点的认识。

然而巴比伦和亚述并没有制定出一部自己的历法或者为之设定很好的秩序。他们的历法——和我们所使用的一样——源自苏美尔。有学者发现过一部历法，在很久很久之前就开始使用了，它是后来所有历法的基础。最重要的历法是尼普尔历，而尼普尔正是恩利尔的地盘和管辖中心。我们现在所使用的这个历法正好是基于尼普尔历的。

苏美尔人认为，当太阳越过春分点的时候，新年就到来了。S. 朗盾在《德莱海姆档案》中发现，舒尔吉（Shulgi，又称 Dungi）——大约公元前 2400 年的乌尔统治者留下的记录显示，尼普尔历选择了一个特殊天体，它能够测算出新年的具体时间。对于这一点，他指出，“可能是在舒尔吉时代 2000 年之前”完成的，也就是大约公元前 4400 年！

难道这就是苏美尔人在没有必要设备的时候，仍然拥有了如此成熟的天文学和数学知识的原因，哪怕它们是基于球面宇宙学和几何学上的？

他们有这样一个术语——DUB,（在天文学中）意思是 360 度“世界圆周”，同时，他们也提到过天空的曲度和弧度。根据他们的天文和数学计算，他们画出了 AN.UR——以他们测量出的天体的升降为标准的假想的“天平线”。他们还假想了一条与这条天平线相垂直的竖线，叫作 NU.BU.SAR.DA ；在它的帮助下他们得知了天穹的顶点并称其为 AN.PA。他们描绘出了被我们称作子午线的经线，称其为“分级的轭”；纬线被称作“天国中线”。纬线标出了苏美尔的（冬、夏）至点，例如，AN.BIL 的意思是“天国的炙热之点”。

阿卡德人、哈兰人、赫梯人和古代近东的其他杰作，都是苏美尔原版的翻版，他们大量学习了苏美尔与天体和天文现象有关的语言和词汇。巴比伦和亚述学者在碑刻上列出星体表或计算行星运行时，往往会标注出它们的苏美尔出处，并指出他们是在引用或者翻译。曾于亚述巴尼波时代被存放于尼尼微图书馆的 25000 个天文学和占星学文献，显示出它们所承载的正是苏美尔的知识。

一个主要的天文学说被巴比伦人称作“主之日”，是从亚甲的萨尔贡时代留下的苏美尔碑文中拷贝来的——萨尔贡时代是公元前第三个千年。一个来自乌尔第三王朝时期——同样是公元前第三个千年——的碑刻，十分清晰地描述并列出了一系列天体，现代学者甚至很轻松地就能识别它们的身份，就像是读一个星座分类资料一样。它们包含了大熊座（Ursa Major，即北斗星）、天龙座、天琴座、天鹅座和仙王座，以及北边天空的北三角座、猎户座、大犬座、长蛇座、乌鸦座、和南部天空的半人马座；最后，还有大家都很熟悉的黄道十二宫。

在古代的美索不达米亚，天文学的秘密被天文学家和祭司们守护、学习和传播着。三位耶稣会神父——约瑟夫·艾平、约翰·斯特拉斯曼和法兰兹·X. 库格勒将失落的“迦勒底”科学带给了我们。库格勒在他的杰作《巴比伦的星学和占星师》中，解读了一大批文献和列表。有一个例子，是用数学方法“回溯天空”，可以显示出在公元前 1800 年，在巴比伦上空一个有 33 个天体的清单，非常整齐地排列成现在的样子。

在完成了判定哪些是真正的星群、哪些又只是一些子群的大量工作之后，世界天文组织于 1925 年同意把从地球上看见的天空分成三个部分：北部、中部和南部，并把其中的星星归类于 88 个星座。这项工作所完成的，实际上已经不是什么新东西了，因为苏美尔人才是第一个将天空分为三段或三“路”的：北“路”以恩利尔命名，南路由艾命名，中段则是“阿努之路”，并让他们管辖各类星座。现在的中段，也就是黄道十二宫，与阿努之路刚好相符，苏美尔也将这一路的星星分别归入 12 个天宫。

在那古老的年代里，也如同今天一样，都有着黄道带这样的概念。地球围绕太阳的这个大圈被等分成了 12 个部分，每个部分 30 度。每个部分或“天宫”里的星星合在一起组成了星系，而它们的形状看上去像什么，就被叫成什么。

这些星系及它们的内部细分星群，甚至是星系里面的某个单独的星星，在西方文明里都有着自己的名字和描述，而这些都取自希腊神话——西方世界回溯了接近 2000 年才能从希腊人那里借来这些东西。然而，很显然，早期的希腊天文学家仅仅是将一个从苏美尔人那里得来的、已经成型的宇宙观放入自己的语言和神话中。我们已经讲到过希帕恰斯、欧多克索斯和其他人是如何得到这些知识的。甚至连泰利斯，最具影响力的古希腊天文学家，据说他预测了公元前 585 年 5 月 28 日的日全食，而正是这场日食停止了吕底亚人和美地亚人之间的战争。他的知识的源头正是前闪族美索不达米亚文明的起始，名字是苏美尔。

我们从希腊语的“动物圈”——因为那些星星组成的形状看上去就像是狮子与鱼等——这个词得到了黄道带这个词。但是这些假想的形状和名字实际上是由苏美尔人发明的，他们称这 12 个黄道带上的星座为 UL.HE（意为“闪光的兽群”）：

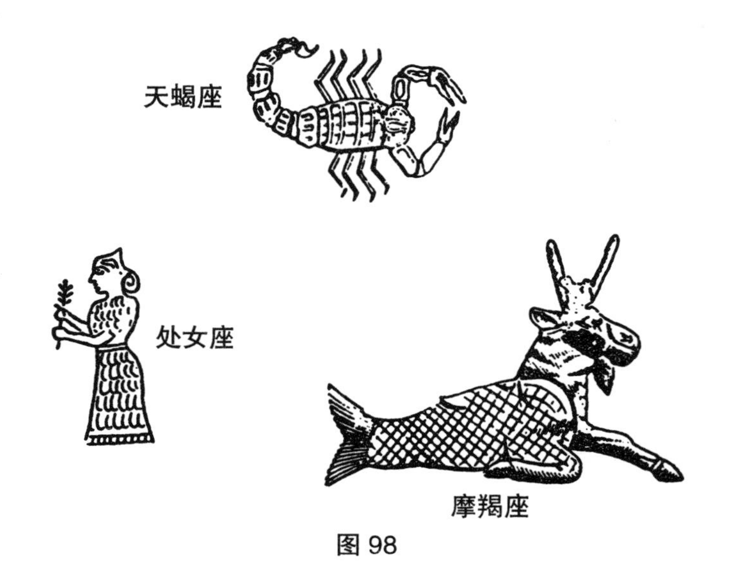

图 98

1. GU.AN.NA（天牛），金牛座。
2. MASH.TAB.BA（孪生子），双子座。
3. DUB（夹子 / 钳子），巨蟹座。
4. UR.GULA（狮子），狮子座。
5. AB.SIN（她的父亲是辛），处女座。
6. ZI.BA.AN.NA（天命），天秤座。
7. GIR.TAB（抓撕者），天蝎座。
8. PA.BL（卫士），弓箭手，射手座。
9. SUHUR.MASH（山羊鱼），摩羯座。
10. GU（水神），水瓶座。
11. SIM.MAH（鱼），双鱼座。
12. KU.MAL（牧场居民），白羊座。

这些黄道带的图画或符号，从苏美尔人创造它们开始，一直到现在都很好地保存了下来（见图 98）。

直到望远镜发明后，欧洲的天文学家们才接受了托勒密的想法，认为在北部天空只有 19 个星系。到了 1925 年，通用规范的分类方法被接受，在苏美尔人所说的恩利尔之路上又发现了 28 个星系。我们对此完全没有理由感到惊讶，那些古老的苏美尔人早就认识、鉴别了所有的北部天空的星系，并且为之命名和分组，列出了一长串让托勒密无法想象的清单！

在恩利尔之路上的星系里，有 12 个被认为是属于恩利尔的——就像是在阿努之路上的 12 个黄道带天体。同样地，在南部的空中——艾之路——星系被标了出来，不仅是作为南部上空的一员，更是属于神艾的。除了这些属于艾的 12 个主星系之外，也标注了一些其他的南部星系——尽管没有今天我们看见的那么多。

艾之路对致力于研究破解古代天文学的亚述学家们来说可是一个大问题，不仅是要破解那些术语，还必须知道在几个世纪甚至几千年之前，人们看见的天空究竟应该是什么样的。从乌尔或者巴比伦观测南部的天空，那些美索不达米亚的天文学家们能看见的南部天空刚好过半；其余的都隐藏在地平线之下。然而，如果识别正确，艾之路上的一些星系也是在地平线之上的。但是这里有一个更加严峻的问题：如果像学者们所推测的，美索不达米亚人相信（就像后来的希腊人所相信的那样）地球是一团浮在混沌黑暗的阴间（希腊人的冥界）之上的干地——一个平的碟状世界，天空像个半圆形的罩子罩在地球上，那么如此一来，就根本不存在南部天空了！

受美索不达米亚人抱有平板地球观这种推测的限制，现代学者们并不允许在他们的观点中有低于赤道线的世界的存在。而我们的证据则显示，苏美尔人的三条“路”很明显地说明，他们眼中的地球是一个球体，而不是平的。

1900 年，T.G. 平切斯在向英国皇家亚洲学会的报告中，说他可以重组和重建一个完整的美索不达米亚星盘。他做出来的是一个圆形的碟子，像一块蛋糕一样被切成了 12 瓣，同时也划分出了 3 个同心圆，最后就得到了 36 个小部分（见图 99）。

这整个设计中出现了带有 12 片“叶子”的花状物，每片“叶子”上都分别写有每个月的名字。平切斯为了方便，用 1 到 12 标注了它们，从 NISANNU（相当于我们的 1 月）开始，这是美索不达米亚历法的第一个月份。

这 36 个部分还分别包含了一个底部有小圆圈的名字，表示着天体的名字。这些名字在许多文献和“星表”中都被发现过，不用怀疑它们就是星系、恒星或行星的名字。这 36 个部分中的任何一个，都还有一个写在天体名字下边的数字。在最内层的圆内，这些数的范围是 30 到 60；在中间的圆内，是从 60

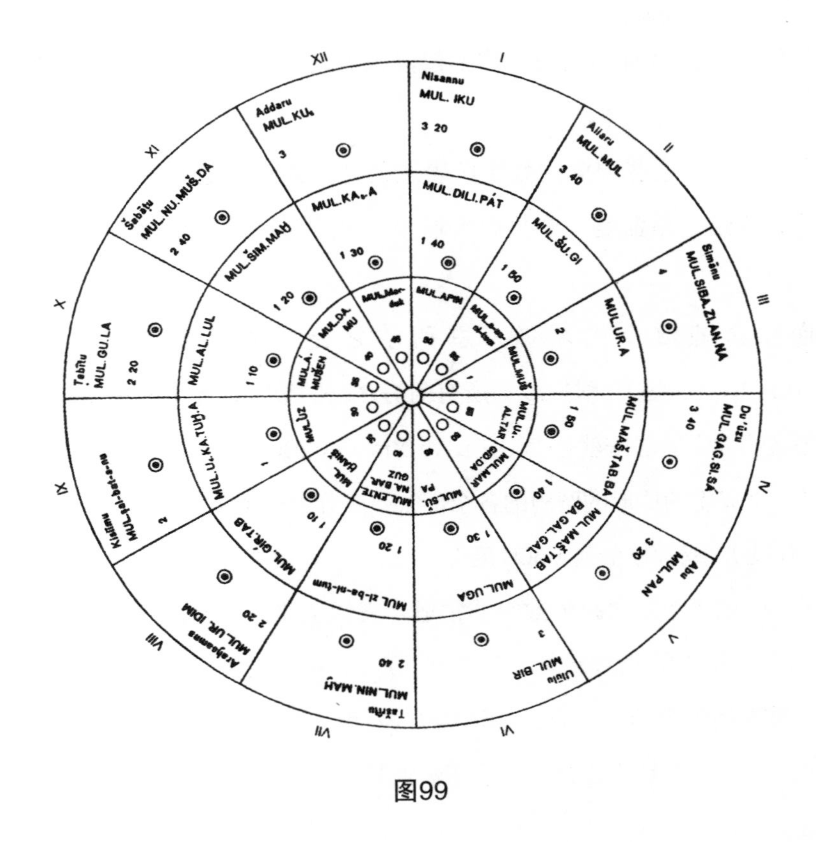

图99

（写作“1”）到 120（六十进位中写作“2”，意思是 2×60=120）；而在最外面的圆内，是从 120 到 240。这些数字是想表达什么？

在平切斯报告之后的近 50 年，O. 纽格伯尔在其作品《古代天文史：疑问和解答》中，也只能说“这整个文稿组成了某种图解式的天体图……在这 36 个部分的任意一个中，我们都能找到一个星系的名字和一个简单数字，不过数字的意思还不太清楚”。这个项目的另一位领导专家 B.L. 范德瓦尔登，则在其著作《巴比伦天文学：三十六星体》中，描述了这些数字在一些节奏上有较为明显的升降，而这只能表明“这些数字是与白昼的持续时间有关的”。

这是个可以解决的问题，我们相信，只要我们丢掉美索不达米亚人相信平板地球的这个观念，并认识到他们的天文学知识与我们的一样好——

倒不是因为他们有着和我们一样的仪器，而是因为他们知识的来源是纳菲力姆。

我们认为，这些难解的数字所表达的是天弧的度数。以北极开始作为起始点，而这个星盘是一个平面天球图，也就是说，是用一个平面来表示球体。

随着这些数字的增减，恩利尔之路的数字（如 Nisannu-50，Tashritu-40）加起来就是 90；所有阿努之路的数字加起来则是 180；而那些艾之路的数字加起来就是 360（比如 Nisannu200，Tashritu160）。它们表示的是一个完整的球形的圆周的各个部分：四分之一个圆周（90 度），半个圆周（180 度），或者整个圆（360 度）。

这些标记恩利尔之路的数字非常适合表示从北极开始，然后一直延续至 60 度的苏美尔人的北部天空，在赤道下方 30 度与阿努之路分界。阿努之路到赤道两侧是等距的，一直到赤道南方 30 度。接着，更南边以及从北极算起最远的地方，就是艾之路——从南极点开始 30 度的天球和地球的部分（见图 100）。

艾之路里面的数字在阿达加（Addaru，相当于我们的二月中旬到三月中旬）和乌鲁鲁（Ululu，相当于我们的八月中旬到九月中旬）里加起来等于 180 度。这是唯一一个从北极延续 180 度的点，无论你是往西南方还是东南方走，都是朝着南极方向。

岁差现象是由地球地轴的不稳定造成的，这导致地轴的北端（指向北极星的地方）和南端在天空中画出一个壮丽的大圈。地球相对于星系的明显减速在一年的合计是大约 55 秒（表示弧度），或者是每 72 年一度。由此得出这个大圈——它将地轴的北端再次指向同一颗北极星——一圈要持续 25920 年（72×360），这就是天文学家所说的大年或者柏拉图年——因为很明显，柏拉图曾意识到这种现象。

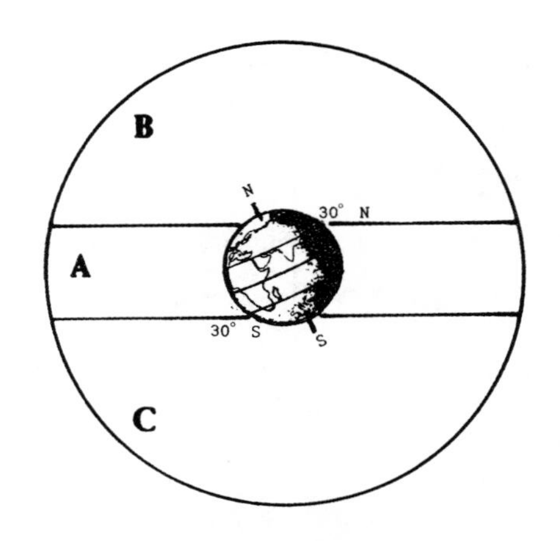

A. 阿努之路，太阳、行星和黄道带星系的天带

B. 恩利尔之路，北部天空

C. 艾之路，南部天空

图100

在古老的年代，各种星星的升起和降落被认为是有着重大意义的，而且春分（带来新的一年）的精确测量，与黄道宫中所发生的天文现象有着较大的关联。由于岁差的存在，春分和其他天文现象，被一年一年地延迟，最终会在2160年之后到达下一个黄道宫的重临。我们的天文学家继续使用着“零点”（白羊座的起点），它代表大约公元前900年的春分，但现在，这个点已经被切换到了双鱼座。大约在公元2100年的春分点，又将进入宝瓶座。这就是为什么有些人说，我们正在进入宝瓶座时代（见图101）。

因为从一个星宫到另一个星宫的切换需要超过2000年，学者们想知道希帕恰斯是怎样或从何处学来这些知识的，而那时还是公元前2世纪。现在已经清楚了，他的知识源头是苏美尔。朗盾教授的发现显示出，尼普尔历是在大约公元前4400年建立的，那时是金牛座时代，这反映出，岁差以及黄道带星宫

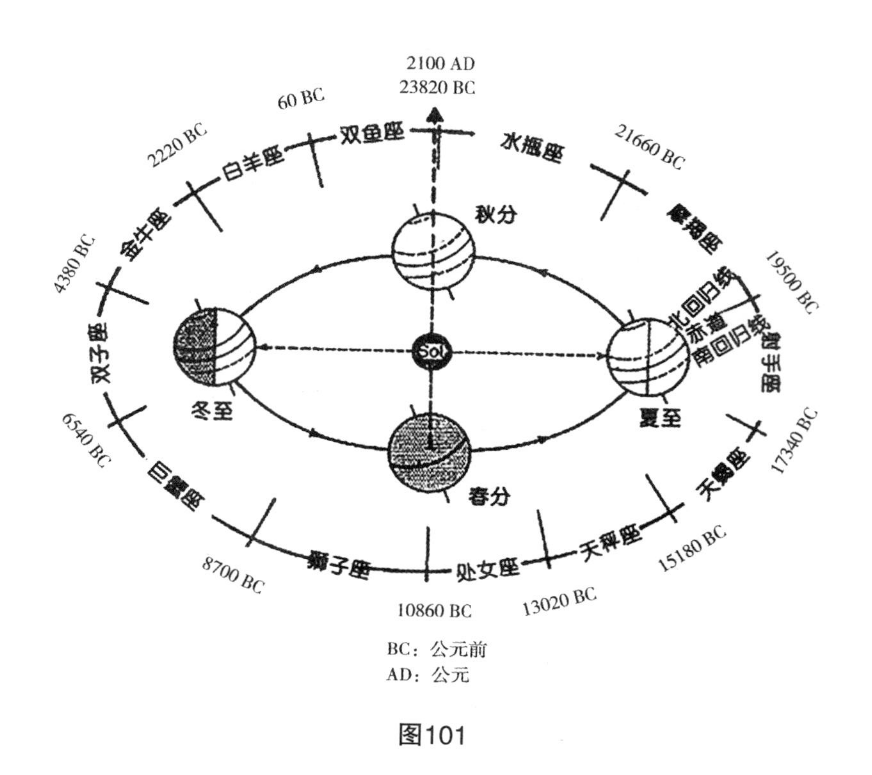

图101

切换要花上2160年时间的知识早已掌握了。将美索不达米亚天文文献与赫梯天文文献进行对比的耶利米亚教授，同样告诉我们，更古老的天文文献记录了从金牛宫到白羊宫的转换；并且他还指出，美索不达米亚的天文学家预测到了从白羊宫到双鱼宫的转换。

在看过这些结论后，威利·哈尔特勒教授在《近东，最早的星座史》中提出，苏美尔人留下了大量的图画证明这些现象。当春分点还在金牛宫的时候，苏美尔的至点还在狮子宫。哈尔特勒注意到，在苏美尔的描绘中，从最早的时候开始就有着周期性的“牛狮之争”，并认为这种斗争表现了公元前4000年的观测者从北纬30度（比如乌尔）所看到的金牛座和狮子座的关系（见图102）。

大多数学者认为，苏美尔人将金牛座视为其第一个星座，不仅是因为黄道带的古老证据——可以回溯至公元前4000年，同时还可以证明的是，苏美尔

图102

文明的建立是多么突然。耶利米亚教授在《古老东方之光下的 < 旧约 >》一书中，说他发现了一些证据，显示苏美尔的“零点”刚好是在金牛宫和双子宫之间；通过这一点和其他一些档案，他指出黄道带这个概念是在双子宫时代设计出来的，然而那时苏美尔文明压根没有开始。存放于柏林博物馆的一个苏美尔的碑刻（VAT.7847），是从狮子座开始交代黄道十二宫的——它带我们回到了公元前 11000 年，那时的人类刚刚开始耕种。

H.V. 希尔普雷奇特走得更远。通过研究几千个带有数表的文献，他在《宾夕法尼亚大学的巴比伦探险考察》中指出：“所有来自尼普尔和西巴尔图书馆的乘除法文献，以及所有亚述巴尼波图书馆（在尼尼微）的文献都是基于（数字）12960000 的。”在分析这个数字及它所代表的意义之后，他再次指出它只可能与岁差现象有关，并且苏美尔人知道 25920 年，一个周期的大年。

这绝对算是一种幻想，一种在不可能的时代的天文幻想。

正如有证据显示，苏美尔天文学家掌握了他们不可能通过自身而掌握的知识一样，这里有证据证明，他们拥有的大量知识，事实上都对他们没有实际作用。

这不仅与被使用的那套相当成熟的天文方法有关——在古代苏美尔哪个人又真正需要去建立一个天体赤道，谁能举个例子出来？还与各种测量各星体之间距离的复杂文献有关。

其中有这样的文献，被称作 AO.6478，列出了 26 个主星，它们都是可以在今天我们所说的北回归线上清晰地看到的。文献中用三种不同的方法测量出了他们之间的距离。首先是用一个被叫作 mana shukultu 的单位（意为“测量和称量”）给出的。我们相信这是一个聪明的构想，它将流失的水的重量与时间的推移联系起来。它让用时间来测算两星之间的距离成为可能。

第二种方法是由天弧的度数得来的。一整天（白昼和黑夜）被分为两个 12 小时，整个天弧包括了 360 度。因此，一个“贝鲁”或者“两个小时”代表着 30 度的天弧。用这种方法，地球上时间的推移完成了指定天体间距离的测量。

第三种测量方法是 beru ina shame（意为“天之长”）。F. 塔里奥－但基教授在《星之距离》中指出，前两种方法都是依靠其他现象才能得以实现，第三种方法则是直接的测量。他和其他一些人都相信，一个“天上的贝鲁”，相当于 10692 个我们现在所使用的米（11693 码）。由此，26 个主星之间的“天距”在文献中被计算了出来，加起来是 655200 个“贝鲁”。

这三种测量星体之间距离的方法的实用性，表现出了这类事物的重要性。然而，生活在苏美尔的男女老少到底又是谁需要这样的知识，而且他们中的谁又能发明出这样的方法并实际使用它们？唯一的答案是：这是纳菲力姆的知识，只有他们需要如此精确的测量。

具有宇宙旅行的能力，从另一个星球到达地球，在地球上空漫游——他们是唯一能够在人类文明还需要数千年发展的曙光时期掌握这类知识的物种，是他们拥有如此成熟的数学与天文学的概念和方法，而且他们需要教导人类的文士如何抄写和记录这些天文信息，例如星星之间的距离，星系、天体的升降和秩序，天文历法，以及其他那些精确得不现实的天地知识。

有着这样的背景，美索不达米亚的天文学家们在纳菲力姆的带领下，甚至还没有意识到土星之后的行星——他们并不知道天王星、海王星和冥王星。他们对于太阳系——地球的家园的知识，还不如他们对星星之间的距离以及它们的排列秩序的知识。

上百个被详细记录古代天文信息的文献列出的天体，按照它们的秩序——或者神祇，或者月份，或者土地，或者所属星系——整齐地排列着。有一个这样的文献，经过《巴比伦天文手册》的作者恩斯特·F. 威德纳分析，被认为是“大星表”。上面有 5 列有 10 位数的天体，并被相互联系起来，涉及月份、国家和神祇。另一个文献列出了正确的黄道十二宫里的主要星体。一个被编入索引的 B.M.86378 文献在它已较为破损的部分，按照它们在天上的位置排列出了 71 个天体；此外，还有很多很多很多。

确实，苏美尔人和他们的继承人知道，我们的星系是日心星系，太阳是主宰，而地球只是普通行星；此外，他们也知道在土星后面还有更多的行星。

同时，苏美尔人也把所有的天体（行星、恒星或者星系）都称为 MUL（意为“在高处闪耀”）。阿卡德词语 kakkab 也代表任何天体。但有一些 MUL 被表述成 LU.BAD，以便很明确地指出是我们星系的行星。

得知希腊人称这些行星为“漫游者”，一些学者们将 LU.BAD 理解成“漫游的羊”，由 LU（意为“他们是牧羊人”）和 BAD（意为“高远”）派生出来。但事实上，BAD 的另一意思是“古老的”“基础”或“归宿”。

这很适合描述太阳，而且在那之后就是 LU.BAD，不是“漫游的羊”，而是被太阳放牧的“羊”——太阳之下的我们的行星。

这些 LU.BAD 的位置和它们之间及与太阳的关系，在很多美索不达米亚天文文献中都有描述。它们有些“在上面”，有些“在下面”，库格勒猜对了，其参照点就是地球自身。

只是大多数情况下，这些行星都是在讲述 MUL.MUL——这是一个让学者们不停猜测的词——的文献中才提到。由于没有更好的解决方法，多数学者已经同意 MUL.MUL 代表着昴宿星团，金牛座中的星群，在大约公元前 2200 年的时候穿过春分线（对巴比伦而言）。美索不达米亚的文献常常提到 MUL.

MUL包含了7个LU.MASH（意为“近亲漫游者”），学者们由此推断它们是昴宿星团中最亮的7颗星星，用肉眼就能看见。事实上，基于分类的原则，这组星体中要么有6个，要么有9个亮星，反正不是7个，这是个问题；但是这一点被忽略了，因为除此之外没有什么更好的想法能解释MUL.MUL的含义了。

法兰兹·X.库格勒很不情愿地接受了昴宿星团这个说法，但是，当他发现美索不达米亚文献中较为模糊地表达了MUL.MUL不仅包含“漫游者（行星）”，还包含了太阳和月亮之后——完全可以推翻昴宿星团的说法，他感到相当惊讶。同样，他还见到了一个很清晰的表述：“MUL.MUL UL-SHU 12”——意思非常明显：MUL.MUL是一个“十二地带”。

我们建议将MUL.MUL这个词看作星系，用重复的词（MUL.MUL）来表达这个全面的、“包含了所有天体的天体”。查尔斯·维洛列伍德在《迦勒底占星学》中翻译了一部美索不达米亚文献（索引号K.3558），上面描述了MUL.MUL或者kakkabu/kakkabu的成员。文献的最后一句说得相当明确：

> Kakkabu/kakkabu
>
> 它的天体数为12。
>
> 它的天体量是12。
>
> 月亮的月份一共有12个。

这个文献毫无疑问地表明：MUL.MUL——我们的星系是由12个成员所构成。也许我们不该为这一点感到惊讶，因为希腊学者迪奥多罗斯·塞库鲁斯在解释迦勒底的这三条“路”以及随之而来的36个天体的时候，陈述道：“在这些天神中，有12个占主要地位；对每一个，迦勒底人都为其标注了一个月和黄道带上的一个符号。”

恩斯特·威德纳的研究显示，除了阿努之路和它的黄道十二宫，在一些文献中还提到了“日之路”，同样也是由 12 个天体所构成：太阳、月亮和 10 个其他星体。在所谓的 TE- 碑刻的第二十行上有这样的陈述：“naphar 12 shere-mesh ha.la sha kakkab.lu sha Sin u Shamash ina libbi ittiqu。”意思是：“总的来说，十二个成员在太阳和月亮的所属地，那里行星围绕。”

我们现在可以抓住在古代世界中 12 的重大意义了。苏美尔大神圈，以及在那之后奥林匹亚十二主神，都是由刚好 12 个构成的；年轻神祇只有在老神退休之后才能晋级到十二神之中。同样地，这个神圣数字 12 的空白必须被填上。与之相对的，一年有 12 个月，一天有两次 12 个小时。苏美尔的每一项设计和发明都参照了 12 个天体，以此来保证好运。

许多研究，例如 S. 朗盾的《巴比伦月历和闪族历法》就显示出，从一开始的时候，将一年设计为 12 个月就与十二大神有关系。在他之后，弗里兹·霍米尔和其他人证明这 12 个月与黄道十二宫有着紧密联系，而且他们都是源于那 12 个主要天体。查尔斯 · F. 简则在《苏美尔词汇学》中重制了一个苏美尔的 24 天体表，将黄道十二宫与我们星系的 12 个成员进行配对。

一个长篇文献，由 F · 塔里奥 - 但基鉴别为是巴比伦的新年庆的寺庙活动过程。对大神庙而言，如埃萨吉拉，有 12 个大门。通过连续背诵 12 次“我的主，你是我的主”，所有天神的力量将在马杜克被授予，神的仁慈将被祈求 12 次，他伴侣的仁慈也将被祈求 12 次。这总共是 24 下，刚好契合黄道十二宫和我们星系的天体。

一块由苏萨国王刻下天体符号的界石，描绘出了 24 个符号：有 12 个像黄道带，还有 12 个代表我们星系成员。它们是美索不达米亚的 12 个星形神，和哈兰、赫梯、希腊以及所有其他古代神话中的一样（见图 103）。

虽然我们的自然数的基础是数字 10，但数字 12 渗透到了苏美尔消失很久以后的各类天文和神圣的事物中。希腊有 12 个泰坦，以色列有 12 个部落，以色列的大祭司魔法般的护甲有 12 个部分。数字 12 还存在于耶稣的 12 个门

图103

徒，甚至我们在十进制的数中从 1 数到 12（英语中 1 至 12 的单词是完全没有重复的，而 13 开始则是由两个数字单词组合而成），仅在 12 之后我们才变成了“10 和 3（ten and three，组成 thirteen）”，“10 和 4（ten and four，组成 fourteen）”，以此类推。

这个具有如此力量的数字从何而来？是从上天。

因为这个星系——MUL.MUL 包括的，除了我们现在已知的，还有阿努之星，它的符号——一个发光的天体在苏美尔文献中代表着阿努和“神圣”。“至高权杖之星是 MUL.MUL 里的一只羊”。当马杜克篡夺了阿努的王位，成为这颗星的主人之后，巴比伦人说道：“MUL.MUL 中出现了马杜克之星。”

纳菲力姆在教导人类认识真正的地球和宇宙时，向古代的天文学家和祭司们传授的知识，不仅涉及土星之前的行星，还涉及他们那颗最重要的行星，也就是纳菲力姆的家：

第十二个天体。

第七章

创世史诗

在大多数已发现的古代圆柱图章上，都有代表特定天体——我们星系中的行星的符号。公元前第三个千年的一个阿卡德图章，现存放于柏林国家博物馆，索引号为 VA/243，它并不是像通常那样一个个地描绘它们，而是 11 个天球为一组，环绕在一个大的发光星体周围。很明显，这是在描绘苏美尔人眼中的星系：它由 12 个天体组成（见图 104）。

图 104

我们通常在这样一个平面上来描述我们的星系：一条从太阳拉出来的线，线上依次排列着行星。但是如果我们在一个圆内，而不是一条线上来描绘我们的行星（第一个是水星，接着是金星，然后是地球，以此类推），那么绘出来的图就如下所示（见图 105）：

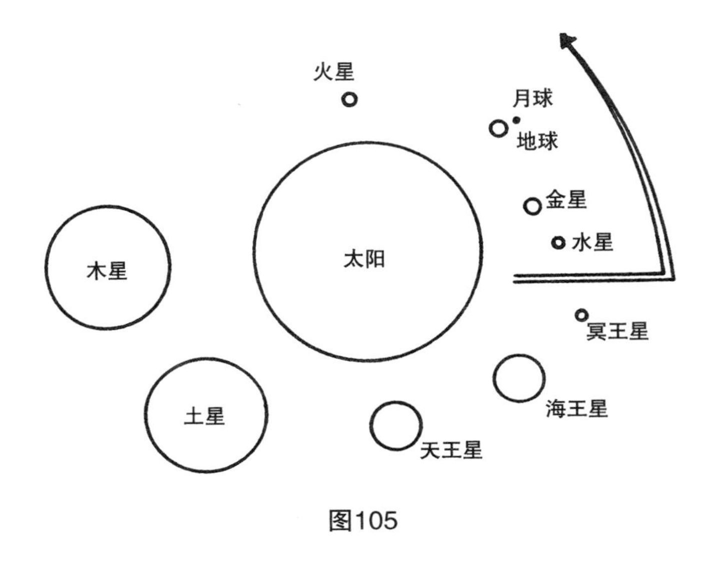

图105

如果再看一眼描绘在 VA/243 上的星系放大图，我们可以看见一些“小圆球”围绕着一颗大星，而它们的大小比例和它们的秩序，刚好与我们现在这个星系吻合：水星后面跟着大一号的金星，地球和金星一样大，被月球围绕着。按照这样的顺序下去，火星也是刚好比地球小但又比月球或水星大（见图 106）。

但接下来，古代描绘中出现了一颗我们都不知道的星球——很明显比地球大，但是又比木星和土星小。它靠在木星旁边。更远的地方，另一对行星很完美地与我们的天王星和海王星匹配。最后，最小的冥王星也在这里，但不是现在我们所看到的地方（海王星之后）；它是出现在土星和天王星之间的。

苏美尔人把月球也算成一个平等的天体，他们的描绘中出现了我们现在已

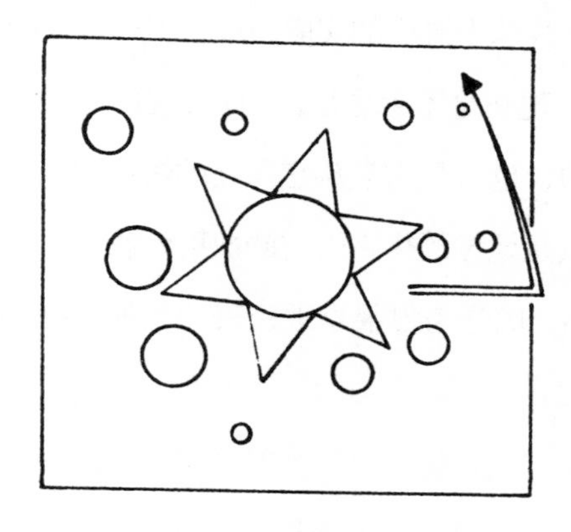

图106

知的所有行星。除了冥王星，它们都有着正确的秩序，而且还有着正确的大小。

4500 年前的这幅图画同时还提示我们，在火星和木星之间，有着另一个大行星。它其实就是我们之前一直提到的第十二个天体：纳菲力姆的家园。

如果这幅苏美尔天体图是在两个世纪前发现的，天文学家们会认为苏美尔人简直就是无知的，竟然在土星之后还幻想出如此多的虚假行星。然而现在，我们知道已经有天王星、海王星和冥王星的出现了。那么苏美尔人是否又在幻想，还是他们确实在纳菲力姆的教导下，得知月球在这个星系中也有自己的一席之地，冥王星实际上是靠近土星的，并且，在火星和木星之间有着第十二个天体?

旧观点认为，月亮除了是“一个结冰的高尔夫球”之外什么也不是，这种观点一直持续到美国的阿波罗登月计划才彻底被抛弃。最不错的猜测是，月亮是从地球分离出来的一大块，那时的地球还处于熔炉般的状态。月亮受到数以百万计的陨石的影响，于是在表面有了很多环形山。由此它成了一个无生命无历史并永远跟随地球的卫星。

无人卫星进行的观测将这样的旧观点带入了新问题。现在已经可以确定的是，构成月球的化学物质和矿物质与地球有着很大的不同，这直接冲击了“分裂”说。美国宇航员在月球上进行的实验，以及对带回地球的月球土壤和岩石样本的研究分析表明，现在是不毛之地的月球，曾经却是“生命行星”。像地球一样，它也是分层的，也就是它是从它自己的熔岩内核开始凝固的。像地球一样，它也产生热，只是地球的热来自它的放射性物质，在地球内部极大的压力下“烹炒”；而月热，则是来自很靠近月表的放射性物质层。那么，是什么将它们“翻”到了如此靠近月球表面的位置?

月球的力场是不规则的，仿佛有很大的重物（比如铁）并没有沉到它的核心，而是在胡乱分布。我们想问，这是怎么形成的，为什么要这样？有证据显示，月球上的古岩石是带磁性的。也有证据表明，月球的磁场改变甚至反转了。它是在一些不为人知的内部过程之后，或是在一些暂时无法确定的外部影响之后改变的吗?

阿波罗 16 号的宇航员在月球上发现的角砾岩是曾经被粉碎后的实心固态岩，而后来却在突然的极度高温中又被焊接在了一起。这些岩石是在什么时候，又是怎样被粉碎的，又是如何重焊的？月球上其他的表面物质富含稀有的放射性钾和磷，而在地球上，此类物质都是深藏地下的。

将这些发现放在一起，科学家们现在肯定，月球和地球是在大约同一时间由相近化学物质构成的，有着各自的发展和进化。美国航空航天局的科学家的观点是，月球在它开始的前五亿年属于“正常”发展期。他们说：最大变动期是在 40 亿年前，当时有着庞然如大城市甚至国家大小的陨石冲击月球，由此形成了巨大的环形山。这些碰撞留下来的放射性物质开始在地表之下发热，融化了大量地表，熔岩也像海一样在地表蔓延。阿波罗 15 号在环形山附近发现了一个岩滑堆，它比地球上任何岩滑堆都至少大上六倍。阿波罗 16 号发现，创造甘露海的那次撞击的碎片散布到了 1000 英里以外的地方。阿波罗 17 号降落在一个悬崖附近，而这个悬崖要比地球上任何一个悬崖高上八倍，也就是说，月球曾发生过比地球上任何一次地震都强上八倍的地震。

这次宇宙大事件引起的变动一直持续了8亿年，以至于32亿年之前，月球才最终有了冰冻的表面。

苏美尔人很正确地给予了月球一个正常行星的地位。他们留下了大量文献，解释并描述了这次让NASA专家们关心的宇宙灾难。

冥王星曾被称作“谜”。因为它围绕太阳的轨道不只是像其他行星那样略微偏离一个完美的圆圈，而是很明显地被拉长成了椭圆；当其他行星只是或多或少地偏离轨道的时候，冥王星却偏离了17度，这是相当巨大的数字。因为这个很不正常的轨道现象，冥王星是唯一一个切过其他行星——海王星——轨道的行星。

论大小，冥王星的确只是“卫星”级：它的直径（3600英里）不比海卫一（海王星的一颗卫星或者是土卫六（土星的十个卫星之一），大多少。有着这样的特点，它的“不称职”被认为有可能是因为它一开始只是一颗卫星，由于某种原因脱离了主星，并开始了自己的行星生涯。这种可能即将得到证明，我们马上就能看到苏美尔文献的相关记录。

现在，我们对太初宇宙事件的追寻到达了高潮：关于第十二个天体的存在。令人吃惊的是，我们的天文学家也发现了这样一颗星球的确曾存在于火星和木星之间。

18世纪末，在海王星都还没有发现的时候，一些天文学家发表了这样的演说：“这些行星按照某种既定规律排列在与太阳相隔某段距离的地方。”这种规律后来被称为波德定律，它让天文学家们相信，有一颗行星应该在一个至今都没有发现有行星存在的地方旋转着，而这个地方，刚好是在火星与木星之间的轨道上。

在这些数字上的计算刺激下，天文学家们开始在这片区域中搜寻这颗“迷失的星球”。在19世纪的第一天，意大利天文学家朱塞佩·皮安琪在这块区域发现了一颗非常小的行星，他叫它谷神星。直到1804年，在此区域发现的小行星已经有了四颗；而到目前为止，已经发现有将近 3000 颗小行星围绕着太阳，这个轨道被称为小行星带。还需要怀疑吗，这无疑就是一颗被粉碎以后的行星。俄罗斯天文学家们称其为战车。

天文学家们在肯定这颗行星的存在时，却无法解释它的消失。它自爆了吗？如果这样的话，行星碎片应该是四散开来，而不是停留在一个小行星带里。如果是一次撞击摧毁了这颗行星，那么谁才是“肇事”行星呢？它也碎了吗？然而如果把那些围绕太阳飘浮的残骸加起来，甚至还不足以称其为一颗行星，别提两个了。同样地，如果火木之间的小行星带包含着两颗行星，它们就应该分别保留着两颗行星的公转方式。但所有的小行星只有一种公转方式，这暗示着它们来自同一颗天体。那么，这颗行星是怎样粉碎的呢，是谁粉碎了它？

古人给了我们这些问题的答案。

※

大约一个世纪以前，出土于美索不达米亚的文献被解读，让我们突然领会到，美索不达米亚的文献不仅是与《圣经》内容对应，甚至比《圣经》还早。艾伯赫・施拉得于 1872 年写下的《楔形文字与 < 旧约 >》一书，开启了持续半个世纪的相关书籍、文章、演讲和辩论的雪崩。

是否有一个纽带，在某个很早的时候，连接着巴比伦和《圣经》？各个头条标题都很有煽动性地写着：babel und bibel（法语：巴比伦和圣经）。

亨利・莱亚德在尼尼微的亚述巴尼波图书馆发现了众多文献，其中一个所讲述的创始神话就像《圣经・创世记》里讲述的一样。这个破损的碑刻，是由乔治・史密斯首次拼装成功，并在 1876 年通过其著作《迦勒底创世记》公之于世的。该书证据确凿地指出，的确有这么一个阿卡德文献，用古巴比伦方言书写，讲述了一个单独的神是如何创造天地万物甚至人类的。

到现在都有无数个研究正在对比美索不达米亚文献和《圣经》故事的异同。巴比伦神的工作，如果不是在六“天”之内完成的，就是记录在六个碑刻上的。与《圣经》中上帝第七天休息并玩耍自己的手工艺品相同的是，美索不达米亚史诗中用第七个碑刻写下巴比伦神的兴奋和他的功绩。极为恰当地，L.W.金将之命名为《创世七碑刻》。

现在，它被称为《创世史诗》。这部文献因为它著名的引子——伊奴玛·伊立什（Enuma Elish，意为“在处于顶点时”）而在古代流传甚广。《圣经》的创世神话是从创造天地开始的，美索不达米亚的故事则是一段真实的宇宙进化史，讲述的是很久之前的事件，带领我们回到时间的开始：

在处于顶点之时，天堂还没有命名
在那之下，结实的大地还没有名字

史诗告诉我们，在那之后这两个太初天体生下了一系列的“天神”。随着天体数量的激增，它们制造出很大的噪声和骚乱，打扰了太初之父。他忠诚的信使劝说他好好考虑一下惩罚这些年轻的神，但是他们联合起来，抢夺了他的创造力。太初之母试图报仇。一个领导造反的神向众天神提出了一个建议：让他的小儿子加入众神集会，并给他至高权力，好让他去单独迎战那只由他们的母亲变成的“怪兽”。

在接受了权威之后，这位年轻的神——巴比伦的马杜克面对这只怪兽，在一次激烈的战斗之后把她切成了两半。用她的一半做成天，一半做成地。

接着他宣布了天国的固定秩序，为每个神都定下了固定的位置。在地球上，他创造了高山、海洋与河流，建立了季节和植被，并创造了人。他往返于天国与巴比伦，以及修建在地球上的塔庙之间。神和人都被指派了工作与任务，还有需要遵守的礼仪。众神于是承认马杜克是最高之神，献给他“五十个名字”。

随着更多的碑刻和碎片被发现和翻译，我们可以证明，这段文字不是一个单一的文学作品：它是巴比伦最神圣的宗教历史史诗，它的一部分在新年礼中作为诵读的内容。为了宣称马杜克的至高无上，巴比伦将他当成创世神话中的英雄。然而，也并非一直如此。有足够的证据表明，巴比伦版本的史诗是早期苏美尔版本（关于阿努、恩利尔和尼努尔塔等英雄）的政教合一的伪版。

然而，无论在这些天神的戏剧中演员叫什么名字，这些神话的确是和苏美尔文明一样古老。大部分学者将之看成是哲学作品——神与邪恶之间永恒斗争的最早版本，或者是关于自然界冬天、夏天，日出、日落，生死循环的古老寓言。

那么，我们为什么不能承认这些神话看其本身的价值，比如，认为它们确实是在陈述苏美尔已知的宇宙现象，如同纳菲力姆告诉他们的那样？抱着这样一种勇敢而新奇的看法，我们发现，《创世史诗》很完美地解释了我们星系中可能发生过的事情。

《伊奴玛·伊立什》的第一幕上演在太初宇宙。而那些演员们则既是创造者又是被创造者：

> 在处于顶点之时，天堂还没有命名，
> 在那之下，结实的大地还没有名字；
> 一切皆无，而最初的阿普苏，它们的创造者，
> 穆木和提亚马特——她生下了它们所有；
> 他们的水混合在一起。
> 水里没有芦苇，没有沼泽。
> 众神之中，没有谁出现，

万物没有名字，没有既定之命运；

接着就是这样，在它们之间，有了神。

用芦苇笔在这第一块泥板上的草草几笔——九个短行，这位古代诗人兼年代记录者设法让我们坐在剧院的前排正中，然后他勇敢且戏剧性地拉开了有史以来最伟大壮丽的一幕：我们星系的诞生。

在广阔空间中，"诸神"——行星们出现了，有了名字，有了自己的既定"命运"——轨道。只有三个"真神"存在："最初的阿普苏"（意为"从一开始就存在"）、穆木（意为"出生者"）和提亚马特（意为"生命处女"）。阿普苏和提亚马特的"水"混合在一起，文献里讲得很清楚了，这不是长着芦苇的水，而是原始水域，宇宙最基础的生命摇篮。

阿普苏，是太阳，"从开始就存在"。

与之最近的是穆木。史诗中的故事在之后讲得很清楚，穆木是阿普苏最信任的助手和使者：对水星的很好的形容，一颗迅速地围绕着主人的小巧行星。事实上，这也是古希腊和罗马人对于水星神的观点：神的快递员。

稍远一些的提亚马特，他就是后来被马杜克切了的"怪物"——"消失的星球"。但是在太初之时，她是第一个圣三位一体的处女母亲。她和阿普苏之间的空间并不是白白地空出来的，它填充着阿普苏和提亚马特的原始力。这些"水""混合"了，一对天神——行星出现在了阿普苏和提亚马特之间。

他们的水混合在了一起

……在它们之间，有了神：

神拉赫姆和神拉哈姆出现了；

因为他们有这样的名字。

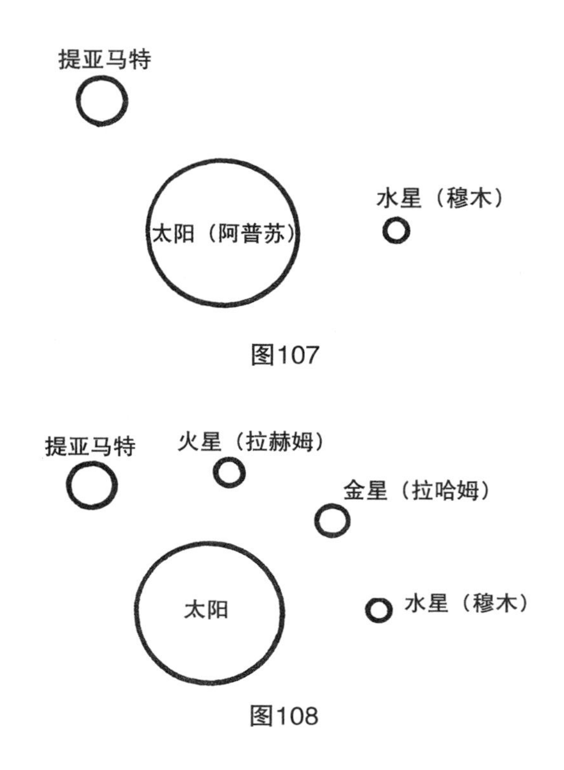

图107

图108

从字源学上讲，这两颗行星的名字是起源于 LHM（意为“制造战争”）的。古代传统告诉我们火星是战神，而金星既是爱神又是战神。拉赫姆和拉哈姆的确分别是一男一女的名字；史诗中这两位神和火星、金星的身份特点，不仅从字源学和神学上，也从天文学上得到了证实：作为“迷失的行星”，提亚马特是在火星后面的。火星和金星确实应该出现在太阳“阿普苏”和“提亚马特”之间。我们在苏美尔天体图的帮助下说明这个问题（见图 107 和图 108）。

星系的形成过程继续着。拉赫姆和拉哈姆——火星和金星——出现了，然而：

在他们成长完之前

也是指定个子大小的时候——

神安莎和神基莎形成了，
（大小上）超过了他们。
日复一日年复一年，
神阿努成为他们的儿子——
是他祖先的竞争对手。
接着安莎的第一个孩子，阿努，
以他自己的地位，
自己的形象生下了努迪穆德。

《创世史诗》的第一幕只讲述了一个简单的故事，就在我们眼前演出完毕。我们被告知，火星和金星只长到了一个有限的大小；然而在它们还没有完全形成的时候，另一对行星形成了。这是两颗壮观的星球，像它们的名字一样——安莎的意思是“王子，天国最重要的”，而基莎则是“结实大地上最重要的”。显然，它们的大小超越了第一对。这些描述、用词和位置很容易让人看出，它们就是土星和木星（见图 109）。

又过了一段时间（“年复一年”），第三对行星出现了。先出现的是阿努，

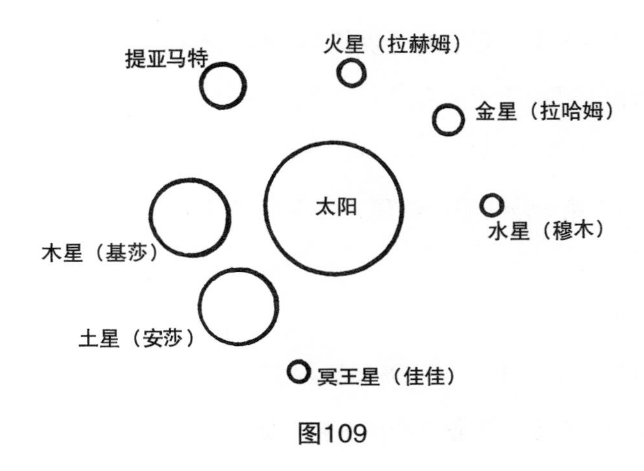

图109

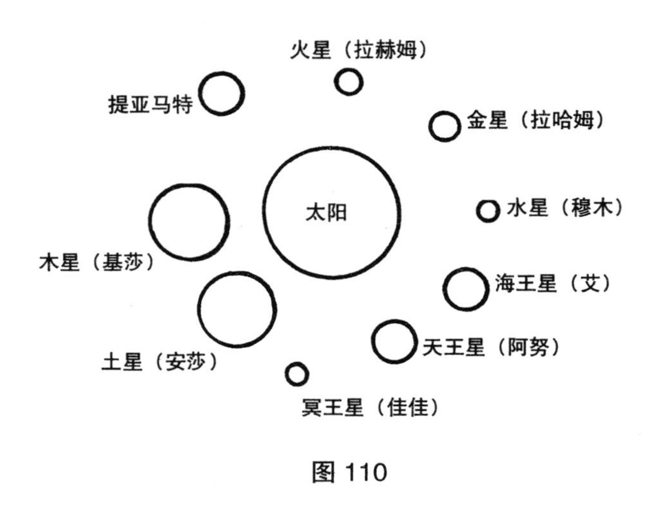

图 110

比安莎和基莎都小（“成为他们的儿子”），但比第一对大（“是他祖先的竞争对手”）。之后阿努又生了一对双行星，“以他自己的地位，自己的形象”。巴比伦人称这颗星为努迪穆德，也就是恩基/艾的另一种写法。再一次，它的大小和位置让我们知道了它们在我们星系中的身份：天王星和海王星。

然而，在这些行星的外层还有一颗行星，也就是我们所称的冥王星。《创世史诗》中已经讲述了阿努是“安莎的第一个孩子”，暗示着安莎/土星还有另一个孩子。史诗后来提到了这个孩子，它陈述道：安莎将他的信使佳佳派往其他行星进行大量任务。而佳佳的作用和个子，与阿普苏的信使穆木差不多；这让人联想到水星和冥王星之间的诸多相同点。佳佳，就是冥王星。但是苏美尔的天体图并没有将冥王星放在海王星之后，而是在土星一旁，作为他的“信使”，或者卫星（见图 110）。

《创世史诗》第一场走到了结尾，这里有了一个由九个行星和一个太阳组成的星系：

> 太阳——阿普苏，“从一开始就存在”。
>
> 水星——穆木，阿普苏的助手和信使。

金星——拉哈姆，“战争之女”。

火星——拉赫姆，“战神”。

——提亚马特，“给予生命的处女”。

木星——基莎，“结实大地上最重要的”。

土星——安莎，“天国最重要的”。

冥王星——佳佳，安莎的助手和信使。

天王星——阿努，“天国的他”。

海王星——努迪穆德（艾/恩基），“灵巧的创造者”。

地球和月球跑哪儿去了？它们也被创造了，在之后的一次宇宙碰撞中。在这场壮丽的讲述行星诞生的戏剧的最后，《创世史诗》的作者拉开了第二场的帷幕：天乱。新出现的行星一点也不稳定。行星们相互牵引着，它们向提亚马特涌去，扰乱并危及了她的安全。

神兄弟们聚在一起，

他们来回涌动打扰了提亚马特。

他们在天国家园里做的傻事，

困扰着提亚马特的“腹部”。

阿普苏听不下去他们的喧闹；

提亚马特对他们无语了。

他们的所为令人厌恶……

惹麻烦是他们走的路。

我们可以从中看出，不稳定、不规则的是那些行星的轨道。新行星“来回涌动”；它们跟对方靠得太近了（“聚在一起”）；它们干扰了提亚马特的轨道；

它们离她的“腹部”太近了；他们“走的路”会惹麻烦。虽然提亚马特才最危险，但同样阿普苏也发现这些行星的所为“令人厌恶”。他打算“毁掉他们的道路”。他与穆木聚在一起，和他秘密商谈。但是“他们所密谋的”被其他神无意间听到了，这个要毁掉他们的决定让他们气得说不出话。唯一一个没有失去理智的是艾。他想出了一个花招，“将睡意倒向阿普苏”。当其他天神都支持这个计划的时候，艾“画了一幅可靠的宇宙地图”，并向行星中的太初之水下了咒。

艾（海王星）——当它在围绕太阳并包围其他所有行星旋转的时候（它是当时最外层的行星）——施放的这个咒或者力是什么呢？它自身的绕日轨道影响了太阳的引力并由此导致它的辐射外流？或者是海王星自己，在被创造时放出某种大量的能量射线？无论这种影响是什么，史诗将其比喻为“将睡意倒向”—— 一种平静的影响——“阿普苏”（太阳）。甚至“穆木，他的助手，也无力动弹”。

就像是《圣经》中的参孙和黛利拉的故事，被催眠的英雄的力量是很容易被抢夺的。艾相当迅速地抢走了阿普苏的创造力。看上去好像是阻塞了太阳中原始物质的释放，艾/海王星“脱下了阿普苏的王冠，卸下了他的光环斗篷”。阿普苏被“战胜”了。穆木不能再继续漫游了。他被“弹开，甩在了后面”，成了主人身边的一颗缺乏生命力的行星。

在剥夺了太阳的创造力——停止了它释放更多能量和物质创造新行星的过程——之后，诸神为星系带来了短暂的安宁。这次胜利因为改变了阿普苏的意义和位置而有着更深刻的寓意。这个词从此被用于表述“艾的住所”。任何新行星从此之后都只能来自一个新的阿普苏——从“深处”，这颗最外层行星面对的遥远的空间。

这次安宁在被打破之前持续了多久？史诗并没有说。但它在一小段暂停之后继续着，开始了第三场：

在命运之屋里，在宿命之地，

一个神被创造了出来，是众神间最有能力和智慧的；

在深处之心，被创造的是马杜克。

一个新的“天神”——新行星加入了。他在深处被创造，一个遥远的空间，一个带给他运行轨道——行星的“宿命”的地方。他被最外层的行星引入了这个星系：“生下他的是艾（海王星）。”这颗新星看上去是这样的：

他的肖像是美丽的，眨眼都会闪光；

他的步伐如同贵族，自古享有高位……

众神之前他傲然登场，无神能及。

众神之间他傲视群雄，俯瞰世事。

他的成员极其庞大，他是最高的。

来自外层空间，马杜克是一颗新生行星，打着火嗝，还释放着辐射。“当他合唇之时，有烈焰迸发”。

当马杜克靠近其他行星的时候，“他们将他们可怕的闪光放在他的身上”，他闪耀着光芒，“穿上十个神的光环”，他的接近由此让星系中其他行星排放电或是其他物质。可以用这样一句话来表达我们对史诗的解读：有十个天体——太阳和其他九个行星等待着他。

史诗中的故事将我们带上了马杜克的快速旅行。他先是经过了“生下”他的行星——将他拉进星系的艾/海王星。当马杜克靠近海王星的时候，后者的引力强烈地拉扯着他。它让马杜克的轨道变圆，“使之更好地到达目的地”。

在那个时候，马杜克肯定还是很具可塑性的。当它经过艾/海王星的时候，它的引力让马杜克变得膨胀，由此他有了“第二个头”。然而，马杜克的身体没有任何一个部分在这时被扯了下来；但当他接近阿努/天王星的时候，有一大块被扯了下来，由此出现了四个马杜克卫星。“阿努创造并使这四个成型，将他们的力量给了他们的主人”。它们四个被称为“风”，并进入了一个围绕马杜克的快速轨道，“像一股旋风般旋转”。

这个秩序——先是海王星，再是天王星——说明马杜克进入这个星系不是顺着星系中的轨道方向（逆时针），而是反方向进入的，呈顺时针。他继续前进着，这颗迎面而来的行星很快就被巨行星安莎/土星的强大引力和磁场拉扯住，接着又是基莎/木星。他的轨道变得更为向内，进入了这个星系的中央部位，直指提亚马特（见图111）。

马杜克的接近很快就影响到了提亚马特和更里面的行星（火星、金星和水星）。

他制造出溪流，影响着提亚马特；

众神开始不安，像身处暴风之中。

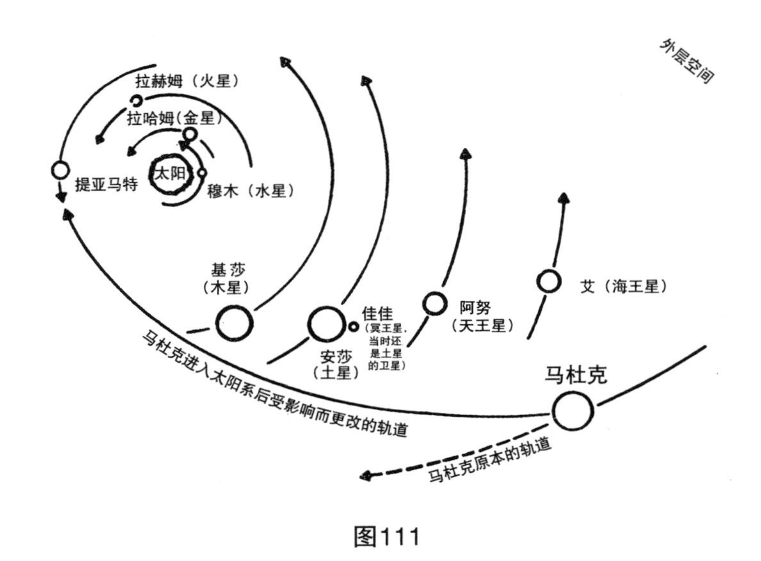

图111

虽然有一部分文献在这里是破损的，我们仍然可以读出这颗接近中的行星“稀释了他们的生命之需……刺痛他们的眼睛”。提亚马特则“踱来踱去忧心如焚”——她的轨道，很显然是受到了影响。

这个不速之客的强烈引力开始撕扯着提亚马特。在她的中心部位出现了 11 个“怪兽”，一群“咆哮着，愤怒的”卫星从她的体内“自行分裂出来”，并“在提亚马特的一侧前行”。为了面对奔跑过来的马杜克，提亚马特“为他们戴上光环”，给了他们神（行星）的外表。

其中一颗卫星在《创世史诗》和美索不达米亚宇宙观中都很重要，是提亚马特最主要的卫星之一，被称为金古，“众神中第一个出生的，参加了她（提亚马特）的会议”：

她提升了金古，
在他们中间她让他变得伟大……
战争的最高指挥权，
她放在了他的手中。

无法与引力抗争，提亚马特的大卫星开始向马杜克移去。金古由此拿到了自己的命运之签——一个属于自己的轨道。这件事严重扰乱了其他行星。是谁给了提亚马特创造新行星的权力？艾问道。他将问题带给了安莎，巨大的土星。

他复述了一遍提亚马特策划的一切：

她举行了一次会议，并大发雷霆
她装备了无与伦比的武器，带着怪兽
她创造出了十一个这样的神祇；
在参与了集会的众神之中，

她提拔出金古，她的长子，让他成为首领

她给了他命运之签，

缠在他的胸上。

再说艾，安莎问他是否可以去杀掉金古。而艾给出的答案却因为碑刻的破损而丢失了；不过很明显艾没有答应安莎，因为接下来的故事中安莎找到了阿努（天王星），询问是否可以“去与提亚马特对抗”。然而阿努“不能面对她而转身离去”。

在这个不安宁的天上，一个冲突出现了；但神一个接一个地退去，没有谁能与暴怒的提亚马特作战吗？

马杜克，在经过海王星和天王星之后，现在解禁了安莎（土星）和他的外环。这给了安莎一个主意：“他力量强大，可以作为我们的复仇者；他在战场上是锋利的：马杜克，是英雄！”进入土星的外环(“他亲吻了安莎的嘴唇”)后，马杜克回答道：

如果，我确实是你们的复仇者

我将战胜提亚马特，拯救你们——

召开会议吧，宣布我宿命中的至高无上！

这种情形有些冒险，不过也很简单：马杜克和他的“宿命”——他围绕太阳的轨道——在所有天神中是至高无上的。接着，佳佳，安莎/土星的卫星也是未来的冥王星从他的旅行中被释放了出来：

安莎张开了他的口，

对着佳佳，他的助手，说：

“走你的路吧，佳佳，
在众神前表明立场，
向他们复述，我对你说的。”

经过了其他神 / 行星，佳佳劝说他们“为马杜克修改自己的法令”。这个决定是预先想好的：众神仅仅是太热切地希望其他人去为他们夺取胜利。“马杜克是君王！”他们大喊着，并劝服他早日动身，“去结束提亚马特的生命！”

第四场由此开幕：天战。

众神已经承认了马杜克的“宿命”；他们的引力现在已经确定了马杜克的轨道，所以他可以走向那场“战斗”——与提亚马特的撞击。

作为一名战士，马杜克为自己装备上了各式武器。他用“烈焰填满自己的身体，他做了一张弓……装上了箭……在他面前他放置了闪电”；不仅如此，“他还制作了一张能罩住提亚马特的网”。下面是这些天文现象的名字——两星汇聚时的放电现象，以及互相之间的引力作用（网）。

但是马杜克的首要武器是他的卫星。当他经过天王星的时候，天王星给他四只“风”：南风、北风、东风、西风。后来在经过了巨大的土星和木星时，马杜克自己又“制作”了三颗卫星邪风、旋风和无敌之风。

将他的卫星作为“暴风战车”，他“派出了这七股风”。他们已经为战斗做好了准备。

上主开始了行军，顺着他的航线；
他的脸直面暴怒的提亚马特……
上主接近并审视着提亚马特，
她的助手金古的轨迹，被察觉了。

然而当这两颗行星靠近对方的时候，马杜克的航线变得不规则了：

> 像他看上去一样，他的航线被扰乱了，
> 他的方向不再明确，他的所为被扰乱了。

甚至马杜克的卫星都开始偏离轨道：

> 当在他一旁行军的
> 诸神，他的助手们，
> 看见勇敢的金古时，
> 他们的视力变得模糊。

是否这些斗士在最后与对手擦肩而过了呢？

但死亡已是注定的了，他们的轨道无法避免碰撞。“提亚马特发出了一声咆哮”……“上主升起了狂啸的暴风，他强大的武器”。当马杜克走得更近的时候，提亚马特更加“愤怒”；“她的脚跟摇来摇去”。她开始向马杜克下咒——就像在更早的时候艾向阿普苏和穆木释放的一样。然而马杜克还是向她靠拢。

> 提亚马特和马杜克，神中最强的，
> 相互激烈地对抗；
> 面对战斗他们奋勇前行，
> 他们走向战争。

史诗现在开始描述这场天战——这次创造天地的行为。

上主张开天网要罩住她；

邪风，在最后面，撞在她的脸上。

当她张开她的嘴，提亚马特，

想要吃掉他——

他驾着邪风所以她闭上了她的嘴。

凶猛的暴风们撞击着她的腹；

她的身体变得膨胀；她的嘴大张着。

他用箭射向那里，扯破了她的腹部；

箭从她体内划过，戳穿了她的子宫。

由此征服了她，他熄灭了她的生命和呼吸。

这是解释这个至今都困扰着我们的难题的最早理论。一个不稳定的星系，由太阳和九个行星组成，被一个来自外层空间的巨大的、彗星一样的行星侵入。它先是遇到海王星，接着经过天王星，然后是土星、木星，它的轨道被深深地向内拉扯进入星系中央，并由此出现七颗卫星。它无可改变地走上了一条向提亚马特——下一颗行星——撞去的轨道（见图 112）。

但是这两颗行星实际上并未相撞：是马杜克的卫星冲进了提亚马特，而不是马杜克本身。他们“膨胀”了提亚马特的身体，让她出现了很大的裂缝。穿过这些裂缝，马杜克射了一“箭”，一道“圣光”，强烈的电流集中在一起，现在的马杜克“充满了耀眼的光芒”，找到了进入提亚马特体内的路，它“熄灭了她的生命和呼吸”——抵消了提亚马特自己的电磁场，并“熄灭”它们。

马杜克和提亚马特的第一次遭遇让她出现了裂缝，变得不再有生命力；但是她最终的毁灭仍然要等到后来与同样裂成两半的金古的相遇。提亚马特的其他十颗小卫星却马上毁灭了。

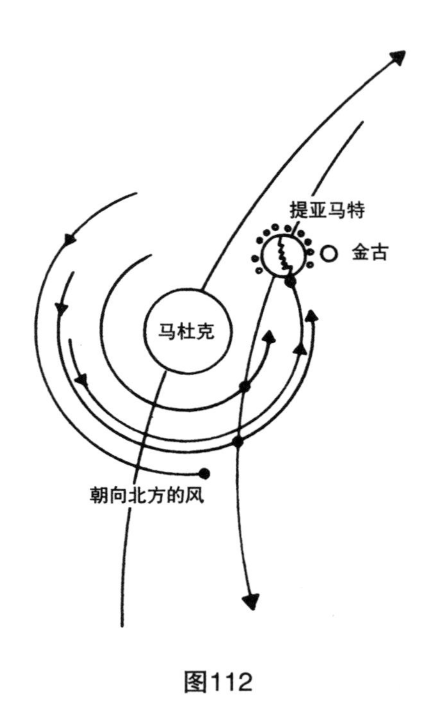

图112

他杀死提亚马特之后，

提亚马特的环粉碎了，她的主体裂了缝。

站在她这边的诸神，

因害怕而颤抖，

为了保命都转身离去。

我们能识别这种现象吗——“粉碎……裂了缝”，导致了那样的颤抖，并“转身离去”——朝相反的方向？

如果是这样的话，我们就能提出对于我们星系中另一现象的解释——彗星现象。小型的天球，它们常常被认为是我们星系“无从控制的成员”，因为它们不遵循任何一种正常的轨道路线。行星围绕太阳的轨道几乎是圆形的（冥王星是个例外）；而这些彗星的轨道是被拉长了的，而且在很多例子中都是被拉得很长的——其中一些长到了会从我们眼里消失数百上千年。行星围绕太阳的轨道是在一个统一的平面上的（除了冥王星）；而彗星的轨道则是在许多不同平面上。最意味深长的是，许多彗星都是反方向运行。

天文学家们无法告诉我们是什么力量、什么事件创造出了彗星并将它们扔进了它们的奇怪的轨道。我们的答案是：马杜克。在一个他自己的平面的反向轨道上运行，他撕碎并破坏了提亚马特的主体，将他们变成了小彗星，再用他的所谓的网（引力）影响了他们：

> 扔进这个网里，他们发现自己被困了。
> 一整群恶魔行进在她的一旁
> 他给他们的手戴上手铐
> 紧紧地包着，他们无法逃掉。

战斗结束之后，马杜克从金古那里夺走了命运之签（金古的独立轨道），并将它捆在了自己的胸上：他的轨道成为永久性的绕日轨道。从那时起，马杜克总是跳跃着回到那次天战的现场。

“战胜”提亚马特之后，马杜克在天上航行着，围绕着太阳，并再次回顾他见到的最外层的行星：艾/海王星。“马杜克完成了他的渴望”，“马杜克达成了他想要的胜利”。接着马杜克的新轨道带着他回到了他的胜利之地，“加强他对这些被征服的神的控制”，说的是提亚马特和金古。

当第五场的帷幕就要拉开的时候，在这个地方——也只在这儿，虽然直到目前为止都没有被承认——《圣经·创世记》的内容进入了美索不达米亚的《创世史诗》；因为正是这个时候，天地创造才真正开始。

完成了他的破天荒的第一次绕日轨道，马杜克“就回到了被他征服的提亚马特”。

上主踌躇地看着她缺乏生命的身体。

精心计划后，他分开了这个怪物。

接着，他将她像贝壳一样切成了两半。

现在马杜克自己撞上了这颗已被击败的行星，将提亚马特撞成了两半，切掉了她的“头”，或是上身。接着另一个马杜克的卫星，被称作北风的，闯进了已被切开的一半。这一重击带着这一部分——注定要成为地球——到了一个从来没有出现过任何一个行星的轨道上：

上主践踏着提亚马特的身体，

用他的武器切掉了身首之连接；

他切断了她的血管；

并让北风带着它

去到无人问津之地。

地球由此诞生！

另一个部分有着不同的命运：在第二次回到这里的时候，马杜克自己撞了上去，它变成一片粉碎（见图 113）：

他将她的（另）一部分做成了天上的幕布：

将它们锁在一起，像一个守护者安置着它们……

他扯弯提亚马特的尾巴形成一个如 w 的大弯。

这块破损部分的碎片被打造成天上的“手镯”，成了外层行星和内层行星之间的“幕布”。它们舒展开来成为一个“大弯”。小行星带由此形成。

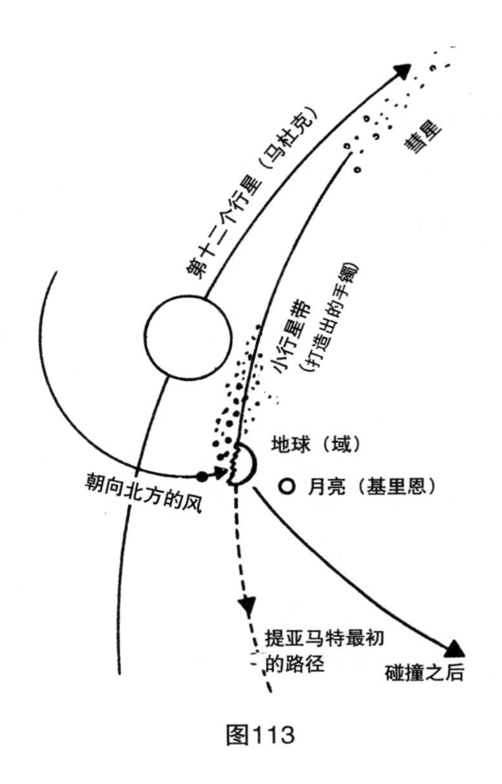

图113

天文学家们和物理学家们承认，内层或是“类地”行星（水星、金星、地球和月球，以及火星）与外层行星（木星及其之后的行星）存在着很大的不同，而它们由小行星带隔开。现在我们发现了在苏美尔史诗中，古人对这些现象的认识。

除此之外，对导致“迷失的行星”消失、小行星带（包括彗星）出现、地球诞生的天文事件，我们被提供了——还是第一次——一个条理清楚而连贯的天文学上的科学解释。在他的几个卫星和他的电场将提亚马特撕成两半之后，马杜克的另一个卫星将她的上半身带到了一个新的轨道上，成了我们的地球；而马杜克，在它运行的第二圈里，将下半身撞得粉碎，并使碎片成了一个巨大的天带。

在我们成功解读《创世史诗》之后，所有困扰着我们的疑问都被解答了。

不仅如此，我们同时知道了，为什么地球的大陆会集中在它的一侧，而一个很深的口子（太平洋底部）会存在于另外一侧。不断被提到的提亚马特的“水”也在给我们启发。她被称为充满水的怪物，这意味着：地球，作为提亚马特的一部分，同样是生来就带有这些水的。事实上，现在的一些学者形容地球为“水球”——因为它是我们星系目前已知的唯一一个带有如此充满生机的水的行星。

这些天文理论听上去像是很新鲜，但《旧约》中的先知和圣人其实早已讲述过这样的事实。先知以赛亚回忆“太初之时”，上帝“切开了傲慢者，让充满水的怪物旋转，并烘干了提霍深渊的水”。称主耶和华为“我的太初之王”，赞美诗的作者用一小段提到了宇宙创造。“在你的许可下，那些水散开了；那些充满水的怪物的首领破碎了。”约伯回想这位天神还重击了“傲慢者的助手们”；而且对上帝发出这样令人印象深刻的赞美：

> 敲打出的华盖在提霍伸展开来，
> 大地被悬挂在虚空中……
> 他的力量让水止住了，
> 他的力量让傲慢者被劈开；
> 他的风让打造的手镯成形了；
> 他的手让这条扭曲的龙不复存在。

《圣经》学者现在认识到，希伯来文的提霍（意为“充满水的深渊”）一词源于提亚马特；而提霍深渊的意思是“大提亚马特”。而且，《圣经》中对这些太初事件的理解是基于苏美尔天文史诗的。同样该弄清楚的是，第一个也是最重要的相同点出现在《创世记》的开场白里，它形容了上帝的风是如何在提霍的水域上盘旋，他的光（巴比伦中的马杜克）在击打到提亚马特——创造出地球和拉基亚（Rakia，字面上翻译过来是“打造出的手镯”）——时又是如何照亮这片黑暗的。这条天带（至今仍被译为“苍穹”）被叫作“天国”。

《创世记》希伯来原版 1:8——不是现行英文版或中文版《旧约》——很详细地叙述了，正是这个“打造出的手镯”被上帝称为“天国”。阿卡德丁文献同样将这片天域称作“打造出的手镯”，并描述了马杜克是怎样将提亚马特的下半身伸展到首尾相连，变成一个大圈的。苏美尔源头毫无疑问地向我们指出，这个“天国”完全不是我们对于天国的传统概念，而是一个小行星带。

我们的地球和小行星带既是美索不达米亚又是《圣经》所指的天与地，而这一切都是由于提亚马特被马杜克或是上帝毁掉而诞生的。

在马杜克的北风将地球带到它的新位置之后，地球得到了属于自己的绕日轨道（有了四季）并拥有了自转轴（有了日夜）。美索不达米亚文献声称，在地球诞生之后，马杜克的一个任务就是“分配（给地球）日光并划分日夜交界”。《圣经》也这么说：

> 主说：
> “让光出现在打造好的天国，
> 划分日与夜；
> 让它们成为空中的标记，
> 区分季节，日子和年岁。”

现代学者们相信，地球在成为一颗行星之后是一个布满了活火山的热球，空中也满是烟尘和云。随着气温下降，水蒸气转化成了雨水，地表于是有了干地和海洋。

《伊奴玛·伊立什》的第五个碑刻虽然损毁严重，但还是传达了相同的科学信息。它形容喷发出的熔岩就像是提亚马特的“唾液”，《创世史诗》很正确地将这种现象放在了大气层、海洋和陆地形成之前。在“云雨聚在一起”之后，海洋开始形成，并且地球的“地基”——大陆升了起来。随着“冷的制造”——气温下降，雨和雾出现了。同时，“唾液”继续持续流着，“流到每一层”，为地球创造出诸多地貌。

再一次，这与《圣经》中的对应多么明显：

> 主说：
> “让天空下的水聚在一起，
> 在一个地方，让干地出现。”
> 事就这样成了。

地球有了海洋、大陆和大气层，现在已准备好形成山脉、河流、瀑布、山谷。将所有的创造都归功于马杜克，《伊奴玛·伊立什》继续诉说着：

> 将提亚马特的头部（地球）放在指定位置上，
> 他在那上面升起了山脉。
> 他打开了瀑布，它们飞流直下。
> 透过她的双眼，他释放出了底格里斯和幼发拉底。
> 用她的奶头创造了高耸之山，
> 钻了井，好带走瀑布之水。

与现代发现完美吻合，无论是《创世记》还是《伊奴玛·伊立什》或是其他一些与之有关的美索不达米亚文献，都将生命的出现基于水的出现，然后是

“一群活着的生物”和“飞鸟”。直到“在那之后，牲口、爬行动物和野兽”出现在地球上，才到达最后的顶点，人类的出现——创世的最后一个动作。

※

作为地球上的工作的一部分，马杜克“让神圣之月出现了……让他来标志夜晚，界定每月的日子”。

这位天神又是谁呢？文献中叫他 SHESH.KI，意思是“保护大地的天神”。在此之前文献中没有提到过这样一个名字；然而他现在出现了，“在她的大压力之下”（力场）。这个“她”是谁，提亚马特还是地球？

提亚马特和地球被认为是可以互换的。地球是提亚马特的转世。月球被称作地球的“守护者”；而提亚马特也是这么称呼她的主要卫星金古的。

《创世史诗》特别将金古从提亚马特被粉碎成彗星的“军队”中排除了出来。在马杜克完成了他的第一个轨道并回到战斗现场的时候，他判定了金古的分裂命运：

而金古，在他们之中成了首领，
他缩小了；
他将他看成是神 DUG.GA.E。
他夺走了他不正当的
命运之签。

但马杜克并没有毁掉金古。他夺走了提亚马特给他的独立轨道，缩到了一个小一号的尺寸。金古让人想起一位“神”——一颗我们星系的行星。由于没有轨道，他只能再次成为一颗卫星。随着提亚马特的上半部分被扔进了一个新轨道（成为地球），我们认为，金古也被沿路拉了过去。我们的月亮，就是金古，曾经的提亚马特的卫星。

转变成 DUG.GA.E，金古极重要的元素被剥夺了——大气层、水、放射性物质；他缩小了，而且变成“一块无生命的泥”。这些苏美尔文献很恰当地描述着我们的月球，这也是我们近来才发现的月球历史，这颗卫星的发展也就是由金古开始，由 DUG.GA.E 结束。

L.W. 金在《创世七碑刻》中报告说，有三块天文 – 神话碑刻的碎片讲述了马杜克对战提亚马特的另一个版本，其中包括了马杜克调遣金古这件事。“金古，她的配偶，带着不用于战争的武器切掉……金古的命运之签他拿在他手里。”B. 蓝德斯伯格做了一个更为深刻的尝试，试图完整翻译这些文献，以论证金古 / 恩苏 / 月球这三个名字的可互换性。

这些文献不仅证明了提亚马特的主要卫星成了我们的月亮，它们同时还解释了 NASA 对于一次大碰撞的发现，“当城市一样大小的天体冲撞月球”。NASA 和 L.W. 金发现的文献都形容月球为“衰败的行星”。

描绘这次天战的圆柱图章被发现了，显示了马杜克正在和一名凶狠的女神作战。有一个描绘显示马杜克向提亚马特射出了他的光，金古——很清楚地能被识别成月球——试图保护他的创造者提亚马特（见图 114）。

这个图画表明月球和金古是同一颗卫星。用语源学能更加深刻地证明这一点。神辛这个名字，在后来是与月球有关的，它源于 SU.EN（意为“沦陷地之主”）。

在处理掉提亚马特和金古之后，马杜克再一次“穿越天空并观察了这一地带”。这一次他的注意力集中到了“努迪穆德（海王星）的住所”，为佳佳制定一个终极“命运”。佳佳是安莎 / 土星曾经的卫星，被当作是去其他行星的“信使”。

这部史诗告诉我们，当他在天上进行最后的事务时，马杜克将这位天神

图114

指派到了“一个隐蔽地”—— 一个至今都未知的、面对“深处”（外层空间）的轨道，并授予他“充满水的深处的顾问”这一位置。为了与他的新位置符合，这颗行星被重命名为 US.MI，意思是“领路者”，最外层的行星，我们的冥王星。

按照《创世史诗》的说法，马杜克曾自吹：“我将巧妙地改变天神所走之路……他们将被分为两个部分。”

的确他做到了。他首先从天上排除掉了提亚马特。他创造了地球，将它抛进了靠近太阳的新轨道。他在天上打造了一个“手镯”——划分内外行星的小行星带。他将提亚马特的大部分卫星都变成了彗星；而她的主要卫星，金古，他将其放在了绕地轨道上成了月球。他还将土星的卫星佳佳切换到了一个新的轨道成为冥王星，并给了它一些马杜克自身的轨道特点（例如不再在同一个平面上）。

我们对于自己的星系的困惑——地球上的海洋洞穴，月球上的破损，彗星的反向轨道，冥王星的奇怪现象——都在我们解读美索不达米亚《创世史诗》后完美地解答了。

在为各个行星建立“站点”之后，马杜克给了自己一个站点：“尼比努”，并“穿过天空观察着”这个全新的星系。它现在由 12 个天体组成，被 12 个神象征着（见图 115）。

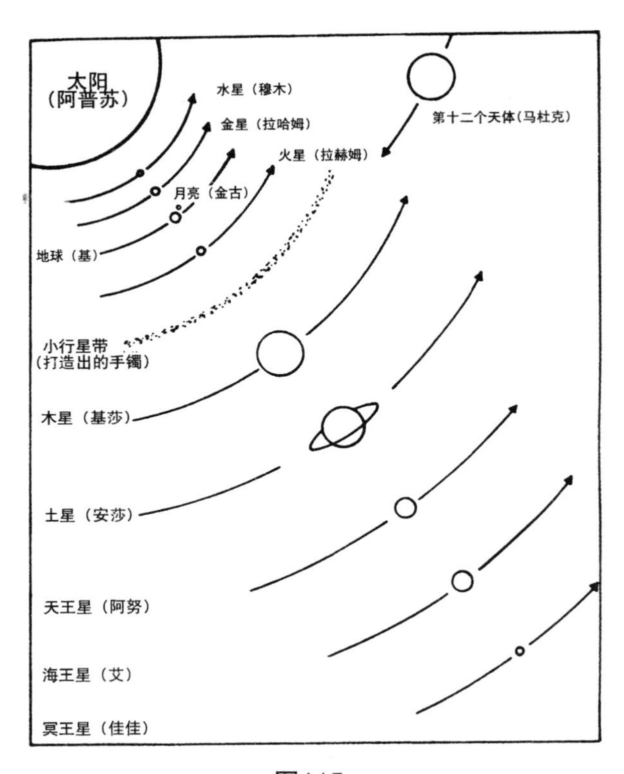

图115

第八章

天国的王权

对《创世史诗》及类似文献——如 S. 朗盾的《巴比伦创世史诗》的研究显示出，在大约公元前 2000 年之后，恩基之子马杜克，在与恩利尔之子尼努尔塔的竞争中获胜，成为众神之中的大神。巴比伦人由此修改了原版的苏美尔《创世史诗》，从中删掉了尼努尔塔和大部分有关恩利尔的内容，并将这颗侵入星系的行星改名为马杜克。

马杜克的地位在地球上明显提高，最终，“众神之王”的称号被戴在了他的头上，就像他至高无上的天文意义所指向的，是纳菲力姆的家园，第十二个天体。作为“天神（行星）之主”，马杜克由此成为“天国之王”。

一开始，一些学者相信“马杜克”既不是北极星，也不是能在春分之时从美索不达米亚天空看见的任何亮星，因为马杜克被描述成一颗“明亮的天体”。但是艾伯特·肖特通过其著作《马杜克和明星》，证据确凿地向我们表明，所有古代天文书籍凡是提到马杜克，都将它视为我们星系的一员。

自从那些词语将马杜克描述为“伟大天体”和“照亮的”，有理论进一步认为马杜克是巴比伦的太阳神，相当于埃及的神太阳拉（Ra）。文献中这样形容马杜克，“审视着遥远天国的顶点……穿戴着光环，他的荣光让人敬畏”，这再一次支持了这种理论。但是文献中接下去却说：“他像沙马氏（太阳）那样瞭望着大地。”就算马杜克与太阳是极为相似的，也不可能是太阳。

如果马杜克不是太阳，那会是哪颗行星？古代天文书籍没有将它指为任何一颗行星。一些学者将他们的理论基础建立在诸如“太阳之子”等词汇上，他们指出是土星。火星也变成了候选人，因为马杜克有着同样暗红的外表。只是文献中将马杜克放在了一个较为尴尬的位置（“在天国的中部”），这一点又让大多数学者认为最适合它身份的是木星，它位于众行星轨道的中部位置：

木星

水星　金星　地球　火星　　土星　天王星　海王星　冥王星

但这个理论很快被它自己反驳了，持这种理论的学者们不相信迦勒底人会知道在土星之后还有行星。他们还主张说，迦勒底人相信地球是天体系统中的一个中央平面。而且他们还忘掉了月球的存在，而月球却是美索不达米亚人最明确肯定过的“天神”中的一员。将第十二个天体等同于木星很明显是不可行的。

《创世史诗》很清楚地陈述道，马杜克是从外层空间进入我们星系的入侵者，在撞击提亚马特之前经过了其他行星（这已经包括了土星和木星）。苏美尔人称这颗星为尼比努，“十字行星”。在一部巴比伦版本的文献中，保留了如下的天文信息：

尼比努星：

它占领了天地之间的十字路口。

自上而下，他们无法经过；

他们必须等他。
尼比努星：
天上的光辉之星。

他占着中央位置；
他们要向他致敬。
尼比努星：
是他不知疲倦
在提亚马特的中心留下十字
让“十字”成为他的名字——
占领着中央的那一位。

这几行文字为我们提供了额外的、同时也是让人信服的信息，显示它将其他行星分为两部分。第十二个天体“不停穿越在提亚马特的中心”：它的轨道让它一次次回到提亚马特曾经所在的位置。

我们发现，这些天文文献对行星时代的叙述是相当成熟的，就像是按照顺序排列星表一样，说出马杜克出现在木星和火星之间的什么地方。看来苏美尔人知道这些行星，认为第十二个天体出现在“中央部位”，这便证明了我们的结论：

马杜克

水星 金星 月球　　木星 土星 天王星

地球 火星　　海王星 冥王星

如果马杜克的轨道将它带去提亚马特曾在的地方，相对接近我们（火星与木星之间）的话，我们为什么从未看见过这颗又大又亮的行星？

美索不达米亚文献说，马杜克到达了天上的未知区域，并去了宇宙中遥远的地方。“他审视着隐藏着的知识……他看着宇宙的边缘”。它被描述成其他行星的“监察员”，它的轨道包围着所有行星的轨道。“他稳住他们的带子（轨道）”，并制造了一个“铁环”包围了他们。它的轨道“最高”“最大”。这让法兰兹·库格勒想到马杜克是一个快速移动的天体，在一个巨大的椭圆轨道上航行，像一颗彗星。

这样的绕日椭圆轨道，有一个最远点——离太阳最远的位置，也是返程旅行的开端和一个近地点——离太阳最近的地方，并开始向外层空间飞去。我们发现马杜克的这两个点都在美索不达米亚文献中有所表述。苏美尔文献形容这颗行星从 AN.UR（天之基）飞到 E.NUN（主之屋）。《创世史诗》说马杜克：

> 他穿过天国观察着这片区域……
>
> 他测量出了深处的构造。
>
> 他建起伊莎拉作为他杰出的住所；
>
> 他建起伊莎拉作为他在天国的宏伟住所。

一个“住所”如此“杰出”——于太空中遥远的“深处”。另一个则是建立在“天国”，在小行星带里，介于火星和木星之间（见图 116）。

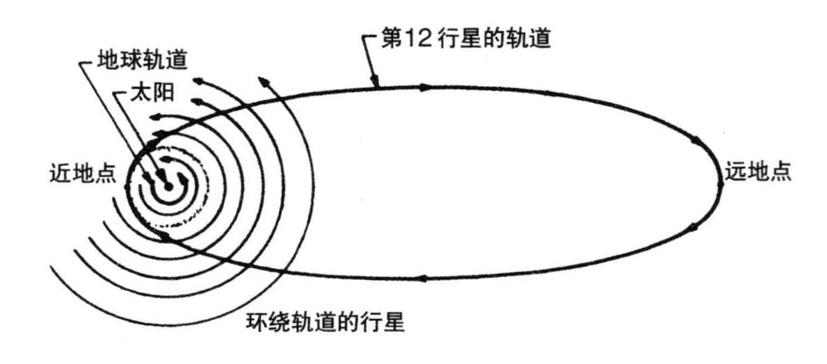

图 116

乌尔的亚伯拉罕在他的苏美尔祖先的教诲下，同样将古希伯来人的大神与地位最高的行星联系起来。就像美索不达米亚文献，《旧约》中许多章节都形容"上帝"在"天国的顶点"有着他的住所，在那里他"看着主要的行星升起"；一个看不见的天上的主，"在天上，在一个圆圈上移动"。《约伯记》描述过这次天体撞击，并暗示了我们这颗上帝的行星到底去了哪里：

> 在深处之上他标出了一支轨道；
> 光和暗（混合）的地方就是他最远的边界。

没有隐瞒什么，赞美诗中写出了这颗行星宏伟的轨道：

> 天国展示了主的荣光；
> 打造出的手镯也是他的手工艺品……
> 他来到这里就像是揭开华盖的新郎；
> 他像一个运动员兴奋地跑上这条航线。
> 他来自天国的尽头，
> 他的圆也到了它们的尽头。

它被认为是天国里的伟大旅行家，飞往它极高的最远点，然后再"下来，绕着弯向天国行进"到它的近地点。这颗行星被形容为带翼的天球。无论在什么地方，一旦考古学家发现近东人的遗物，上面都会有带翼天球的符号，它们装饰着神庙和宫殿，刻在岩石上，印在圆柱图章上，画在墙上。它伴随着国王和祭司，标志在它们的宝座上，"盘旋"于他们的头上（在他们战斗的地方），印在他们的战车上。泥、金属、石头和木质物件也装饰着这样的符号。苏美尔和亚甲，巴比伦和亚述，埃兰和乌拉尔图，马里和努济，米坦尼和迦南，都有着这样的符号。赫梯国王、埃及法老、波斯萨尔都崇尚着这样的符号，它代表着至高无上。它一直延续了上千年（见图 117）。

古代的宗教和天文学认为这第十二个天体——“众神的行星”逗留在我们的星系内，并且它的轨道将带着它再次接近地球。第十二个天体的图画符号，“十字行星”，是一个十字。这个楔形符号， ，同样代表着“阿努”和“神圣”，演变成了闪族语中的字母 tav， ，意思是“符号”。

的确，所有古代世界的人都认为，第十二个天体的周期性靠近代表着大动荡、大改变和新纪元。美索不达米亚的文献将这颗行星的周期性出现，描述为

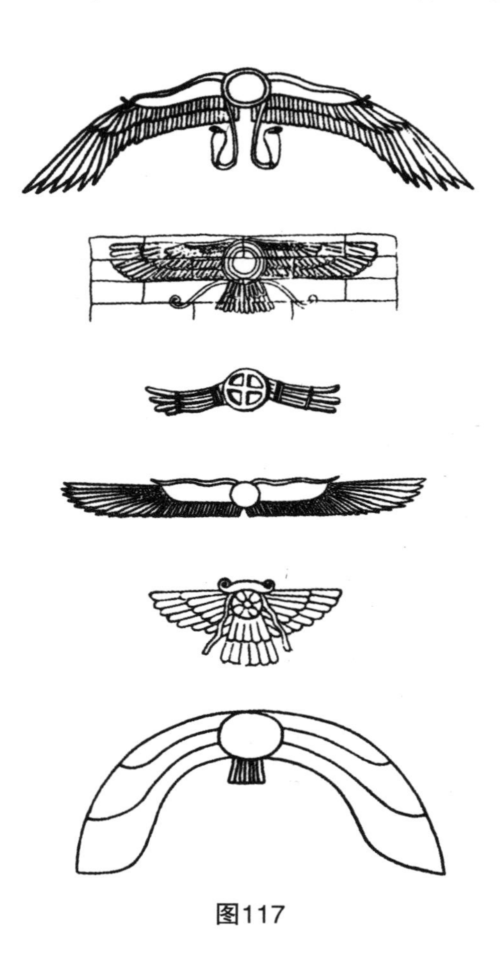

图117

一种能够预知的可观测的事件：

伟大的行星，
他的出场，深红色的
他从中分开天国
他是尼比努。

许多讲述该行星到来的文献都预言这个事件将影响到地球和人类。R. 坎贝尔·汤普森在《尼尼微和巴比伦的天文学家与魔法师报告》一书中复制了一些这样的文献，它们重现了这颗行星的前进：当它“包围了木星”并到达十字路口的中心，尼比努：

当从木星来的时候
这颗行星向西前行，
会有一段时间在安全的住所中。
安宁会降临大地。
当从木星来的时候
这颗行星放出荣光
在巨蟹宫成为尼比努，
亚甲将会丰收，
亚甲之王将变得强大。
当尼比努到达极点。
大地将是安全的，
敌人的君王将变得平和，
诸神将接受祷告并倾听恳求。

这颗靠近中的行星，被预言为可以停止大雨和洪水，如同它强大的引力被认为是：

> 当天国王座之星
> 变得光亮，
> 会有洪水和降雨。
> 当尼比努到达最低点，
> 诸神会给予和平；
> 麻烦将被解决，
> 难题会被解开。
> 雨水和洪水将至。

和美索不达米亚的学士们一样，希伯来先知认为，在这颗行星靠近地球并且能为人类所看见的时候，人类将进入一个新的纪元。与美索不达米亚预言中伴随着“天国王座之星”而来的和平相同的，是《圣经》中关于主之日后的地球将出现和平与公正的预言。这些可以从以赛亚的话中很好地读出来：

> 它会在最后的日子来临：
> 主将在国之间审判
> 责难众人。
> 他们会将他们的剑刺入犁中
> 将矛刺入钩里；
> 国与国不再有刀剑相争。

带着主之日以后的新纪元的祝福，这一天本身在《旧约》中被描述为伴随着降雨、洪水和地震的一天。如果我们此时将《圣经》中的文段想成是在描述一颗带有强大引力的巨大行星接近地球，那么以赛亚的话就能很轻松地理解了：

像群山中的噪声，
像是由无数人发出的狂乱声响，
所有王国和民族汇聚一起；
是主，
指挥着军队去作战。
他们来自遥远之地，
来自天国的边界
主和他愤怒的武器
要来摧毁整个大地。
因此天国震动，
大地被震离原有的位置。
当主的军队穿过之时，
他狂怒的一天。

而这时的地球“山被融化，河谷崩摧”，连自转都被干扰了。先知阿莫斯很清晰地预言道：

在那一天，
主说：
我将让太阳在中午落下
我将让地球在白昼的中心
变得漆黑一片。

“看，主之日来了！”先知撒加利亚告诉人们，地球自转将只持续一天：

在那一天，

没有光——一切反常地结冰了。

有一天主会知道，

既不是白昼也不是夜晚，

在前夕会有光。

在主之日，先知约耳说：“太阳和月亮将变得黑暗，群星将收回自己的光辉”；“太阳变得暗淡，月亮则是血红”。

美索不达米亚文献赞扬着这颗行星的光辉，并认为哪怕是在白天它一样能被看见：“日出时被看见，日落时消失于视野。”一个在尼普尔发现的圆柱图章，描绘了一群犁地的人惊恐地看见了被描绘成十字符号的第十二个天体（见图118）。

古人不仅预言了第十二个天体的周期性到来，同样还绘出了它的前进轨道。《圣经》中的许多文段——特别是在《以赛亚书》《阿莫斯书》和《约伯书》中讲述了它移向众多星系的运动。“他独自扩展天国，踩踏着最高的深处；他

图118

到达了大白霜、猎户座和天狼星，以及南部的星座。”“他向金牛座和白羊座微笑；他要从金牛座去射手座。”

这些经文描述了这颗行星不仅是在天国最高点巡游，而且从南部进入，并顺时针移动——就像我们从美索不达米亚文献中看到的一样。相当明确地，先知哈巴谷陈述道：

主从南边来
他的荣光布满大地
金星会发光，
它的光是主赐的。

在讲述这件事的许多美索不达米亚文献中，有一个说得十分清楚：

神马杜克之星

出现在其上：水星。
上升 30 度天弧：木星。
站在天战之地：尼比努。

下面，相应的图表将阐释，以上的文字不只是简单地将第十二个天体叫成不同的名字（如一些学者推测的那样）。这个图释是通过从地球上得来的观测，来讲述这颗行星的移动和三个关键点（见图 119）。

当第十二个天体的轨道将它带回地球的时候，第一个观测到它的机会，是当它与水星（A 点）——通过我们的计算，与假想中的日—地间最短轴线呈 30 度——呈一线的时候。靠近地球并由此出现了在地球天空中的“上升”（“30

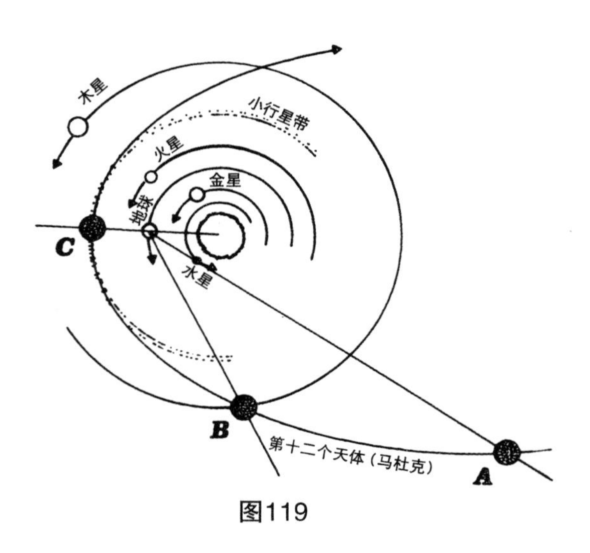

图119

度天弧”，相当精确）；然后，这颗行星在 B 点穿过木星的轨道。最后，到达曾发生过天战的地方，它的近地点，或者叫作“十字路口”，也就是说，到达 C 点，它成为尼比努。我们假想出一条轴线，它连接了太阳、地球和马杜克轨道的近地点，而这条假想的轴线，会与从地球上勘测时首先看到的马杜克与水星的连线呈 30 度夹角。再过另一个 30 度，马杜克在 B 点穿过木星的轨道。

接着，在它的近地点（C 点）上，马杜克遇到了“十字路口”：重回天战遗址，这里最接近地球。然后它在它的轨道上继续飞往遥远的宇宙。

古代美索不达米亚和希伯来文献中，对于主之日的预测是基于地球上人们的切实体会的：他们在地球上见证了王权之星的周期性的到来。

这颗行星周期性的到来和远去，证明了关于它在我们星系有着永恒轨道的假想。在这一点上它跟很多彗星一样。一些已知的彗星——比如哈雷彗星，每 75 年接近一次地球——会消失很久才出现一次，以至于很多天文学家都很难说他们是否看见了同一颗彗星。其他一些彗星在整个人类历史中也就被看见过一次，据推测，它们的轨道需要上千年才回来一次。科胡特可彗星就是个例子，它在 1973 年 3 月被首次发现，在 1974 年的时候飞到了离地球 7500 万英里的地方，此后很快地消失在了太阳之后。天文学家们推测它将会在未来的7500—75000年之间在某个地方重现。

人类与第十二个天体的周期再现与消失的亲密联系来自这样的观点：它的轨道周期比计算中科胡特可的周期要小。如果这样，为什么我们的天文学家从来没有意识到有这么个行星的存在？事实上，哪怕只有科胡特可下半部分轨道一半大小的轨道，也将让第十二个天体比冥王星到我们的距离多上六倍——如果它只是反射太阳光，这样的行星是不可能在这样的距离下从地球上看见的。实际上，土星之后的行星被首次发现并不是通过观测而是通过计算。天文学家们现在已经知道，行星的轨道是受其他天体的影响的。

这其实不失为"发现"第十二个天体的方式。现在已经有了对"第十大行星"存在的推测，它同样是看不见的，而是从某些彗星的轨道上被"感觉"到的。在1972年，加利福尼亚大学的劳伦斯·利文 - 莫尔国家实验室的约瑟夫·L.布兰迪，发现哈雷彗星的轨道上的问题，可能是由一个木星大小、围绕太阳每1800年公转一圈的行星造成的。它被估计是在60亿英里之外，它的存在只能用计算来得到。

当这种轨道的可能性不能被排除的时候，美索不达米亚文献和《圣经》却为我们提供了强大的证据，证明第十二个天体的公转是3600年一圈。数字3600在苏美尔语中被写成一个大圈。表示行星的词——SHAR，意思是"最高统治者"，同样还有"完美之圆""完整的圆"的意义。同时，还代表着数字3600。这三个词的一致性——行星 / 轨道 /3600不能完全看成是巧合。

贝罗苏斯，巴比伦的祭司、史学家和大学者，提到了大洪水之前地球上的十位统治者。在总结贝罗苏斯的文字之后，亚历山大·波里希斯托写道："第二本书里讲述的是迦勒底十位君王的历史，以及他们各自的当权期，它们由120个SHAR（下文将解释）组成，或是432000年的时间；直到洪水。"

阿比德纳斯，亚里士多德的学生，同样引用了贝罗苏斯笔下的十位前大洪水时代的 120 个 SHAR 的统治者。他弄清楚了这些统治者和他们的城市都是位于古代美索不达米亚的：

> 据说地上的第一个王是阿诺努斯……他统治了 10 个 SHAR。
>
> 现在，一个 SHAR 被尊为 3600 年……
>
> 在他之后，阿拉普鲁斯统治了 3 个 SHAR；来自盘梯－比布伦的阿米拉努斯继承了王位，他统治了 13 个 SHAR……
>
> 在他之后的阿麦仑统治了 12 个 SHAR；他是盘梯－比布伦的。接着是来自同一个地方的美加路努斯，统治了 18 个 SHAR。
>
> 接着道斯，领导者，管理这片土地 10 个 SHAR……
>
> 后来还有其他统治者，最后一个是西斯特拉斯；所以所有 10 个君王，加起来是 120 个 SHAR。

雅典的阿波罗托罗斯同样以类似的方法来解读贝罗苏斯的史前记录：“10 个统治者一共当政 120 个 SHAR（相当于 432000 年），而且他们之中每一个的当政时间都是按照一个 SHAR 是 3600 这样的单位年来计算的。”

随着苏美尔学的兴起，贝罗苏斯所指的“古书”被发现并被破译了；这些苏美尔国王清单很明确地记录了十位前大洪水时代的统治者，他们从“王权由天国下落”开始统治着地球，一直到“大洪水淹没地球”。

一份被称作 W-B/144 号文献的苏美尔国王名单，记录了五个地点或“城市”的神圣统治。第一个城市，埃利都，有两位统治者。文献在他们两人的名字前加上了前缀“A”，意思是“先祖”。

> 当王权由天国下落，
>
> 埃利都首先有了王权。

在埃利都，

阿鲁利姆成为王；

他统治了 28800 年。

阿拉加尔统治了 36000 年。

两位王统治了它 64800 年。

之后王权传了出去，那些地方的统治者被称为 EN，或者“主”。

我扔下埃利都；

它的王权被带到了巴地比拉。

在巴地比拉，

恩门路安纳

统治了 43200 年；

恩门加安纳

统治了 28800 年；

圣杜姆兹，统治了 36000 年。

三位王统治了它 108000 年。

清单上接着列出了之后的城市，拉勒克和西巴尔，以及它们的神圣统治者；最后，是舒鲁帕克，一个有着神圣血统的人类是那里的国王。这些统治者长得不现实的统治时间有一个很显著的特点，无一例外是 3600 年的倍数。

阿鲁利姆——8×3600=28800

阿拉加尔——10×3600=36000

恩门路安纳——12×3600=43200

恩门加安纳——8×3600=28800

杜姆兹——10×3600=36000

恩斯帕兹安纳（Ensipazianna）——8×3600=28800

恩门杜兰纳（Enmenduranna）——6×3600=21600

乌巴图图（Ubartutu）——5×3600=18000

另一个苏美尔文献（W-B/62）将拉尔萨和它的两位神圣统治者也加入了这份国王名单之中，同样他们的统治时间也刚好是3600年的倍数。在其他文献的帮助下，我们可以发现，在大洪水之前苏美尔的确有十位统治者；他们分别统治了许多SHAR；总共是120个SHAR——和贝罗苏斯的记录是一样的。

这个结论表明，这些以SHAR来计算的统治时间与行星“SHAR（王权之星）”的绕日轨道（3600年）有着明显的关系；阿鲁利姆的统治时间是第十二个天体的轨道时间的八倍，阿拉加尔是十倍，以此类推。

如果这些前大洪水时代的统治者们是从第十二个天体来到地球的纳菲力姆，那么他们在地球上的统治时间与第十二个天体轨道拉上关系也就不奇怪了。这种王权的任期是从他们的降落开始，一直到他们再次起飞结束；当一个指挥官从第十二个天体上下来的时候，他的统治就开始了。因为降落和起飞必须是在第十二个天体靠近地球的时候才行，所以他们的任期就不得不与这颗行星的轨道周期有关，他们的任期只能用SHAR来计算。

人们也许会问——当然这也很正常——难道纳菲力姆中的一员来到地球上，竟然能够在28800或者36000年之后还活着执政？无怪乎学者们将他们的任期比喻为“传奇”。

问题是，什么叫一年？我们的“年”只是地球围绕太阳转一圈的时间。因为地球生命是随着地球而围绕太阳旋转的，所以轨道长度是地球生命的“模子”（甚至在有着更小轨道的情况下，就像月球那样，日夜的循环也有足够的能量来影响地球上几乎全部的生物)。我们活上这么多年是因为我们的生物钟已经适应了这么多次绕日的轨道。

几乎不用怀疑，其他行星上的生命也会与那颗行星的周期“同步”。如果第十二个天体的绕日轨道有那么长，那么它绕日一圈就相当于地球绕日 100 圈，那么，纳菲力姆的一年就是我们的 100 年。如果他们的轨道是我们的 1000 倍，那 1000 个地球年就是他们的一年。

而要是如我们所相信的那样，他们的轨道相当于 3600 个地球轨道的话，会怎样呢？我们的 3600 年在他们的日历上将成为仅仅一年，也就是他们生命中的一年。这样的话，苏美尔人和贝罗苏斯所说的王位的任期，将变得既不是“传奇”的，也不是不可思议的：他们仅仅是当政了五、八或是十个纳菲力姆年。

我们在之前的章节中讲过，人类的文明之路——处在纳菲力姆的干预之下——经过了三个阶段，都是以 3600 年为分界：中石器时代(大约公元前 11000 年)、陶器时代(大约公元前 7400 年)和突然出现的苏美尔文明(大约 3800 年)。不难看出，纳菲力姆会周期性地回顾(并决定继续发展)人类的进程，这些都发生在第十二个天体接近地球的时候。

许多学者——例如海因里希·齐默恩在《巴比伦和希伯来的起源》中——指出,《旧约》同样介绍了前大洪水时代的首领或先祖们，从亚当到诺亚，一共有十位这样的统治者。《创世记》第六章描述了人类的觉醒：

主懊悔在地上创造了人类

于是主说：

“我要毁灭我创造的人类。”

……

主说：

“我的灵不会永驻人类身上，

他有罪，是血肉之身。

他的日子有 120 年。”

一代代的学者都在解读这一段经文：“他的日子有 120 年”，因为这表明上帝似乎给了人类 120 年的生命。但这不是很讲得通。如果这段经文所表述的是上帝想毁灭人类，那为什么他同时还要给人类那么长的生命？而我们发现，大洪水是后来很久的事情，诺亚甚至还活过了 120 年大限，他的后代更长寿：闪，600 岁；阿尔帕克沙德，438 岁；示拉，433 岁；等等。

为了应用人类有 120 年生命这一说法，学者们忽略了《圣经》没有使用将来时——“他的日子将有”，而是使用的过去时（英文时态）——“他的日子有过”。很明显的问题是：这里说的是谁的生命时间？

我们的结论是，这个 120 年所指的肯定是神。

时间一直是苏美尔和巴比伦史诗文献中的重大问题。《创世史诗》以伊奴玛·伊立什（“当在天国之时”）开头。恩利尔和女神宁利尔的相遇是在“人类还没有被创造的时候”，等等。

《创世记》第六章的语言和意义有着同样的目的——将大洪水事件放在正确的时间上。

当人类

在地面上

繁衍壮大

他们生下女儿。

故事继续说道：

神的儿子们看见人类的女儿的美貌，

就随意挑选，娶来为妻。

此时是：

地球上有纳菲力姆

在那些日子及往后；

当神的儿子们

与人类的女儿们结合

她们怀孕了。

他们是永恒的强者

Shem 中人。

就是在这段时间，人类快要被大洪水从地表抹去。

这到底是什么时候？

《旧约》毫不含糊地告诉了我们：当他到了 120 年的时候。120“年”，不是人类的地球年，而是那些强者，“火箭里的人”，纳菲力姆的年份，他们一年就是一个 SHAR——3600 个地球年。

这种解释不仅理清了《创世记》第六章的混乱，还显示出了这些经文与苏美尔文献的相同点：120 个 SHAR，432000 地球年，是纳菲力姆第一次着陆地球到大洪水的时间。

通过我们对大洪水事件的判断，我们将纳菲力姆第一次登陆地球放在大约 45 万年之前。

※

在我们再次回到讲述纳菲力姆飞进地球并开始殖民之前，有两个需要回答的基本问题：与我们没有明显差别的生物能在另一个星球上进化吗？这些生物有能力在50万年前进行星际旅行吗？

前一个问题触及了一个更为基础的问题：我们是否在地球附近的任何地方发现过生命？科学家们现在知道有着无数个像我们银河系一样的星系，其中包含有数不尽的如太阳般的恒星，它们携带着多如天文数字的行星，可以提供任何能够想象得到的温度、大气和化学物质，为生命的起源提供了无穷个可能。

他们同样还发现我们的太空并不是“真空”。例如，太空中有水分子，有被认为是在星体形成初期外围的冰结晶云的残余部分。这些发现支持美索不达米亚文献中不断提到的太阳之水，以及与之相混的提亚马特之水。

生命所需的基本物质同样被发现在星际之间“漂流”，而且认为生命只能存在于某些大气和温度之下的观点也已被推翻了。此外，认为太阳是生命组织能量和热量的唯一来源的观点也早已被丢弃。由此，先锋10号飞船发现木星虽然比起地球离太阳要远得多，但仍然十分热，可以断定它有自己的能量和热量来源。

一颗在自身深处有着充足的放射性物质的行星还会经历大量的火山活动。这些火山活动制造了大气层。如果这颗行星足够大，能产生强大的引力，它就能几乎永久性地维持着这片大气。这样的大气层，反过来又制造出温室效应：它将这颗星球与外层空间的寒冷隔绝开来，并保证行星自己的热量不会流失到外太空——就像衣服让我们暖和一样。有着这样的观念，古代文献形容第十二个天体为“穿着光环”，就不仅仅只有诗歌创作上的修辞意义。它一直都被描述成发光的行星——“众神之间他最光亮”，并说它有着能放出光束的身体。第十二个天体能自己产热并能在大气层的保护下保住这些热量（见图120）。

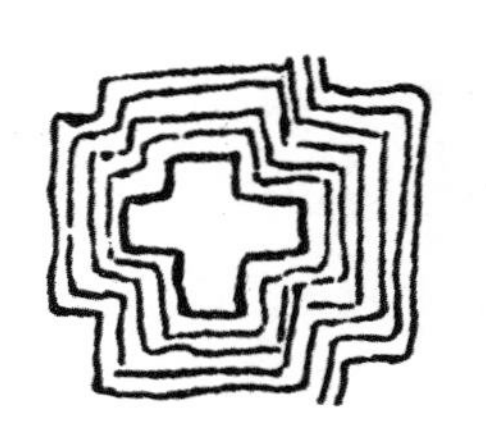

图120

科学家们还很意外地发现，在其他星球上（如木星、土星、天王星、海王星）不仅能够发展出生命，而且很有可能已经在那里出现了生命。这些行星是由星系中较轻的物质构成的，与整个宇宙中普遍行星的构成更为类似，它们的大气层中有着充足的氢、氮、甲烷、氨，可能还有氖和水蒸气。所有这些都是有机体所需要的。

因为如我们所知道的，水是生命发展必不可少的。美索不达米亚文献很清晰地告诉我们第十二个天体是一个充满水的行星。在《创世史诗》列出的这个行星的 50 个名字里，包括了一组形容它充满水的名字。基于 A.SAR 一词（意为“充满水的君王”），“他建立了水的分级”，这些名字将这颗行星描述为 A.SAR.U（意为“崇高、明亮的充满水的君王”），A.SAR.U.LU.DU（意为“有着丰富内涵的崇高、明亮的充满水的君王”），等等。

苏美尔人一直坚信第十二个天体是一个充满生命气息的绿色星球；的确，他们称它 NAM.TIL.LA.KU，意思是“供养生命之神”，他同样还是“耕作术的传授者”，“谷物和草药的创造者，是他让蔬菜发芽……他打开了井，分配大量的水”——“天与地的灌溉者”。

科学家们指出，生命不是带着它们沉重的化学成分在陆地行星上出现的，而是在星系的外缘区。第十二个天体从这些星系的边缘进入到我们的中心，一颗暗红的、炙热的星球，生产并放射出自身的能量，而它自己的大气层则提供了生命必需的化学物质。

如果还有一个疑惑，那就是地球上生命的出现。地球是在大约 45 亿年前形成的，而且科学家们也相信，在那之后的几亿年里，地球上就已经有了简单生命体。这也许太快了一些。不过的确存在 30 亿年前就有最简单最古老的生命的痕迹。这意味着，这些在地球形成后不久就很快地出现的生命，是先前就存在的生命体的后裔，而不是这些缺乏生命的化学物质和气体组成在一起的结果。

这些问题让科学家发现，地球本身是不适宜生命发展的，不过，事实上生命出现了。诺贝尔奖得主弗朗西斯·克里克和莱斯利·欧格尔在科学杂志《伊卡洛斯》（*Icarus*，1973 年）中提倡这样一种观点："地球生命可能是从遥远宇宙来的微粒物质。"

为什么所有的地球生物都只有一种基因密码？如果生命是在"太初汤"里开始的，如大多数生物学家相信的，有着大量基因密码的组织是应该出现的。同样，为什么钼在生命必不可少的酶反应中有着举足轻重的作用，而钼却是极为稀有的物质？为什么地球上充足的物质，比如铬和镍，在生物反应中却是不重要的？

由克里克和欧格尔提出的奇怪理论不仅是说，所有的地球生物都来源于外层空间闯进的物质，而且还认为这种"播种"是蓄意的——外星球的高智慧生命将"生命种子"放进太空船送到地球，以便快速开始地球的生物链。

在没有这本书的信息的帮助下，这两位知名科学家接近了真正的事实。当然，其实并没有这样预先策划好的"播种"；而是一次天体撞击。一颗承载着生命的行星，第十二个天体和它的卫星，撞上了提亚马特并将其切成两半，其中一半成为"地球"。在这次撞击中，第十二个天体承载着生命的土壤和空气"种"在了地球上，给予它早期的生命体，除此之外没有其他解释。

如果第十二个天体上的生命的出现哪怕只比地球快上 1%，那它就比我们早大约 4500 万年。甚至只有这一瞬间的差别，第十二个天体上的类人生物，早在地球第一只哺乳动物出现的时候就住在那里了。

有着这样的差别，第十二个天体上的人当然可以在 50 万年前进行星际旅行。

第九章

着陆地球

我们只在月球上踏出过自己的脚印，我们的无人飞船也只能探测离我们最近的行星。在我们的邻居们后面，无论是星系类的还是外层空间的探索都在我们的能力之外。而有着超长轨道的纳菲力姆的行星，它本身就像是一个旅行中的天文台。这个轨道带着它飞过所有的更外层的行星，并让他们能够直接地观察我们的星系。

当他们登陆地球的时候，他们带来了他们伟大的天文知识。纳菲力姆人，地球上的“天国之神”，教导人类看向苍天——就像耶和华让亚伯拉罕做的一样。

甚至是在最古老、最简陋的浮雕和绘画上，我们都能看见星座和行星符号；当神被描绘或是被祈求的时候，他们的符号就被用一种图画简写。通过向这些符号祈祷，人类不再孤独；这些符号连接着地球人和纳菲力姆人，也连接着地球和天国，以及人类和宇宙。

这些符号中的一些，我们相信，同样还表达了空间旅行的含义。有大量的讲述这些天体和他们与各天神关系的古代文献和列表。古代人为天体和天神取多个名字的习惯让我们的分析变得困难。哪怕在已经建立好的关系中，如金星是伊师塔，也随着众神中的变动而变得混淆。所以，在更早的时候金星被认为是宁呼尔萨格。

E.D. 范布伦在《美索不达米亚艺术中众神的符号》一书中，分类整理了超过 80 个这样的符号——神和天体的符号。它们在圆柱图章上、雕塑上、石柱上、浮雕以及界石上——更加详细清晰，例如亚甲的库都鲁——被发现。在这些符号被分好类后，不难看出，除了一些代表南部或北部星座的符号外，还有一些符号若不是代表黄道十二宫的话，那就是代表着 12 个天地众神，再不然的话就是代表着太阳系的 12 个成员。美里西帕克——苏萨之王——立下的库都鲁，显示了黄道带的 12 个符号和 12 个星形神的符号。

亚述王伊撒哈顿立下的一个石柱上，描绘了这位统治者在面对天地十二主神时手举生命之杯。我们可以看见有四位神祇站在动物身上：伊师塔站在狮子身上，阿达德拿着叉状闪电，这很容易就能鉴别出来。另外有四位神用带有他们特殊属性的工具来表示，比如用狮头锤来代表战神尼努尔塔。剩下的四位神则是用天体来表示——太阳，是沙马氏；带翼天球，是第十二个天体，阿努的住所；还有月牙与七星。

虽然在后来辛才是月亮，用月牙表示，但有足够的证据证明，在“古老的时候”，这个符号所代表的是一位年老的长满胡须的神，他是苏美尔真“老神”之一。他常被描述在水流环绕中，这位神毫无疑问就是艾。月牙同时还与测量和计算科学有关，而艾正好也主管这一块。海洋之神艾是非常适合用引起潮汐的月亮来表示的（见图 121）。

那么七星符号的意思是什么呢?

许多线索都将我们的视线集中到恩利尔的身上。在阿努的门廊前，用月牙和七星来表示艾和恩利尔。一些最清楚的符号已被亨利・罗林森爵士在《西亚的楔形文献》一书中，一丝不苟地拷贝了下来，这些符号中最重要的“三人组”是阿努在他的两个儿子之间；这些代表恩利尔的符号不是七星就是有七个顶点的“星星”。数字七是恩利尔的符号中必不可少的（有时还包括他的女儿宁呼尔萨格，代表符号为脐带剪，见图 122）。

学者们曾无法理解拉格什王古蒂亚的一段陈述，“天上的 7 是 50”。试图用算术来解决——根据一些准则将 7 变为 50——的尝试无法理清这段陈述的含义。然而，我们却看到一个简单的答案：古蒂亚所说的这个“7”天体代表的神是“50”。恩利尔，他的代表数是 50，而与他对应的行星是第七个。

哪颗行星是恩利尔呢？我们回想起那些讲述诸神第一次来到地球的文献。当阿努在第十二个天体上的时候，他的两个儿子来到了地球。艾被给予了“深处的统治权”，恩利尔则是“大地的统治权”。现在这个问题的答案突然出现了：恩利尔之星就是地球。地球——对纳菲力姆而言——是第七个行星。

图121

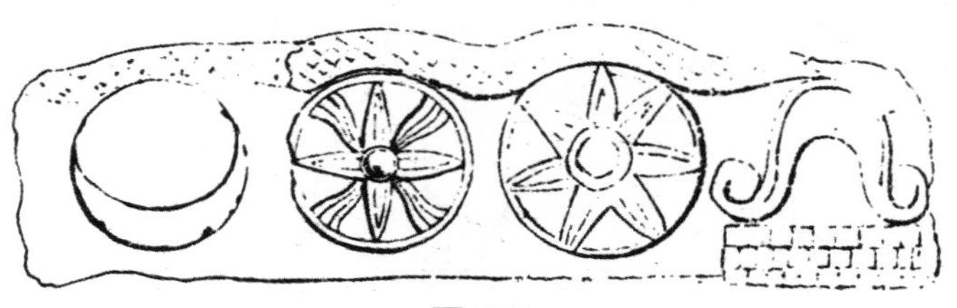

图122

※

在 1971 年 2 月，美国发射了执行至今为止最远任务的无人飞船。它航行了 21 个月，经过火星和小行星带，在很精确的时刻表内与木星会合。接着，就像 NASA 科学家们所预言的那样，木星巨大的引力“抓”到了它并把它扔到了外层空间。考虑到先锋 10 号可能会在某一天被另一个“太阳系”的引力吸引而坠落到宇宙中的某个行星上，研发这艘飞船的科学家们将一块刻有“信息”的铝板放在它里面。这段信息使用的是象形语言——与最早的苏美尔象形文字中的符号和标志没有太大区别。它试图告诉任何找到这块铝板的生物，人类有男女之分，大小和飞船的大小是成比例的。它描述了构成我们世界的两种基本化学物质，以及相对于某种宇宙射线来说我们的位置。它还描绘出了我们的太阳系——一个太阳九个行星的版本，告诉它的发现者：“你发现的这艘飞船来自这颗太阳的第三个行星。”（见图 123）

我们的天文学家已经适应了地球是第三个行星这种说法了——事实上，它的确是。但那是在从我们星系中心太阳开始算起的时候。

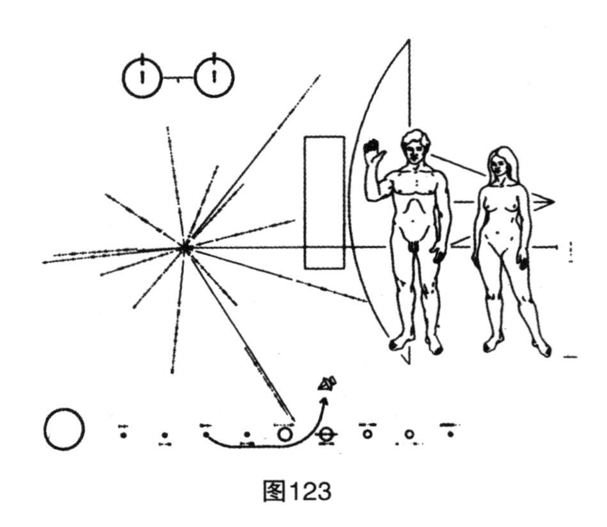

图123

但对某个从外部接近我们太阳系的人而言，第一个被算进去的行星是冥王星，第二个是海王星，第三个是天王星——不是地球。第四个会是土星，第五个是木星，第六个是火星。

第七个才是地球。

※

除了纳菲力姆，没有别人会经过冥王星、海王星、土星、木星和火星再到达地球，也没有人会认为地球是“第七个”。即使这样，仍然有人认为，古代美索不达米亚的居民，而不是太空来客，有能力并需要从太阳系的边缘开始计算地球的位置，而不是从太阳开始算起，这样顺便也证明了这些古人的确是知道天王星、海王星和冥王星的存在的。不过这些行星的存在并不是靠他们自己得知的，我们已经证明过了，这些信息都是由纳菲力姆传达给他们的。

无论怎么说，结论都只有一个：只有纳菲力姆才会知道土星之后还有行星，而正因为这样，从外面数进来，地球成了第七个天体。

地球并不是太阳系中唯一一个数字位置被符号化了的天体。有充分证据证明，金星被描绘成了有八个顶点的星星；金星是第八个天体，当从外数到内的时候是在地球之后。八个顶点的星星同时还代表着女神伊师塔，而金星是伊师塔的行星（见图 124）。

许多圆柱图章和图画遗物将火星描绘为第六个天体。一个圆柱图章显示火星的神祇坐在一个王座上，王座位于一个“六芒星”下面（见图 125）。图章上的其他符号分别代表着太阳，和我们现在的描绘方式差不多；还有月亮；十字，“十字行星”的符号，第十二个天体。

在亚述时代，一个神之星的名次通常用他王座旁的星星来表示。由此，一

图124

图125

个描绘尼努尔塔的牌匾将四颗星星放在他的王座上。他的行星土星的确是第四个行星，当然是用纳菲力姆的排序方式。其他大多数行星都有类似的描绘。

※

古代美索不达米亚最重要的宗教事件，是为期 12 天的新年庆典。庆典中充满了第十二个天体轨道，太阳系的组成，以及纳菲力姆前往地球的旅程的象征。其中保存最好的“信任誓词”是巴比伦的新年礼仪；但有证据显示，巴比伦人仅仅是简单地复制了苏美尔文明一开始的传统。

在巴比伦，这项庆典是在非常严格和详细的礼仪规范下举行的；每一个部分、场次和祷告词都有着传统原因和一个特殊的意义。这些典礼是在尼散月——新年第一个月的第一天开始举行的，与春分刚好相合。有 11 天，其他神将按照规定的秩序到马杜克那里去。到了第十二天，其他每个神都回到自己的住所，马杜克将在他的光辉中再次落单。与马杜克在星系中的出现所对应，显然他要与太阳系中其他诸神“会面”，并在第十二天分离——让这第十二位神继续与世隔绝地做着众神之王。

新年庆典的礼仪与第十二个天体相关。前四天，对应的是马杜克经过前四颗行星（冥王星、海王星、天王星和土星），是准备日。在第四天的最后礼仪被称作是让行星依库（Iku，即木星）出现于马杜克的视野。马杜克快要走到天战遗址了；很有象征意味地，大祭司此时开始诵读《创世史诗》——天战的故事。这是一个不眠之夜，当天战的故事讲完之后，天刚刚破晓，第五天到了，这时的典礼是 12 次称马杜克为“上主”，肯定了在天战之后，太阳系有了 12 个成员。朗诵中接着就点明了太阳系的这 12 个成员以及黄道带的 12 个星宫。在第五天内的某个时段，神那布——马杜克的儿子及继承人从他的崇拜地博尔西帕乘船而来。但他只在第六天才进入巴比伦神庙内院，因为在那之后，那布成为巴比伦的十二大神之一，而属于他的行星是火星——第六个天体。

《创世记》告诉我们，在第六天，天地及其上的一切都完成了。巴比伦的庆典同样在尼散月的前六天，纪念了这次创造地球和小行星带的宇宙事件。在第七天，庆典将注意力集中到了地球。虽然第七天庆典的细节有些缺乏，H. 法兰克福在《王权与众神》一书中表示，他相信他们参与了一场神的演出：在那布的带领下，解救被关押在“下层大地之山”的马杜克。

自从发现了详细介绍马杜克与其他对手争夺地球王位的史诗文献，我们可以推测，第七天的事情就是重演马杜克争夺地球（第七个天体）王权的往事，他最初的胜利，以及他的最终胜利并夺得权力。

在巴比伦新年庆典的第八天，马杜克在地球上取得胜利——也就是篡改过的《伊奴玛·伊立什》中的天国胜利，取得了至高无上的权力。在赞扬马杜克之后，这些神祇，在国王和百姓的帮助下，上了船。在第九天，按照规定好的队伍，马杜克从他在城市中的圣域前往位于城外某个地方的“阿基图之屋”。马杜克和前来拜访的11位神祇在那里待到第十一天；在第十二天，诸神各回各家，庆典也就结束了。

从任何一个方面来看待巴比伦的庆典，都让人想起它之前的苏美尔人的庆典。最具有说服力的是与阿基图之屋有关的部分。许多学说，例如S.A.帕里斯的《巴比伦阿基图庆典》，对这所“屋子”在公元前第三个千年的苏美尔宗教庆典中有过特别介绍。这个庆典的精华部分是：一支神圣的队列看见当政的神祇离开了他的住所或神庙，经过几个站点，到了镇外的一个地方。一艘特别的船，“圣船”，在这次行动中被用上了。这位神祇很成功地完成了他在阿基提之屋的任务——无论那是什么，坐着同一艘船返回了城市的码头，并顺着原路返回神庙，享受国王和百姓提供的佳肴和欢乐。

苏美尔词语阿基提（正是巴比伦词语阿基图的源头）字面上的意思是“以地球生命为基础”。与各种各样的难以理解的旅行联系起来，我们可以看出，这个队列象征着纳菲力姆人，从他们的家园来到第七个天体地球的危险却成功的航行。

在古巴比伦遗址上持续20多年的挖掘成果，与巴比伦宗教文献的记录有着惊人的吻合。F.韦策尔和F.H.维斯巴赫在其合著的《巴比伦的马杜克主神庙》一书中披露，由他们带队的挖掘小组能够在理论上重建马杜克的圣域。事实上也是如此：他的塔庙，前行之路的建筑特征，在位于东柏林的古代近东博物馆被重新架构了起来。

七个站点的具有象征意味的名字和马杜克在每个站点的称号，既有阿卡德语版本，又有苏美尔语版本——印证了它们的苏美尔起源及象征意义。

马杜克的第一个站点——在那里他的称号是“天国统治者”——亚甲名字叫作“圣屋”，苏美尔名字叫作“亮水之屋”。他在第二个站的称号现在还无法辨读；这个站本身名叫“分土之地”。第三个站点的名字有些部分已经破损，开头的几个字是“面对行星……的位置”；马杜克在这里的称号变成了“喷出火焰的主人”。

第四个站被称为“命运圣地”，在这儿马杜克被称为“安与基的水之暴风的主人”；第五个站的出场没有这么“震撼”，它被叫作“车道”，马杜克是“羊倌之话出现之地”；第六个站被叫作“行者之船”，马杜克的称号在那里变为“表示出的门廊之神”；第七个站是“比特·阿基图”，“创建地球生命之屋”。在这个地方，马杜克的称号是“休息室之神”。

我们认为，马杜克队列所经过的七个站点表示着纳菲力姆到达地球的空间之旅；第一个“站”，“亮水之屋”，代表的是经过了冥王星；第二个（“分土之地”）是海王星；第三个，天王星；第四个—— 一个太空风暴的地方——土星。然后是第五个，在那里“车道”变得清晰了，“羊倌之话出现的地方”，是木星。第六个，一个将旅行转到“行者之船”的地方，是火星。

而第七个站就是地球——旅行的终点，马杜克在那里提供了“休息室”（神的“创建地球生命之屋”）。

※

纳菲力姆的“航天太空总署”是怎样按照他们通往地球的飞行来认识太阳系的？

逻辑上讲——事实上也是——他们从两部分认识这个星系。一个观测区域是飞船本身，它经过了从冥王星到地球等七颗行星占领的空间。第二组，在他们航线的前面还有四个天体——月球、金星、水星和太阳。在天文和神的谱系中，这两组被认为是分开的。

从谱系上看，辛（月球）是这“四个”中为首的，沙马氏（太阳）是他的儿子，伊师塔（金星）是他的女儿。阿达德（水星）是伊师塔的叔叔，辛的兄弟，他随时都与他的侄儿沙马氏和（特别是和）他的侄女伊师塔在一起。

而另一方面，这“七个”在讲述人神及太空大事的文献中是被合在一起考虑的。他们是“裁决的七个”，“君王阿努的七信使”，而且正是因为这样，七这个数字变得神圣起来。有“七古城”，城市有七道门；城门有七个门闩；祈福要求七个丰年；饥荒与动荡的诅咒持续七年；圣婚通过“做爱七天”来庆祝……还有很多。

在这些严肃的庆典中，如阿努和他的伴侣作为来访的稀客的时候，代表这七颗行星的神祇将被选派出来。而另外四个却被当作隔离者来对待。例如，古代外交规定就有陈述：“神祇阿达德、辛、沙马氏和伊师塔将坐在院子里直到破晓。”

在天上，每一组都本该待在它自己的天域里，苏美尔人也认为在两组之间有一根“天条”隔绝了它们。

“一部重要的天文神话文献，”A. 耶利米亚说，它讲述了一些引人注目的宇宙事件，当这七个“被卷在天条上”——在这次剧变之中（罕见的七星一线），“他们与英雄沙马氏（太阳）和勇敢的阿达德（水星）结盟”——意思可能是，所有的引力施加在一个方向上。“与此同时，伊师塔寻找着一个和阿努一起的充满荣光的住所，想要成为天国女皇”——金星通过某种方式将自己的位置移向了一个更为“荣光的住所”。最大的影响是在辛（月球）的身上。“这七个惧怕的不是律法……光的给予者辛被凶猛地包围”。按照这个文献的说法，第十二个天体的出现拯救了黑暗的月球，并让它再次“在天国发出光辉”。

这四个位于被苏美尔词语称为 GIR.HE.A 的天域里，意思是“迷惑火箭的天水”，还有另一些苏美尔词语用来描述它，比如 MU.HE，“飞船的困惑”，或是 UL.HE，“混淆带”。这些奇怪的词语是讲得通的，我们曾认识到纳菲力姆人是按照他们的太空旅行来认识太阳系的。也就是前不久，通信卫星的工程师发现太阳和月亮会“玩弄”卫星并将它们“关掉”。地球卫星会被太阳耀斑产生的微粒雨或月球反射的红外线“迷惑”。纳菲力姆也是一样，在他们经过地球并靠近金星、水星和太阳的时候，火箭或飞船进入了一个“迷惑区域”。

因为天带而与另外四个隔离，这七颗行星位于苏美尔所说的 UB 天域里。UB 包含了七个部分，在阿卡德语里被称为幽居地。无疑这就是古代近东人相信“七天国”的开端。UB 的七个“天球”包括了阿卡德人的基什莎图(kishshatu，意为“整体，总体”)。这个词的原型是苏美尔的 SHU，同样也有“最重要的部分”，至高无上的意思。因此这七个行星有时也被称作“SHU.NU”，七个发光体，它们居于“至高无上的区域”。

相对于另外四个，这七个有着更为详细的记载。苏美尔人、巴比伦人和亚述人的天体列表用了大量的词汇来形容它们，并很正确地排列它们。大多数学者都认为，这些古代文献不可能正确地认识土星之后的行星，所以很难正确理解这些文献中的行星。但是我们却发现，这些文献中的名字是很容易就能被认识的。

纳菲力姆进入太阳系的第一个看见的行星是冥王星。美索不达米亚将这颗行星命名为 SHU.PA（意为“SHU 的监管者”)，因为这颗行星“守护”着太阳系的“至高无上的区域”。

就像我们看见的那样，纳菲力姆要到达地球，只能在最接近地球的时候从第十二个天体上起飞，这样他们就能不仅在第十二个天体上观察冥王星，同样还能在飞船上观察冥王星。一本天文文献说 SHU.PA 星是“恩利尔为大地制定命运之地”——在那个地方，神驾驶着飞船，制定了到达地球和苏美尔之地的正确航线。

在 SHU.PA 之后是 IRU（意为“圈”)。在海王星，纳菲力姆的飞船可能开始了通往目的地的曲线或者“圈”。它的另一个名字是 HUM.BA，暗指“沼泽植物”。也许在以后的某一天，当我们探索海王星的时候，会发现上面有着曾被纳菲力姆人看见的沼泽地？

天王星被称作 Kakkab Shanamma（意为“成对的行星”）。从大小和外表上来看，天王星和海王星的确像是双胞胎。一个苏美尔列表将其称为“EN.TI.MASH.SIG”（意为“光辉的绿色生命之星”）。难道天王星也是一个布满湿地植物的星球吗？

在天王星之后的就是土星了，这是一个有着“光环”的巨行星（接近于地球的十倍大小），而“光环”与之的距离超过其直径的两倍。它们肯定会对纳菲力姆和他们的飞船造成威胁。这样的话就很好解释为什么他们叫这颗行星 TAR.GALL（意为“强大的毁灭者”）。这颗行星还叫 KAK.SI.DI（意为“正义武器”）和 SI.MUTU（意为“替天行道者”）。

在整个古代近东，这颗行星代表着邪恶终结者。这些名字是不是意识到了这颗行星会对飞船造成威胁？

我们看见过阿基图之行，在第四天提到过安和基之间“水之风暴”——这是在飞船行驶在安莎（土星）和基莎（木星）之间时发生的事情。

很早之前的一份苏美尔文献在 1912 年被公开，被认为是“古代魔法书”，很可能讲述的是一艘飞船和其上的 50 名宇航员的丧失。它讲述了马杜克是怎样到达埃利都，告诉他父亲艾这个可怕的消息的：

> 它被创造成一个武器；
>
> 如死神般前行……
>
> 50 个阿努纳奇，
>
> 被重击了……
>
> 如鸟般飞行的 SHU.SAR
>
> 被击中了胸部。

文献中没有提到“它”是什么。而无论它是什么，它毁掉了 SHU.SAR（意为飞行的“至尊舰”）和其中的 50 名宇航员。但是这种对于宇宙不幸的惧怕也只是在土星这里。

纳菲力姆在经过土星到达木星的时候一定得到了很大的宽慰。他们将这第五个天体称为 Barbaru 星（意为“明亮的”），或 SAG.ME.GAR（意为“伟大的，穿上宇航服之地”），或 SIB.ZI.AN.NA（意为“天国的真向导”）。同样，文献也描述了它在通往地球的旅程中所扮演的角色：这是进入火星与木星之间的地带，进入小行星带这个危险区域的标志。从这些名字上看，纳菲力姆人是在这个地方穿上了宇航服。

火星，很适当地被叫作 UTU.KA.GAB.A（意为“水域之门前的灯”），让我们回想起苏美尔文献和《圣经》中将小行星带描述为天上的“手镯”，它分开了太阳系中的“上水域和下水域”。更为精确的是，火星还被认为是 Shelibbu（意为“‘接近’太阳系‘中部’”）。

一幅刻在圆柱图章上的不寻常的图画显示，在经过火星之后，一艘前行中的纳菲力姆飞船与地球上的“太空航行地面指挥中心”始终保持着联系（见图 126）。

这幅古代图画最重要的内容是第十二个天体的符号，带翼的天球。但这次看上去不太一样：它更加机械化，更为人造化。它的“翅膀”看上去非常像美国航天器上的太阳能板，将太阳的能量转化为所需的电能。还有两个天线是绝对不会错的。

这个圆形的飞船，带着皇冠状顶部，翅膀和天线，在天国里，在火星和地球之间。在地球上，一位神将手伸向一名还在太空的宇航员，他靠近火星。这名宇航员看上去戴着一副面甲和胸甲，他着装的下半部分看上去就像是一个“鱼人”——也许是一种需要，他们迫降在海里。他的一只手拿着一副器具，另一只手回应着地球上的问候。

图126

旅行继续着，接着就到了地球，第七个天体。在“七天神”的列表中，它被称为 SHU.GI（意为“SHU 的正确休息地”）。它同样还代表着“SHU 的结束之地”，在这个太阳系中的至尊部分——这次长途旅行的目的地。

在古代近东，GI 这个音节常常被音译为 KI（意为“地球，干地”），GI 的发音和音节的原始意义一直保存到了今天，和纳菲力姆人所表达的含义是一样的，就像：geo-graphy（地理），geo-metry（几何），geo-logy（地质）。

在最早的象形文字里，SHU.GI 这个符号同样代表着 SHIBU（意为“第七个”）。天文文献解释说：

> Shar shadi il Enlil ana kakkab SHU.GI ikabbi
>
> 意思是“大山之主，恩利尔神，与 SHU.GI 星是同样的”。

与马杜克到七个站点的旅行一样，这七个名字同样也在讲述一次星际旅行。在旅行的最后就是第七个天体，地球。

※

我们也许永远都不会知道，从现在开始的无数年之后，是否会有外星人找到并看懂我们放在先锋 10 号上面的信息。同样，我们也能在地球上找到类似的信息——告诉地球人第十二个天体的位置和信息的牌匾，而如此的证据确实存在。

证据是在尼尼微的皇家图书馆的废墟里发现的一块泥板。和其他泥板一样，这无疑也是苏美尔原版的亚述复制品。但与其他不同的是，它是一个圆盘；而且虽然上面的楔形符号都保存得相当完好，但所有研读过这个泥板的学者都称其为“最难解的美索不达米亚文献”。

在 1912 年，L.W. 金在大英博物馆管理着亚述和巴比伦的古物，对这个碟子做了一个很细心的拷贝，它是被分为八个部分的（见图 127）。

没有破损的部分上面有一些几何图形，它们都有着相当高的精度，这在其他古代工艺品、设计和图画中是从来没有见过的。它们包括了箭头、三角形、交叉线条，甚至还有一个椭圆——这是一种被认为古代人无法描绘出的精准的几何曲线。

这个不寻常的奇怪泥板首先是出现在 1880 年 1 月 9 日的一个科学组织的报告中，吸引了英国皇家天文学会的注意。R.H.M. 博桑基特和 A.H. 赛斯，在一个最早的“巴比伦天文学”演讲中，认为它是一个平面天球图（在一个平面地图上表示球面的内容）。他们声称其上的一些楔形符号“似乎是一些带有理论意义的测量”。

牌匾中八个部分出现的许多天体的名字很明显是在讲述天文内容。博桑基特和赛斯对其中一个部分的七个“小星点”特别感兴趣。他们说这些东西代表的可能是月相。这些小星点似乎是被贯穿在一条线上的，“群星之星”被命名为 DIL.GAN，另一个天体被命名为 APIN。

“这些神秘图案绝对有一个很简单的解释。”他们说。但是，可惜他们自己对于寻找这个答案的努力，并没有因为他们正确认识了这些楔形符号的含义，而且还理解了这是平面天球图而走远。

当皇家天文学会公布这个平面天球图的草图的时候，J. 奥伯特和 P. 延森改进了一些星体和行星的名字的读法。弗里兹・霍米尔博士在 1891 的一本德国杂志上发表的文章《古代迦勒底的天文学》中，注意到了这个平面天球图八

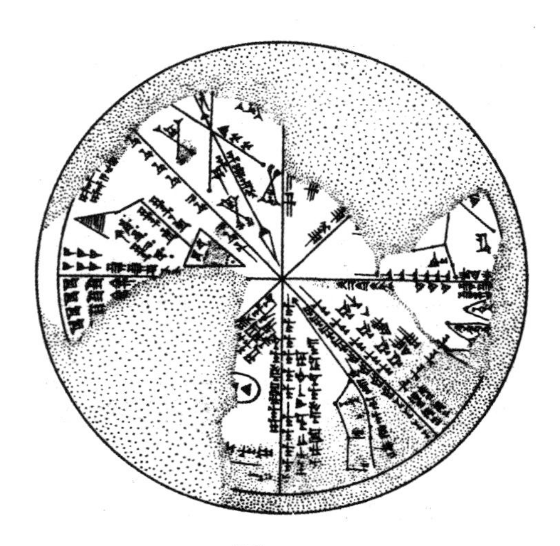

图127

个部分的每一个都是45度角，他指出整个天盘的度数是360度。他认为，这个被标出的焦点是“巴比伦天空”的某个地方。

这件事被放置了一段时间，直到恩斯特·F.威德纳，先于1912年在一篇发表的文章《巴比伦学：巴比伦人的天文学》上，后于他的一本主要教科书《巴比伦天文学手册》（*Handbuch der Babylonischen Astronomie*，1915年）上，十分彻底地分析了这个牌匾，但指出它是无意义的。

他的困惑的缘由，是这些写在很多部分里的几何图形和星体及行星名字是清晰易读的（哪怕是在它们的意义或者目的不明确的情况下），而顺着那些线条（互相隔着45度）的标注或题字是无意义的。它们总是一些重复着的亚述语言中的词汇。比如这样：

lu bur di　lu bur di　lu bur di

bat bat bat kash kash kash kash alu alu alu alu

威德纳指出这个牌匾既讲天文学又讲占星术，是用来驱邪除妖的魔法书，和其他那些有着重复词汇的文献一样。因为这个解读，他不再对这个独特的碑刻感兴趣。

然而，如果我们用苏美尔语来读这段文字，而不是亚述语的话，它们则会呈现出一种截然不同的意思；因为这个泥板本身就是亚述人复制的原属苏美尔的内容。当我们看到其中一个部分时（我们设它为一号），上面有着这样看似无意义的符号：

na na na na　a na　a na nu（这是顺着下行线的）

sha sha sha sha sha（这是顺着四周的）

sham sham　bur bur　Kur（这是顺着地平线的）

如果我们用苏美尔语来分析这些重复符号的话，它们突然变得有意义了。

这里显示的是一张路线图，标注了神恩利尔“经过这些行星”，还伴随着一些操作指南（见图 128）。

线条都呈 45 度倾斜，似乎是为了标出一艘飞船从“高高高高”的地方下降下来的路线，经过“水蒸气云层”和一个“缺水的下层区域”，朝着天地交接的地平点。

在接近地平线的天空中，对宇航员而言这些指南是有意义的：他们被告知要“调整调整调整”他们的仪器设备，好抵达最终目的地；接着，当他们接近大地的时候，“火箭火箭”被点燃以减缓飞船速度，火箭很显然应该是在其接近降落点之前就要升起（堆积，pile-up）的，因为它还要经过高耸或者崎岖的地带（山山，mountain mountain）。

这个部分的信息明摆着是在讲述恩利尔自己的飞行。在这第一个部分中我们被给予了一个精确的几何草图，两个三角形被一条带转角的线连接起来。这条线表示一条路线，因为上面的文字很清楚地说明这个草图想表达的是“神恩利尔去往的行星”。

起点是左边的三角形，表示的是太阳系之外的遥远地方；目标区域在右边，所有部分都指向这个着陆点。

左边的三角形，它的底部是开口的，和一个已知的近东象形文字很相似；它的意思可以被认为是“统治者的领域，多山之地”。右边的三角形是由注释shu-ut il Enlil（意为“神恩利尔的道路”）而被认识的；这个词，如我们已知的那样，指示的是地球的北部天空。

这条带转角的线，我们认为，它连接着第十二个天体——“统治者的领域，多山之地”——和地球天空。这条线路在两个天体之间经过——Dilgan和Apin。

一些学者坚持认为这是遥远星球或者是星系中某星的名字。如果现代载人或无人飞船会用一个预设好的明亮星球引航的话，那就不能排除纳菲力姆人也有使用这种领航方式的可能。这两颗星星的名字不是很支持它们成为遥远的星球：DIL.GAN字面意思是“第一站”；而APIN则是“正确航向设定之地”。

这些名字的含义指出了他们经过的站点。我们趋向于同意一些权威人士的看法，如汤普森、艾平和斯泰斯玛耶尔，他们认为APIN是火星。如果这样，这个草图的意义就变得很清楚了：一条从木星（“第一站”）和火星（“正确航

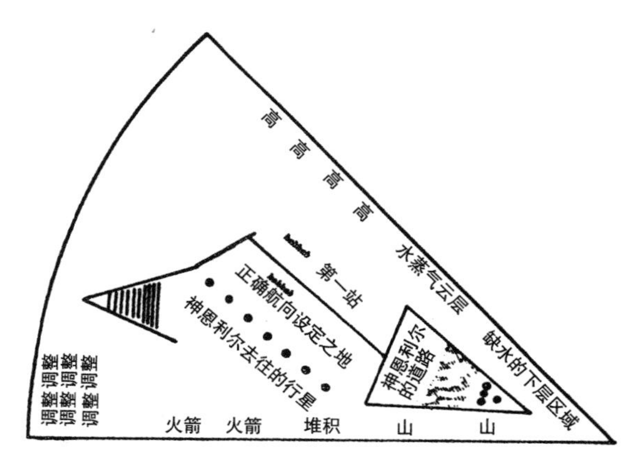

图128

向设定之地”）之间连起王权之星和地球上空的路线。

在纳菲力姆人的星际旅行中，描写与之相关的行星的名字的术语，与七个SHU 行星的名单中的名字和用词是相符合的。好像是要印证我们的观点，这个注释说，这是恩利尔在这一列共七个行星之下的出现路线——从冥王星到地球。

没有什么可惊讶的，他身下的另外四个天体，在“混淆区域”中，与七颗行星分开显示在地球北部天空和天带之后。

证明这是一张宇宙地图和飞行指南的证据，同样显示在其他每一个没有破损的部分中。顺着逆时针方向，一个仍然保持清晰的部分带有这样的标注：“拿拿拿投投投完成完成。”第三个部分，上面有一个奇怪的椭圆，标注的清晰部分显示着：“木星……安纳的使者……神伊师塔”（kakkab SIB.ZI.AN.NA…envoy of AN.NA…deity ISH.TAR），还有一句让人充满兴趣的句子：Deity NI.NI supervisor of descent（意为“降落的管理者，神尼尼”）。

在第四个部分，表现的似乎是如何按照星群来设定自己正确的航向，这条下行线很明确地被认为是天际线：在这条线下天被重复了 11 次。

这个部分是不是在表示靠近地球和着陆点的飞行阶段？而这可能的确是这个传奇的进入地点——在地平线下面的标注：

山山山山顶顶顶顶城城城城

在中部的标注是：“遇到双子座是注定的：木星将提供知识”[kakkab MASH.TAB.BA（Gemini）whose encounter is fixed: kakkab SIB.ZI.AN.AN（Jupiter）provides knowledge]。

如果真的是这样，这个部分是按照接近的先后次序进行整理的，那么人们肯定就能分享到纳菲力姆人接近地球航空港时的兴奋了。下一个部分，同样在下行线下有“天天天”，同时还有：

我们的光 我们的光 我们的光

变 变 变 变

看到轨迹和高地

……平地……

在地平线上，第一次，写下了：

火箭 火箭

火箭 升起 滑翔

40 40 40

40 40 20 22 22

下一个部分的上一条线上没有再写“天天”；而是写着“通道 通道 100 100 100 100 100 100 100”。在这个严重损毁的部分有一个图样还是可以识别的。在一条线下有着这样的注释：“Ashshur”，它可以被解释成“看见……的他”。

第七个部分由于损毁得极为严重，以至于我们都无法为其加上解释；几个可以识别的符号的意思是“遥远的 遥远的……视野 视野”和带指导性质的词“按下”。第八个也是最后一个部分，却是接近完整的。指向线箭头，以及在两颗行星之间标示出的轨迹。有指示要“堆起 山 山”，显示了四组十字，将两个命名为“燃料水谷物”，另外两个是“蒸气水谷物”。

这是在讲述为飞向地球做准备，还是在讲述为重回第十二个天体做准备？后者可能是对的，因为带箭头的线条指着的是与地球着陆点相反的方向，标志着传奇的“返回”（见图 129）。

当艾为“阿达帕升天之路”做准备的时候，阿努发现了这件事，问道：

为什么艾，对一个无用的人类

揭示了天地的示意图——

让他变得卓越，

为他制造一个 Shem？

在我们刚刚描述的平面天球图上，我们确实看到了这样一个路线图，一个“天地的示意图”。用符号语言和词汇，纳菲力姆人向我们画出了从他们星球到我们星球的草图。

※

除此之外的其他讲述天上的距离的难解文献，一旦解释为是从第十二个天体出发的太空航行的话，就都讲得通，而且充满意义。有一个这样的文献，在尼普尔的废墟中被发现，被认为有着4000年的历史，现存放于德国耶拿大学的希尔普雷奇特收藏馆。O. 纽格伯尔在《远古的精确科学》一书中声称，这

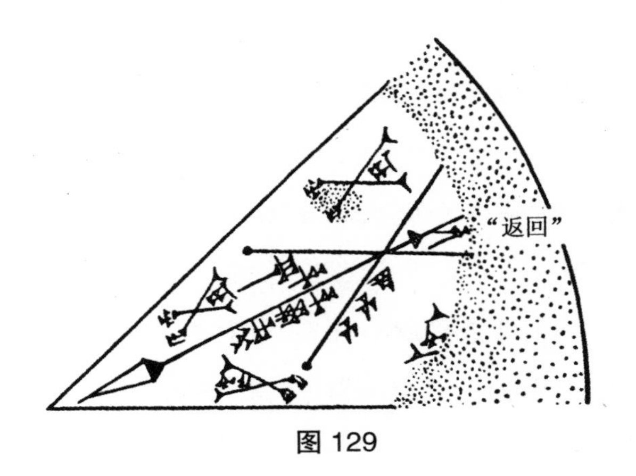

图 129

个碑刻毫无疑问是一个“更早的原版文件”的复制品；它给出了月球到地球、再到其他六颗行星之间的距离比。

这个文献的第二部分，似乎提供了解决各种星际问题的数学公式（按照某种读法的话应该是这样的）：

> 40420640*9 is(是) 6 40
>
> 13 kasbu 10 ush mul SHU.PA（冥王星）
>
> eli mul GIR sud
>
> 40 4 20 6 40*7 is(是) 5 11 6 40
>
> 10 kasbu 11 ush 6½ gar 2 u mul GIR tab
>
> Eli mul SHU.PA sud

这一部分文献的度量单位及内容的读法和理解，从未在学者们之间统一过。耶拿希尔普雷奇特收藏馆的管理员 J. 欧斯勒博士，在一封信中向我们提供了一个新的读法。然而，在文献的第二部分，却能很清晰地看出，这是在测量到 SHU.PA（冥王星）的距离。

只有纳菲力姆，通过穿越过行星轨道，才能得出这些公式；也只有他们需要这样的数据。

考虑到他们自己的行星和他们的目标地球都是在不断运动着的，纳菲力姆人不得不瞄准他们到达时地球的位置，而不是他们在发射时的地球的位置。可以想象，纳菲力姆人如同现代科学家画登月地图或是到其他行星的地图一样得出他们的航线。

纳菲力姆的飞船很可能是顺着第十二个天体的轨道方向起飞的，但那远远超出了地球范围。基于这一点和大量其他因素，航空学与工程学博士阿姆·农西琴为这艘飞船提出了两个替代路线。第一条路线是在第十二个天体到达它的远地点（指星球轨道上离地球的最远点）之前发射飞船。只用少量能量，飞船能够避免在减速时改变航向。当第十二个天体（虽然很大，但本身就是个“太空船”）继续在它超长的椭圆轨道上前行，这艘飞船降在一条短得多的椭圆航线上，于第十二个天体之前很久抵达地球。这个方案能为纳菲力姆带来好处，但同时也带来缺点。

以整整 3600 个地球年为他们自己的一年，这适用于所有在地球上的纳菲力姆统治者或其他纳菲力姆。而这一点的存在表明，可能他们更喜欢第二种方案，一个短途旅行，与第十二个天体一同待在地球上空。这表示，飞船（见图 130，C）必须是在第十二个天体从它的远地点返回的路程中间发射。随着星

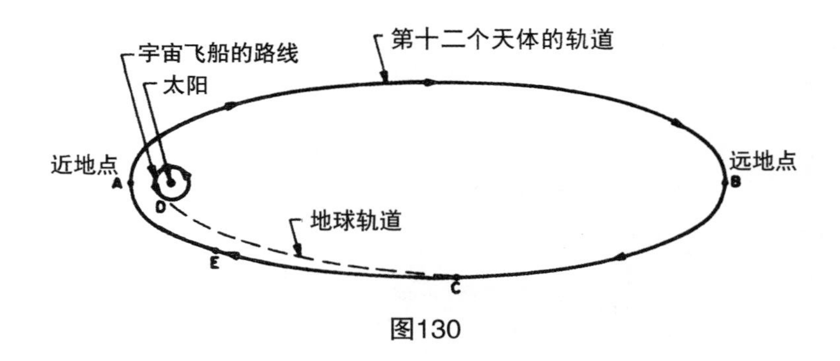

图130

球自身速度的快速提高，飞船必须有着强劲的动力才能超过它的母星，比它早几个地球年抵达地球（见图 130，D）。

基于复杂的技术数据，如美索不达米亚文献中提示的那样，似乎纳菲力姆的地球任务很像 NASA 的月球任务：当主飞船靠近目标星球（地球）的时候，它会进入围绕该行星的轨道，而不是直接降落。取而代之的，是一艘更小的飞船（登陆舱）从母船脱离出来进行登陆。

与准确降落同样困难的是，从地球上的撤退肯定更具有技术含量。登陆舱必须返回母船，要做到这一点，它就必须先发动它的引擎并加快到极高的速

度，因为它必须要追上第十二个天体，当时第十二个天体会刚好以它轨道上的极速，经过它在火星与木星之间的近地点。

在这艘飞船的绕地轨道上有三个点，会将他们向第十二个天体方向猛推。这三个方案向纳菲力姆们提供了一种在 1.1 到 1.6 个地球年内追上第十二个天体的机会。

合适的地形，来自地球的导航，以及和母星方面的完美协调是成功抵达、登陆、起飞和离开地球的必要条件。

正如我们即将看到的，纳菲力姆人满足所有这些条件。

第十章

众神之城

外星高智能生物第一次登陆地球的故事，是一部蔚为壮观的长篇史诗，它不亚于人类历史上对美洲的发现和第一次周游世界。实际上它更为重要，因为有了这次登陆，我们和我们的文明才会存在。

《创世史诗》告诉我们，“诸神”在他们领袖的带领下有目的地来到地球。巴比伦版本中，将这些都归功于马杜克，说他等着地球的泥土变得足够干燥结实，才好登陆地球，并在地球上进行建设。接着马杜克将他的决策告诉了一组宇航员：

在深处之上，
你们居住的地方，
我建造了“上部的王城”。
现在，它的对应物
我将建在下部。

接着马杜克解释了他的目的：

在天上
你们要降落以集会，
晚上要有休息的地方
来接纳你们全部。
我会命名它为“巴比伦”——
众神的门廊。

由此证明地球不是他们的暂时落脚地，或考察地；而是一个固定的“家之外的家”。

在一个本身就像太空船的行星上旅行，穿过了其他所有行星轨道，纳菲力姆人无疑是先在他们自己的行星上勘测这个太阳系的。无人探测器绝对是派出过的。早晚他们会拥有将载人飞船派向其他行星的能力。

当纳菲力姆人寻找另一个“家园”的时候，地球肯定最合他们胃口。它的蓝色显示出它有孕育生命的水和大气；而它的棕色代表了坚实的陆地；它的绿色，是植物与动物生命的基础。然而当纳菲力姆人最终向地球进发的时候，它看上去一定和今天我们的宇航员所看到的存在着一些区别。因为在纳菲力姆人第一次到达地球的时候，地球还处于冰河时代中期——一个极冷的时代，地球上一个结冰和去冰的时代：

早期冰河时代——开始于大约 600000 年前
首次变暖（间冰期）——大约 550000 年前
第二次冰河时代——480000 到 430000 年前

当纳菲力姆人在大约 45 万年前第一次到达地球的时候，地球上有大约 1/3 的大陆被冰原和冰河覆盖。由于有着如此多的冰冻水域，降雨减少了，但也不是到处都这样。由于风云的运行模式与地形特点的结合，与其他地方不同，有一些现在很贫瘠的区域当时却是富水区，而现在某些只有季雨的区域在当时却是经历着整年的降雨。

海平面也比现在更低，因为大量的水都结成了冰盖在陆地上。有证据指出，在两个冰河时代的顶峰时期，整个海平面比现在低了 600 ~ 700 英尺。因此，当时的一些干地变成了如今的海域和海岸线。在河水继续流动的地方，它们在经过岩石地貌的时候，创造了深深的河谷或山峡；如果它们的轨迹是在软地或泥土上，它们将经过大片的湿地抵达冰河时代的大海。

在这样的气候和地理环境中抵达地球，这些纳菲力姆人会在什么地方建起自己的第一个住所？

无疑，他们将寻找一个气候相对温和的地方，这样他们简单的临时房屋才能满足需求，他们才能在轻便的工作服中活动，而不是穿着笨重的保温服。

当然他们肯定还要寻找用来饮用、洗涤和工业用的水，例如用于维持供食用的植物和动物的生命。河水既能基本满足大片土地的浇灌用水，又能为运输提供方便。

当时的地球上只有一个地方能满足这样的气候条件，而且还能提供着陆需要的大片平地。如我们现在所知的一样，纳菲力姆人将注意力集中到了三条大河及其中的平原上。三条河：尼罗河、印度河和底格里斯 – 幼发拉底河。这些流域中的任何一个都很适合用于早期殖民；而每一个地方，最后都成为一个古代文明的中心。

纳菲力姆人当然不可能忘记另一个需求：燃料和能源供应。在地球上，石油是具有多种功能且大量拥有的能源矿物，提供能量、热和光，无数必不可少的货物都是由这种极其重要的天然原料制成的。我们由苏美尔人的实践和记录可以判断，纳菲力姆人大量使用了石油及其衍生物；显而易见，纳菲力姆人在选择最合适栖息地的时候，当然愿意那个地方有着丰富的石油资源。

有了这种想法，纳菲力姆人可能会把印度河流域放在选择的最后，因为这不是一个有石油的地方。尼罗河多半被当成第二个选择；它在地质上属于沉积岩区域，但这个地区的石油只能在离该流域有一段距离的地方才能找到，并且需要钻很深的井。而两河流域，美索不达米亚，毫无疑问是被当成首要选择的。世界上最富饶的一些油田，从波斯湾的末端一直延伸到了底格里斯河和幼发拉底河的发源地。而当在大多数地方人们都不得不钻很深的井才能采集石油的时候，而在古代苏美尔（现在的南部伊拉克），沥青和柏油冒泡并浮上地表。

有趣的是，苏美尔人为每一种沥青材料都命了名——石油、原油、天然沥青、石沥青或沥青岩、焦油、高温分解沥青、乳香、蜡、松脂。他们为各种不同的沥青取了九个不同的名字。对比之下，古代埃及语中只有两个，而梵语中只有三个。

《创世记》中描述过上帝在地球上的住所——伊甸园，那里有着舒适的气候，温暖而略带微风，因为上帝下午要散步，享受凉爽的微风。这是一个有着良好土壤的地方，能自我耕种，同时也是个美丽的花园，特别是一个宜于种植的果园。这是一个由四条河流组成水网的地方。“第三条河的名字（是）海德基尔（Hidekel，指底格里斯河）；它流向亚述之东；而第四条（河）是幼发拉底河。”

对于前两条河的鉴别，比逊河（Pishon，意为“充裕”）与基训河（Gihon，意为“喷涌而出”），还不能确认，而后两条河却是完全可以肯定的，就是底格里斯河与幼发拉底河。一些学者将伊甸园的位置定在美索不达米亚的北部，在这个地方有这两条河与两条相对较小支流的发源地；其他一些学者，例如E.A. 史本赛，在其著作《乐园之河》中表示，他相信这四条河在波斯湾顶部汇集，所以伊甸园不在美索不达米亚的北部而是在南部。

《圣经》中“伊甸”这个名字源于美索不达米亚，它的原文是阿卡德词语 edinu，意思是“平原”。我们回想起古代诸神的“神圣”称号丁基尔（DIN.GIR，意为“火箭中的正直 / 公正的人”）。而苏美尔人称这个众神的住所为 E.DIN，意思是“这些正直者的家”——十分相符的描述。

纳菲力姆人将美索不达米亚当成他们在地球上的家，至少还有另外一个很重要的原因。虽然最后纳菲力姆人在干地上建造了太空船发射降落场，但仍有一些证据证明，至少在一开始，他们是在一片溅水声中将自己的密闭太空舱降落到海里的。如果这是他们的降落方法，美索不达米亚附近可不止一片海，而是有两片——南部的印度洋和西边的地中海，所以在紧急情况下，降落就无须在一个特定水域进行了。和我们即将看到的一样，向海中迫降是必不可少的。

在古代的文献和图画中，纳菲力姆的飞船在最初被叫作“天船”（celestial boats，boat 指狭义的“船只”）。这些“航海的”宇航员，可以想象，在古代史诗文献中将被描述为从海底“天国”而来的人，于是“鱼人”形象就这么出现了。而且他们还上了岸。

这些文献，实际上将一些为飞船领航的 AB.GAL 的穿着描述为鱼。一部文献中，讲到伊师塔的神圣旅行，她寻找着在一条随着“沉没的船”离去的“大加鲁”（Great Gallu，意为“主领航员”）。贝罗苏斯传播了有关奥安尼斯的传奇，他是“赋予理性者”，他是在王权下落地球第一年，从“巴比伦王国边境的厄立特里亚古海”而来的一位神。贝罗苏斯记录说，虽然奥安尼斯长得像一条鱼，但他在鱼头下有人头，在鱼尾巴下也有人脚。“他的声音和语言也和人类接近，发音清晰。”（见图 131）

那三位让我们懂得贝罗苏斯所写内容的希腊历史学家，称这些鱼人会周期性地出现，从“厄立特里亚古海”而来——现在被我们称为阿拉伯海（the Arabian Sea，印度洋西部）的地方。

为什么纳菲力姆会降落在印度洋，与他们选中的美索不达米亚的地点离了

图131

数百英里，而非波斯湾？那儿离选中地点要近得多。古代记录中间接地证明了我们的观点——他们的第一次降落是在第二次冰河时代，现在的波斯湾那时还不是海，而是一片沼泽和浅湖，在那里降落是不可能的。

下落到阿拉伯海，这些来到地球的第一批高智慧生物，将他们的道路直指美索不达米亚。沼泽地延伸到了今天的海岸线之内。在湿地的边缘处，他们建立了在我们星球上的第一个据点。

他们将它称作 E.RI.DU（埃利都，意为“建在远处的房屋”）。多么合适的名字！

一直到现在，波斯文的“ordu”一词都表示“营地”。这个词在所有语言中都生了根：Earth（地球，陆地，大地）在德文中被称作 Erde，在古高地德语（Old High German）中被称为 Erda，冰岛语中被称为 Jordh，丹麦语中被称为 Jord，哥特语中被称为 Airtha，中古英语中被称作 Erthe；而且，回溯到过去，“Earth”在亚拉姆语中是 Araiha 或 Ereds，在库尔德语中是 Erd 或 Ertz，在希伯来语中是 Eretz。

在美索不达米亚南部的埃利都，纳菲力姆人建立了地球站，一个半部是冰的星球上的孤独的前哨站（见图 132）。

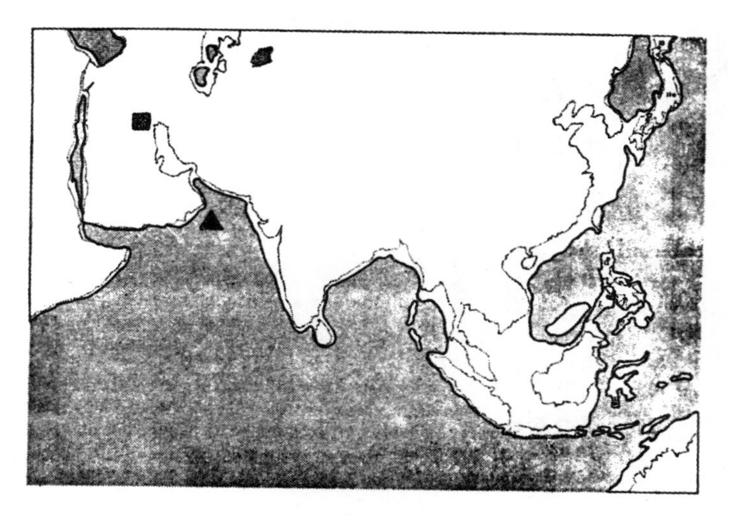

图 132

⋯⋯ 目前的海岸线

▲ 降落点在阿拉伯海

■ 埃利都的位置在涅地边缘

※

苏美尔文献，以及后来的阿卡德译文版，按照建立顺序列出了纳菲力姆人的据点或“城市”。我们甚至还被告知了各个据点是由哪位神所管辖。一部苏美尔文献，被认为是阿卡德“大洪水碑刻”的原本，讲到了前七座城市中的五座：

在王权从天国下落之后，在高贵的王冠之后，王权宝座从天国落下了，他……完善了这些程序，神圣的律法……在纯洁之地创建了五座城市，叫出它们的名字，将它们设计成中心。

第一座城市，埃利都，
他给了努迪穆德，领导者，
第二座，巴地比拉，
他给了努济格。
第三个，拉勒克，
他给了帕比尔萨格。
第四个，西巴尔，
他给了英雄乌图。
第五个，舒鲁帕克，
他给了苏德。

那个让王权从天国落下，计划修建了埃利都和另外四座城市，并安排它们各自的长官或指挥者的神的名字，很不幸地被涂掉了。然而，在所有文献中都写着的那位蹚过湿地边缘，并上岸说"我们在这里安家"的神是恩基，在这个文献里他的绰号是"努迪穆德"（意为"他是造物者"）。

这位神的两个名字——EN.KI（意为"干地之主"）和 E.A（意为"水是他的家"）是非常合适的。埃利都，在整个美索不达米亚历史中都一直保存着恩基的能量之座，是他的崇拜中心。这里是在一片从湿地水中人工升起的陆地上修建的。在一个被 S.N. 克莱默命名为《恩基和埃利都神话》的文献中能找到证据：

带水的深处之主，王恩基

修建了他的房子。

在埃利都他修建了水岸之房。

王恩基……修起了一座房屋

埃利都，像一座山，

他从大地升起；

他将它建在一个好的地方。

这些和其他大多数文献片段都认为，地球最早的这些“殖民者”，必须对付这些浅湖或充满水的沼泽。“他带来……让小河变得干净”。努力疏通河床和支流的阻塞，让湿地和沼泽的水排开，并引入更优质的水，以获得更干净的、可饮用的水，并进行灌溉。苏美尔人的故事同时还提到了一些填土或是抬高水坝的行为，以保护这第一批房屋。

一部被学者定名为《恩基和大地秩序》的“神话”文献，是迄今为止出土的最长的、也保存得最好的苏美尔叙事诗。它的文本包括了 470 行诗，其中的 375 行至今都清晰可读。它的开头（大约前 50 行）很不幸地破损了。接下来的诗文讲述了恩基的得意并建立了他与阿努（他的父亲）、宁悌（Ninti，他的姐妹）和恩利尔（他的兄弟）诸神之间的关系。

在这些引言和介绍之后，恩基自己“拿起了麦克风”。和它听上去一样不可思议，事实上，在这里文献变成了恩基登陆地球后的第一人称的报告：

当我到达地球，

这里洪水泛滥。

当我到了它的青草地前，

土堆和山丘

在我指挥下堆积起来。

我在一个纯洁之地修建了我的房屋……

我的房屋——

它的阴影延伸到了蛇湿地……

鲤鱼在它里面摇着尾巴

在小芦苇丛中。

诗文继续描述并用第三人称开始记录恩基的功绩。这里是一些节选：

他为这些湿地分界，

在里面放进了鲤鱼和……鱼；

他为这些灌木丛分界，

在里面放进了……芦苇和绿芦苇

恩比鲁鲁，运河的监察员，

他让他管辖沼泽和湿地。

他在其中放网让鱼无从逃脱，

他的陷阱没有……逃脱，

他的圈套没有鸟能逃脱，

……的儿子……一位爱鱼的神

恩基让他管理鱼和鸟类。

恩基木杜，沟渠和水坝的那一位，恩基让他管理沟渠和水坝。

他是……铸造，库拉，大地上的造砖者，恩基让他管理铸造与制砖。

诗文中还列出了恩基的其他功绩，包括净化底格里斯河的水，用运河连接底格里斯河和幼发拉底河。他的房屋在充满水的河岸，靠近一个码头，芦苇筏和船只能够在那里登陆，也能在那里下水。很适当地，这座房子被叫作E.ABZU（意为“深处之屋”）。恩基在埃利都的圣域从此以后用这个名字流传了千年。

毫无疑问，恩基和他的团队探索过埃利都周围的土地，但他似乎最喜欢走水路。湿地，他在一个文献中说：“是我最喜爱的场所；它向我张开怀抱。”另一部文献说，在湿地上，恩基在他的船中航行，他的船名叫MA.GUR（字面上的解释是“转向之船”），也就是说，一艘行驶的船。他讲述他的船员们是怎样“同时划起船桨”，怎样“唱着甜美的歌曲，让河流也跟着欣喜”的。在如此的时刻，他倾诉道：“神圣的歌曲和魔法填满了我，充满水的深处。”（见图133）

苏美尔国王列表指出，恩基和他的第一队纳菲力姆人在很长一段时间内都待在地球上：在第二个指挥官或“殖民首脑”到来之前过了八个SHAR（28800年）。

当我们仔细审查这个天文事件的时候，有趣的事情发生了。学者们曾被一个明显的苏美尔“困惑”缠住，说不清楚黄道十二宫中谁才是与恩基有关的。鱼－山羊的标志，代表着摩羯座，很显然是与恩基有关的（而且，确实能够

图133

解释埃利都创始人这个词，A.LU.LIM，它有“闪光水域中的羊”的意思）。然而，艾/恩基常常被描绘成举着流水的花瓶——最初的宝瓶座，或者是水瓶座，实际上这两个星座是同一个星座，它有两个英文名字，前者是送水人的意思；而且他肯定是鱼神，由此又与双鱼座有关。

天文学家们弄不明白，那些古代的占星师到底是怎么观察那些星群（鱼或送水人）的轮廓的。答案是这么来的。黄道带星座的名字其实不是因为星群的轮廓而来，而是根据一位生活在某个时候的神的主要活动或称号而来，那时的春分点刚好落在某一个黄道宫上，就为这一星宫命名。

如果恩基登陆地球如我们所认为的那样是在双鱼宫时代的开始，见证了向宝瓶宫的转移，并经过一个大年（25920 年），一直待到了摩羯宫时代的开端，那他就的确是在地球上指挥了传奇般的 28800 年。

有关时间的记载同样也能证明我们之前的论断，认为纳菲力姆人是在一次冰河时代的中期来到地球的。提高水坝、挖掘运河，这些劳累的工作是在气候仍然很严酷的时候进行的。在他们着陆后的几个 SHAR 年之后，冰河时代为一个更为温暖和多雨的气候让路了（大约是在 43 万年前）。就是在那之后，纳菲力姆人才打算进入更远的内陆以扩大他们的据点。很适当地，阿努纳奇（纳菲力姆的普通人员）将埃利都的第二个指挥官称作 A.LAL.GAR（意为“他带来休憩的雨季”）。

然而当恩基忍耐着作为一个地球拓荒者的艰难的时候，阿努和他的另一个儿子恩利尔却在第十二个天体上注视着地球的发展。美索不达米亚文献很清晰地讲到，真正管理地球任务的是恩利尔；当继续任务的决策下来之后，恩利尔自己降落到了地球。EN.KI.DU.NU（意为“恩基，挖向深处”）为他修建了一个特别的据点或是基地，名叫拉尔萨。恩利尔是什么时候开始独自管辖这个地方的？他的绰号是 ALIM（意为“公羊”），这与白羊座时代相符合。

拉尔萨的建立让纳菲力姆在地球上的殖民进入了一个新的阶段。它标志着，这项进入地球的工作若要继续进行，需要向地球运输更多的“人力”、工具和装备，并将有价值的货物运回第十二个天体。

水降已经不再适用于有着如此重量的转载舱了。气候的变化让内部的空间能够被更好地利用；是时候将着陆点移至美索不达米亚的中心部位了。在这个关键时刻，恩利尔来到了地球，并在拉尔萨开始修建一个“太空航行地面指挥中心”——一个可以让纳菲力姆人方便地进行回母星或是来地球的太空航行的地面指挥中心，它能引导航天飞船的降落，完善它们的起飞，指挥它们返回到围绕地球旋转的太空船上。

恩利尔为这样一个目的而选择的地方，就是扬名千年的尼普尔，他将之命名为 NIBRU.KI，意思是“地球的十字路口”——这让我们回想起第十二个天体与地球最接近的地方被叫作“天十字之地”，在那里恩利尔建立了 DUR.AN.KI，“天地纽带”。

这项工作很显然是复杂而耗时的。恩利尔在拉尔萨待了 6 个 SHAR 年（21600 年），当时尼普尔还正处于建设之中。尼普尔的建设工作也是相当漫长的，恩利尔的称号证明了这一点。在拉尔萨的时候，恩利尔和公羊（白羊座）相对应，随后又与公牛（金牛座）相对应。尼普尔是在金牛座时代建成的。

一首祈祷诗赞美了仁慈的恩利尔和他的妻子宁利尔，他的城市尼普尔，以及其中的“高耸之屋”E.KUR，向我们讲述了很多关于尼普尔的事。首先，恩利尔在那儿排列出了一些高尖端的仪器设备：一个审视大地的“升起的‘眼睛’”和一个寻找大地之心的“升起的柱子”。诗文告诉我们，尼普尔由惊人的武器保护着：“它看上去非常恐怖”，“它的外面，没有任何强大的神敢接近”。它的“手臂”是一张“大网”，它的中间蹲着一只“快步的鸟”，没有任何邪恶能躲过这只“鸟”的“手”。这个地方是不是通过电场由某种死亡射线保护着？在它的中部是不是有一个直升机坪，这只“鸟”相当轻快，所以没有谁能逃出它的势力范围？

在尼普尔的中心，在一个人造物上面升起了一个平台，坐落着恩利尔的指挥部，KI.UR，意为“地球之根”——升起“天地纽带”的地方。这是太空航行地面指挥中心的通信中心，是地球上的阿努纳奇跟他们战友联系的地方，他们的战友们 IGI.GI（意为“转身看的人”）位于绕地旋转的太空船上。

古代文献接着讲到，在这个中心里，有一个“朝向天空的接近上天的高柱”。这个极高的“柱子”，很坚实地扎在“不可推翻的平台上”，恩利尔用它来向天空“宣讲他的话”。这是对于广播塔的简单描述。一旦“恩利尔的话”——他的指令——“到达天国，丰收将降临地球”。这是一种对于航天飞船带来材料、特殊食物、药品和工具的多么简单的描述，而导致这一切的是尼普尔所给的“话”！

这个指挥中心在一个升起的平台上，恩利尔的“高耸之屋”。其中有一个神秘的房间，名叫 DIR.GA：

同远方的水域一样神秘，
就像是天上的穹顶。
在它的……之间……标记，
星星的标记。
它让 ME 更为完善。
它的言语是为了表达……
它的言语是仁慈的神谕。

这个 DIR.GA 是什么？古代碑刻的破损阻止了我们获得更多的信息；但它的名称，意思是“黑暗的、王冠状的房间”，一个存放着星际航海图的地方，一个制造预言的地方，一个接受并发送 ME（这些宇航员的信息）的地方。这些信息让我们想到位于得州休斯敦的太空航行地面指挥中心，追踪监测着执行月球任务的宇航员，扩大他们的交流，在布满星星的天空下为他们标明路线，给予他们“仁慈的神谕”做指引。

这时也许我们会回想起神祖，他到恩利尔的圣域夺走了命运之签，于是“停止了指挥的发布……神圣的内室失去了它的光辉……一片沉寂……死寂盛行”。

在《创世史诗》中，行星神的“命运”就是他们的轨道。我们有理由认为命运之签，对恩利尔的“太空航行地面指挥中心”是非常重要的，它控制着太空船的轨道和顺着天地纽带的飞行路线。它很可能是带着指引飞船航线等电脑程序的不可缺少的“黑匣子”，失去它的话，地球上的纳菲力姆人和他们母星之间的联系就被切断了。

许多学者都将恩利尔这个名字解释为“风之主”，这样就符合了古人愿意将自然因素“人格化”的理论，并由此有了一名管理风和风暴的神祇。然而一些学者已经开始懂得，在这个例子中，LIL 的意思不是自然界的暴风而是从“嘴”里出来的“风”——一种表达，一种指挥，一种语言上的交流。再一次，EN 在古老的苏美尔象形文字里的含义——特别是在 EN.LIL 这个词中——和 LIL 的含义，在这个问题上发出了自己的光芒。因为我们看到的那个带着天线的高塔建筑，就像是今天我们用于捕捉和发射信号的大型雷达——这就是文献中提到的“大网”（见图 134）。

巴地比拉，作为一个工业中心而建，恩利尔将他的儿子兰纳 / 辛派为指挥官；

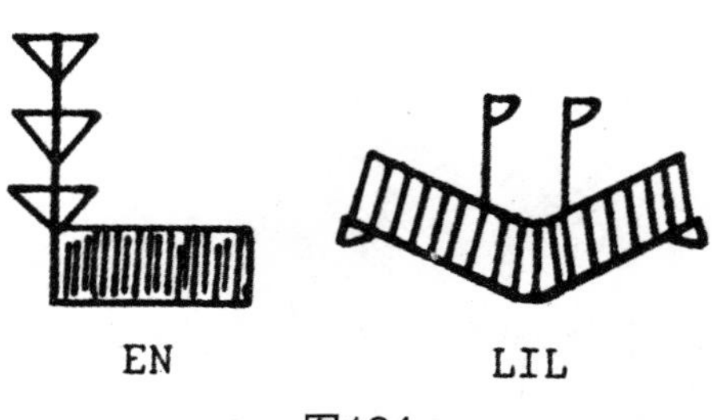

图134

在城市列表文献中将他称为 NU.GIG，意思是“夜晚天空的他”。我们相信，伊南娜/伊师塔和乌图/沙马氏这对双胞胎是在这里出生的，这件事在古代传统中，表现在他们的父亲和下一个黄道宫——双子宫（文献中为“Twins”）有了联系。作为在火箭中训练的神祇，沙马氏掌管着 GIR（既有“火箭”的意思，又有“蟹爪”的意思，或是巨蟹座）星座，其后是被描述为狮子（狮子座）的伊师塔。

恩利尔和恩基的姐妹，“护士”宁呼尔萨格，在这里也没有被漏掉：在她的管理下，恩利尔将舒尔帕克建设成了纳菲力姆的医药卫生中心——她掌管“The Maid”星座（处女座）是这件事的标志。

当这些中心被建成的时候，尼普尔的建造也随着纳菲力姆地球太空站的建设而完工。文献上讲清楚了，尼普尔是发布命令或“言语”的地方，在那里，当“恩利尔命令道：‘对准天国！’……一个就像空中的火箭一样的闪光升起”。但这次行动本身却发生在“沙马氏升起之地”，而这个地方是纳菲力姆的“肯尼迪角（Cape Kennedy，位于佛罗里达州东海岸的卡纳维拉尔角，于 1963 年更名为肯尼迪角）”——西巴尔。这座城市是在鹰之首领的管辖之下，是多级火箭的发射地，“圣域”就在那里。

当沙马氏有能力指挥喷火火箭的时候，他成为审判之神，他被认为掌管着天蝎座和天秤座（文献中称之为“Libra”）。

完成众神的前七个城市的列表及其与黄道十二宫对应的是拉勒克。在那儿，恩利尔任命自己的儿子尼努尔塔作指挥官。城市列表中称他为 PA.BIL.SAG（意为“强大守护者”）；射手座也有着一样的称呼。

※

要认为这众神的前七个城市的建立是无计划性的，显然无法让人相信。这些“神祇”，他们有着太空旅行的能力，按照精确的计划进行了第一次登陆，提供着必要的服务：能够在地球上降落，能离开地球返回母星。

终极计划是什么?

当我们找寻着这个答案的时候，我们扪心自问：地球的天文学和占星术的符号的起源是什么，为什么我们曾经用一个十字加圆圈来表示“目标”这个概念?

这个符号要追溯到苏美尔的天文学和占星术源头，而且它在埃及象形文字中有着“地方”的意思：

这是巧合，还是有着深远意义的证据?在纳菲力姆的登陆地图上，是否有着这样的符号以标注“目标”?

在地球上，纳菲力姆人是陌生人。当他们从太空审视着这颗行星表面的时候，他们多半对山峰和山脉有着较多的注意。这些东西对降落和起飞都有着潜在的威胁，但同时它们也能成为领航的标志。

如果这些纳菲力姆人在印度洋上空盘旋，注视着被选为最早降落地点两河流域的平原，这时就会有一个地标，毫无疑问，它是亚拉腊山。

这是一座死亡的火山，它盘踞在亚美尼亚高原上，位于现在土耳其、伊朗和亚美尼亚共和国的边境上。它的东北一侧高出海平面 3000 英尺，西北侧则高出海平面 5000 英尺。整个山丘的直径大约是 25 英里，一个高耸的顶部从地球表面伸出。

还有其他一些因素，让它不仅在地上显得很突出，在天上同样也很显眼。第一，它基本上位于两湖之间——凡湖和赛凡湖。第二，在山顶部升起了两座山峰：小亚拉腊山（Little Ararat，大约 12900 英尺）和大亚拉腊山（Great

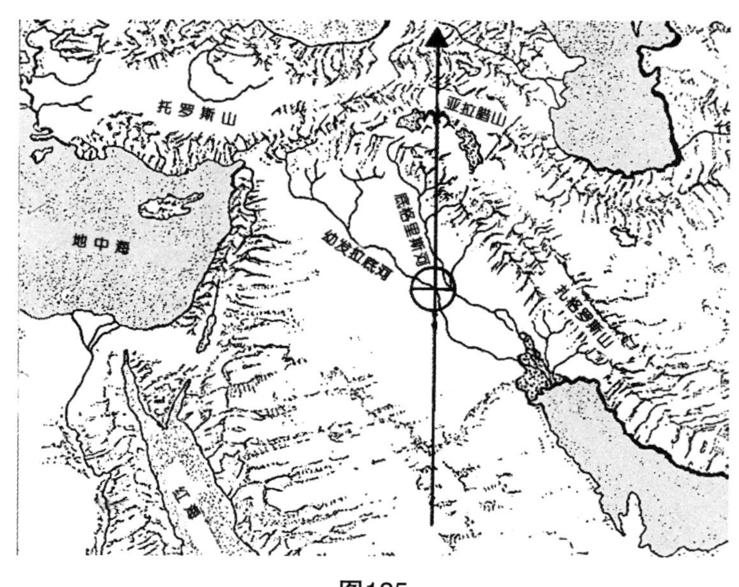

图135

Ararat，大约 17000 英尺——超过 5 千米）。再没有什么山峰可以与这两座被永远不会融化的冰雪所覆盖的山峰匹敌了。它们就像是两湖之间的明亮灯塔，而在白天，它们就像是巨大的反光源。

我们有理由相信，纳菲力姆人是通过一个不可有误的地标和合适的河流，从而调整一条南北刻度线来确定降落地点的。美索不达米亚的北部，能轻松辨认的亚拉腊山的双峰是很明显的地标。一条从亚拉腊山双峰中部画过的刻度线，将幼发拉底河一分为二。这个地方就是被选择为太空站的地方（见图 135）。

他们能够在那里顺利着陆和起飞吗？

答案是能。这个选址是在平原上；环绕美索不达米亚平原的山脉也是隔得很远的。最高的山峰（从东到北）都不会阻碍航天飞船从南部的进入。

带来的宇航员和材料能够不太困难地运输进来吗？

答案同样是能。通过水运经过幼发拉底河，再走陆路就可以到达这个地点。

还有一个非常紧要的问题：这附近有能源资源，提供电和能量的燃料吗？

答案非常明确：有。西巴尔建立在幼发拉底河的弯曲处，那里是古代最著名的能源富足之地，有着通过自然油井浮至地标的露天沥青、柏油。它们都可以在不用任何深挖深掘的情况下轻松采集。

我们可以想象，在太空飞船指挥所里，恩利尔在他的副官们的簇拥下，于地图上的一个圈内画下了一个十字。“我们该如何命名此地？”也许他会这么问。也许有人就说了：“为什么不叫它‘西巴尔’？”

在古代近东的语言中，这个名字的意思是“鸟”。西巴尔正是鹰群归巢的地方。

这些航天飞船是如何滑行着进入西巴尔的呢？

我们可以设想某个太空导航员指出了最佳线路。左边是位于西部的幼发拉底河与多山的平原，右边是位于东部的底格里斯河与扎格罗斯山脉。如果这艘飞船与穿越亚拉腊山的刻度线呈简单的45度角接近西巴尔的话，它的轨道将让它安全地从这两个危险区域之间穿过。此外，以这样的角度着陆，它将在处于高海拔的时候从南部穿过阿拉伯半岛的多岩石的顶部，并在波斯湾水域开始它的滑行。这样的旅程，飞船肯定有着毫无阻碍的视觉，并能保持和位于尼普尔的太空航行地面指挥中心的密切联系。

恩利尔的副官此时可能就画了一个较为粗略的草图——一个各顶点是水域和山脉的三角，一个类似箭头的东西指向西巴尔。“X”可能代表尼普尔，它出现在中心部位（见图136）。

可能它看上去是有些不可思议，这个草图还真不是我们画的；这个设计是在苏萨出土的陶器上看到的，而这个陶器是在大约公元前3200年的土层中发现的。它向我们提供了一条思路，这个描绘飞行轨道和程序的平面图，是基于45度角的。

纳菲力姆人在地球上建立据点并不是无计划的。所有的方案都是研究过的，所有的资料都被参考过，所有的潜在危险和阻碍都被算上了；不仅如此，殖民计划本身被一丝不苟地描绘了出来，这样一来，每一个地点都与最后的形式相同，而这一切的目的都是为了画出在西巴尔的着陆轨道。

图136

过去还没有谁试图去看穿这些分散的苏美尔聚居地背后的终极计划。然而如果看过那前七个被建起的城市，我们就会发现巴地比拉、舒鲁帕克和尼普尔是建在一条与亚拉腊山线呈 45 度的线上的，而这条线刚好与西巴尔城和亚拉腊山线相交！另外两座已知其位置的城市，埃利都和拉尔萨，同样是建在一条与第一条线和亚拉腊山线相交的直线上的，同样穿过西巴尔。

古代的草图给了我们提示。它将尼普尔放在它的中心部位，在其外围画下了一个覆盖其他各个城市的同心圆。我们发现，另一座古代苏美尔城市拉格什刚好也位于这些圆中的一个之上——一条与 45° 线等距的线上，比如埃利都—拉尔萨—西巴尔线。拉格什的位置与拉尔萨交相辉映着。

虽然 LA.RA.AK（意为“看见明亮光环”）的遗址尚未发现，它理论上的位置应该是在 5 点，因为它也是一座众神之城，在以 6 个贝鲁（beru，纳菲力姆人的距离单位）为间隔的城市线（与主航线一致）上，其余的是：巴地比拉、舒鲁帕克、尼普尔、拉勒克、西巴尔（见图 137）。

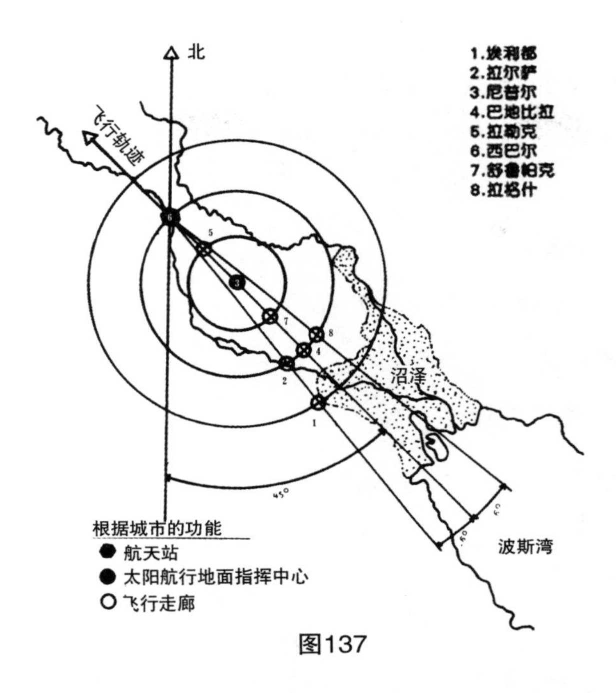

图137

两条外层的线，在穿过尼普尔的中心线的两侧，每一侧都与之呈 6 度，作为主航线的南北外线。它有个相当适合它的名字，LA.AR.SA，意思是“看见红光”；以及 LA.AG.ASH，意思是“在 6 看见光环”。每条线上的城市的确是相隔 6 贝鲁（大约 60 千米，也就是 37 英里）。

我们相信，这就是纳菲力姆人的终极计划。在为它们的太空站选择了最好的位置（西巴尔）后，他们在到达此处的最重要航线的两侧铺开了其他的据点。在这些据点的中心，他们建造了尼普尔，也就是“天地纽带”。

※

无论是最初的众神之城，或是它们的遗址，都无法再现于人类的视野了——它们都被后来发生在地球上的大洪水摧毁了。但我们仍可以很好地认识它们，因为每一位美索不达米亚君王都有一个神圣的职责，那就是在相同地点按照它们原本的模样重建这些圣域。这些重建者一丝不苟、无比忠诚地按照原本的计划修建了它们，如同一段陈述（莱亚德发现了它）中写着的那样：

> 这个为了未来
> 永恒的大地计划，
> 建筑的决心
> （我一直牢记着）。
> 它承载着
> 来自上古的图画
> 和上天的文字。

如果拉格什真如我们所说的那样，在众多城市中提供灯塔服务，那么古蒂亚于公元前第三个千年提供的信息就成为证据。他写道，当尼努尔塔指挥他重建圣域的时候，一个陪伴他的神给了他建筑计划（画在一个石板上），一名女神（她在她的“房间”里“往返于天地之间”）给了他一张天上的地图，并指导他将各部件对应天体排成直线。

除了“圣黑鸟”，神的“可怕的眼睛（用自己的力量征服世界的柱状物）”和“世界控制者（world controller，他的声音会‘在四处回响’）”也都位于圣域中。最后，当这个建筑物完工之后，“乌图的标志”在上面升起了，面朝“乌图升起之地”——位于西巴尔的太空站。所有这些束状物对太空站的运转来说都是很重要的，因为乌图在检查这些建筑的完工时，他自己“变得高兴”。

早期苏美尔描绘中，常常出现大量在最早的时候用芦苇和木头修建的建筑，它们位于一群吃草的牛群中。最通常的观点认为这些建筑是牛舍，但这与这些建筑物顶上所伸出的柱子是相矛盾的（见图 138a）。

这些柱子的用途，我们能看出来的，是放置一对或更多的“指环”，但它们的功能并没有陈述过。而既然这些建筑是建在草地上的，那人们肯定会问这些房子到底是不是建来养牛的。苏美尔象形文字中有一个词汇 DUR，或是 TUR（意思是“住所”，“聚集地”），它是通过描绘一个建筑物来表达的。无疑它就是这些建筑（见图 138b）。它们让我们弄清楚了这些建筑的主要用途并不是做“牛棚”，而是做天线塔。同样的戴“指环”的柱子在神庙的入口处，诸神的圣域里也有安置，而不仅仅是放在郊外（见图 138c）。

这些天线是否附带着广播装备？这些成对的环状物是不是信号发射器？将它们置于郊外是否引导在外来的飞船？那些圆柱眼睛是不是扫描设备，如同那些众多文献中提到过的“无所不见之眼”？

我们知道这些设备仪器是很轻便且易于携带的，因为一些苏美尔图章里描绘了像盒子一样的“圣物”，通过小船走水路，内陆地区则用动物的驮载来运输（见图 139）。

这些“黑匣子”，当我们看见它们的模样时，我们会联想到摩西（Moses）在上帝的指示下制作的约柜。柜子是木质的，内外都镀以黄金——两个导电的表层被绝缘的木头隔开。在柜子上面的卡波雷斯（kapporeth，属性不明，学者们推测是一种“覆盖物”）同样是用黄金打造的，由两个黄金打造的基路伯撑起。《出埃及记》为我们提示了卡波雷斯的用途：“我将放你们在卡波雷斯之上，在两个基路伯之间。”

约柜主要是暗示一个通信盒，用电来操作，而且便于携带。它用串着四个金“指环”的木棒架着。没有人能触碰这个柜子；而当一个以色列人触摸了它之后，他被即刻处死——好像是死于高压电。

很明显，这是一个“超自然”的仪器——它可以用来与另一位神祇联系，哪怕他根本是在另一个地方。它变成了一个受崇拜的器具，“神圣崇拜的符号”。拉格什、乌尔、马里和其他一些古代遗址中的各个神庙有着圣物“崇敬之眼”。最主要的例子是发现于美索不达米亚北部的特尔布拉克的“眼睛神庙”。这个

a

b c

图138

图139

有着 4000 年历史的神庙有这样一个名字，不仅是因为这里出土了几百个“眼睛”符号，而主要是因为在神庙的内室中，只有一个祭坛，在一个巨石上有两只“眼睛”（见图 140）。

图140

唯一的可能是，这是对真实圣物——尼努尔塔的“可怕的眼睛”，或是在尼普尔的恩利尔太空航行地面指挥中心的“眼睛”的模仿。对于后者，古代文献中记述道：

“他凸起的眼睛审视着大地……他凸起的柱子搜寻着大地。”

美索不达米亚的平原是必不可少的，看上去，与太空相关的装备都放在人造的升起的平台上。文字和图画描绘毫无疑问地告诉我们，这些建筑是由最初的草地上的棚屋慢慢发展为后来这些阶梯平台的，有楼梯和斜坡，让人从宽阔的低层走到稍显狭窄的高层。在塔庙的顶端，修建了神真正的住所，周围是带墙的平地院子，用来停放他的“鸟”或者“武器”。一个圆柱图章上描述的塔庙，不仅显示了这样一座阶梯状建筑，它还带有“指环天线”，高度几乎与三个阶梯等同（见图 141）。

马杜克声称，巴比伦的塔庙和神殿是在他的亲自指挥下完成的，同时还参考了“上天之书”。安德烈·帕罗特曾在《巴比伦的金字形神塔导游》中，破译和分析一个被称为史密斯碑刻的文献，指出七层塔庙呈完美正方形，它的第一层也就是底部的每边都是 15GAR。之后的每一层占地范围和高度都变小了，除了最后一层（神的住所）。最后一层的高度甚至更高。而整个的高度，又是 15GAR。可以说，它是一个正方体。

上文所用的 GAR 单位相当于 12 腕尺——大约 6 米，也就是 20 英尺。有两位学者，H.G. 伍德和 L.C. 史特契尼，向我们显示了苏美尔人的六十进位制，60 这个数，确定了所有美索不达米亚塔庙的测量基础（见图 142）。

是什么来决定各个楼层的高度？史特契尼发现，如果他将第一层的高度（5.5GAR）乘以两个腕尺，结果是 33，近似于巴比伦的纬度（北纬 32.5 度）。用相似方法计算，第二层将观测角上升到了 51 度，而接下来的四个，每一层都比之前高 6 度。第七层由此是在被升到了比巴比伦纬度高 75 度的平台上。这最后一层，又向上累加了 15 度——让观测者向上呈 90 度角来观测。史特契尼指出，每一层都是一个天文观测台，有着预先设计好的高度，以方便从不同角度进行观测。

当然，这里面肯定还有其他的"隐藏"意义。33 度这个海拔其实并不是与巴比伦很相符，而是与西巴尔相符。在每 4 层相隔 6 度与众神之间相隔 6 贝鲁是否有着什么联系呢？这 7 个台阶与初始七城是否有着某种对应呢？或是与地球作为第七个天体有关？

G. 马提尼在其著作《巴比伦塔顶的天文学》中，向我们展示了塔庙的各个特征是多么适合用来进行天文观测，而埃萨吉拉的最顶层是刚好朝向 SHUPA（经鉴别为冥王星的行星）和白羊座的（见图 143）。

这些塔庙的建造仅仅是为了观星吗，还是同时也能服务纳菲力姆人的飞船？所有的塔庙都是被定向了的，所以它们的各个拐角都是朝向正北、正南、正东和正西的。所以，它们的每一侧都刚好与各正方向呈 45 度角。这就是说，一辆飞进来的太空梭可以跟着这些塔庙的边（它们与之前提到的主航线是刚好

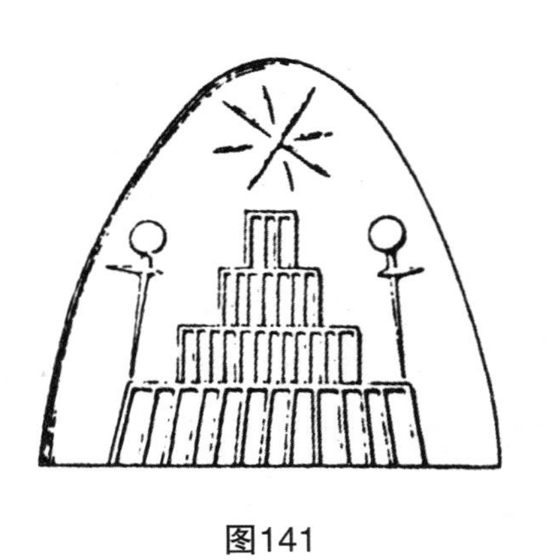
图141

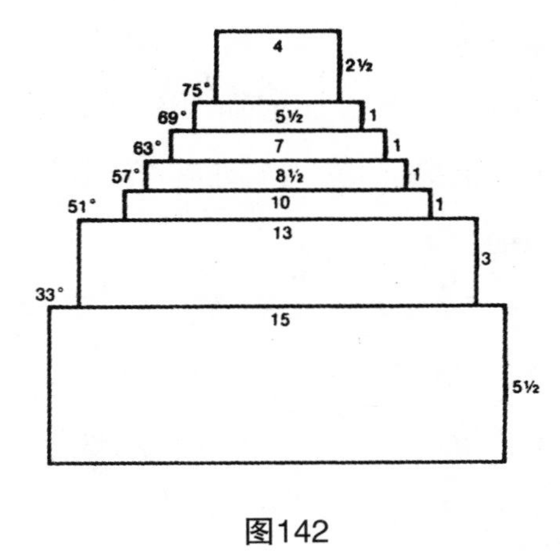

图142

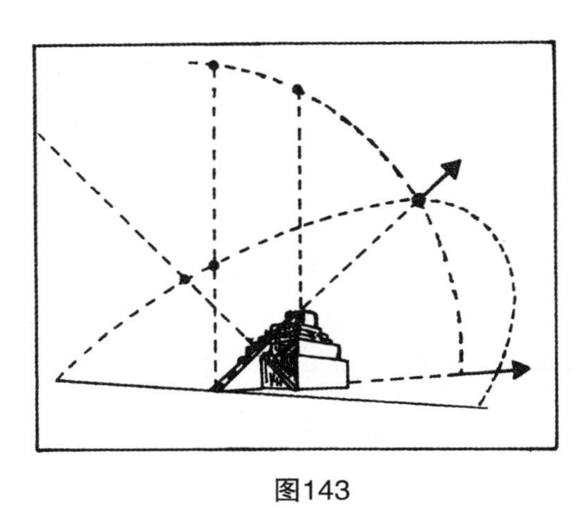
图143

一致的）一直飞到西巴尔，而不会有任何的困难！

这些建筑在阿卡德/巴比伦语中的名字叫作 zukiratu，意思是“圣灵之管”。苏美尔人称这些塔庙为 ESH，这个词的意思是“至高无上”或者“最高”——这些建筑的确也是这样的。它同样还暗指与塔庙外观的“测量”有关的数字。同时它还有“热源”的意思（就是阿卡德文和希伯来文中的“fire”，火）。

哪怕是没有使用我们的“宇宙”解释来说明这一课题的学者，同样无法忽略这些塔庙不仅仅是为神修建的“高升”的房子这一结论。塞缪尔·N.克莱默总结了学术上的一些见解：“这些塔庙、阶梯塔，成为美索不达米亚神庙建筑学的特征印记……它们打算成为一条连接纽带，既是事实上的也是象征意义上的，它们连接着天国的神和地球的凡人。”

不过，我们现在知道了，这些建筑的实际功能是连接起天国的神和地球上的神——不是凡人。

第十一章

阿努纳奇的兵变

在恩利尔亲自来到地球之后，“地球指挥官”的权力从恩基手中转移了出来。可能就是在这个时候，恩基的称号或名字被改叫成了 E.A（艾，水之主），而非从前的“地之主”。

苏美尔文献解释说，在众神到达地球的早期，大家同意要分割权力：阿努还是待在天国并统治第十二个天体；恩利尔管辖大地；恩基则管理 AB.ZU（阿卡德语里的 apsu——阿普苏）。在“艾”这个名字有着“充满水”的意思的启发下，学者们将 AB.ZU 翻译为“充满水的深处”，并推测，在希腊神话中，恩利尔成了雷神宙斯，艾则成为海神波塞冬。

在其他例子里，恩利尔的领地被称为上层世界，而艾的则是下层世界（如冥界，the Lower World）；再一次，学者们推测恩利尔控制着地球的大气层，而艾统治着“地下水域”。美索不达米亚人相信，这类似于希腊神话中哈迪斯的角色。我们自己的一个单词 abyss（由 apsu 演变过来）表示深、黑暗、危险，让人们沉没消失的水域。因此，当学者们遇到描述下层世界的美索不达米亚文献时，他们将它译为地狱或者阴间。仅在近年来，苏美尔学家才使用“冥界”

这个词来翻译它，这从一定程度上减轻了这个词的不祥含义。

最该为这个误解负责的美索不达米亚文献，是一系列哀悼杜姆兹的消失的祷文。杜姆兹就是迦南文献和《圣经》中的塔穆兹。伊南娜/伊师塔最出名的一次性爱事件就是和他发生的；而当他消失的时候，她前往下层世界去找他。

一本由 P. 毛鲁斯·韦策尔写的书，《塔穆兹祷文和其他与之相关的文献》，是基于苏美尔和阿卡德“塔穆兹文献”的大师级著作，也仅仅是让人记住了一些错误的看法。讲述伊师塔的寻人之旅的史诗故事，被认为是一段“去到亡者的国度，并最终回到有生命世界”的旅程。

描述伊南娜/伊师塔下降到下层世界的苏美尔及阿卡德文献告诉我们，这位女神决定要拜访她的姐妹厄里斯奇格，她掌管着这个地方。伊师塔不是以死者的身份去的这个地方，也不是违背自己意愿才去的，她是活着主动过去的，并恐吓看门者为自己开门道：

> 如果你不打开门让我进去，
> 我会击碎这扇门，击碎门闩，
> 我会击碎门柱，我会移开这些门。

一个接一个地，通向目的地的七扇门都向伊师塔打开了；当她最终到达那里的时候，她的姐妹看见了她，并击打了她的头（阿卡德文献中说，“在她身上爆炸”）。苏美尔文献并没有说清楚这次旅途的原因和厄里斯奇格生气的原因，只暗示伊师塔好像预料到了有这么一个接待。不过，就这次的旅行，她事先告诉了其他主要神祇，以确保万一她被监禁在了“大底部”，他们会采取措施来营救她。

厄里斯奇格的丈夫——下层世界之主——是奈格尔。他来到大底部并成为这里主人的事件，不但显示出了“诸神”的人性，同时还将这里形容为“亡者的世界”之外的地方。

这个故事有多种版本，开始于一次有着尊贵客人的宴会，他们是阿努、恩利尔和艾。这次宴会是举办在“天上”的，不过并不是在第十二个天体中的阿努的住所。也许它是发生在一个绕地旋转的飞船里的，因为当厄里斯奇格不能升上去加入他们的时候，诸神派遣了一名信使，他“在长长的天国阶梯上下降，到达了厄里斯奇格之门”。在接到邀请之后，厄里斯奇格命令她的助手兰姆塔道：

“升上去，兰姆塔，在长长的天国阶梯上；将盘子从桌上收走，我也要参加；无论阿努给你什么，统统给我带回来。”

当兰姆塔进入宴会大厅时，除了“一位秃头的神，坐在后面”，其他神祇都起来向他招呼。兰姆塔在回到下层世界之后，向厄里斯奇格反映了这件事。她与她领地里其他所有的小神都感觉自己受到了侮辱。她想将这位冒犯了她的神带到她面前，接受惩罚。

而这位冒犯者，正是奈格尔，伟大的艾的一个儿子。在他父亲的严厉惩罚之后，奈格尔被要求独自进行这段旅程，带着的东西仅仅是父亲给他的如何表现的建议。奈格尔走到大门口的时候，被兰姆塔认了出来，他被领进了“厄里斯奇格的宽院子”，在那里他接受了几个测试。

或迟或早，厄里斯奇格开始了她每天的圣浴。

她露出了她的身体。

对男女来说很正常的事情，

他……在他的心里……

……他们拥抱着，

他们充满激情地上了床。

他们的做爱时间是七天七夜。而在上层世界里，已经发出了关于失踪的奈格尔的警报。“放了我，”他对厄里斯奇格说，“我要走了，但我还会回来。”他向她承诺道。但在他离开后不久兰姆塔就到了厄里斯奇格那里，并告诉厄里斯奇格说，奈格尔并没有要回来的意向。

兰姆塔被再一次派到了阿努那里。厄里斯奇格的信息是非常清楚的：

你的女儿我，是年轻的；
我曾不知道处女们的游戏……
你派来的那位神，
那位与我性交的神——
把他带到我这儿来，他要做我的丈夫，
他要和我住在一起。

也许婚姻生活不是他想要的，奈格尔组织了一次军事远征，猛攻厄里斯奇格的大门，想要“斩掉她的脑袋”。然而厄里斯奇格却恳求道：

做我的丈夫吧，我将成为你的妻子。
我将让你拥有领土
掌管这下层世界。
我会把睿智之签放在你的手中。
你将成男主人，而我是女主人。

接着就是一个圆满结局：

当奈格尔听到了她的话语，

他拿起她的手亲吻了她，

擦掉她的眼泪：

“你为我想了这么多

数月都过了——现在就让它实现吧！”

这些叙述完全没有指出这是一个亡者的世界。而恰恰相反：这是一个诸神可进可出的地方，一个可以做爱的地方，一个足以重要到要让恩利尔的孙女和恩基的儿子来管辖的地方。在认识到所有这些事实都不支持下层世界是阴间的旧观念后，W.F. 奥布莱特在《迦南末世论中的美索不达米亚元素》一书中提出，杜姆兹在下层世界的住所是“一个明亮又多产的家，位于一片称为‘众河之山’的地下乐土中，很靠近艾在阿普苏的家”。

要到达这个遥远的地方是很困难的，这是无可否认的，而且在一定程度上它还可以算是“限制区域”，但很难解释成“不归之地”。像伊南娜和其他一些主神，都是进去了又出来了的。恩利尔有一段时间也被放逐到了阿普苏，那是在他强奸了宁利尔之后。而艾是真的随时往返于苏美尔的埃利都和阿普苏之间，将“埃利都的手工艺”带到阿普苏，在那儿为他自己修建了一座圣坛。

这里不但不是一个黑暗凄凉之地，反而被描述成了有着流水的明亮之地。

富饶之地，恩基之所爱；

大量财富，所产丰盛……

强大的河水冲刷大地。

我们看见过对艾的最主要的描绘手法，是一位处于流水中的神。来自苏美尔的证据显示，这些流水的确存在——不是位于苏美尔和那里的平原，而是在大底部。W.F. 奥布莱特注意到了一部文献，它描述的是下层世界，并称之为

UT.TU 之地——在苏美尔的“西方”。它讲述了恩基到阿普苏去的旅途：

你阿普苏，纯洁之地，

有大水流动着，

主走去流水中的住所……

是恩基在这纯水中建立了流水中的住所；

在阿普苏的中心，

他建立了伟大的圣地。

在所有的记录中，这个地方都是靠近海的。一首写给“纯洁之子”、年轻的杜姆兹的挽歌，讲述他是被一艘船带到下层世界的。还有一首名为《哀悼苏美尔的毁灭》的哀歌，也说伊南娜打算坐一艘船偷偷过去。“她从她的领地出发。她下降到下层世界”。

有一部长篇文献，相当难懂，因为我们至今还没有发现它的任何完整版本。它讲述的是艾拉（Ira，奈格尔作为下层世界领主时的称号）和他的兄弟马杜克之间一些重要的争论。因为这些争论，奈格尔离开了他的领地去巴比伦找马杜克；马杜克，却与之相反，威胁道：“我将下到阿普苏，监管那些阿努纳奇……我将升起我狂暴的武器对付他们。”为了去阿普苏，他离开美索不达米亚平原，穿过了“升起的水域”。他的目的地是位于地球“地下室”里的阿拉利。而且文献中还很精确地指出了这个“地下室”的位置：

在遥远的海里，

水中 100 贝鲁远……

是阿拉利之地……

是致病蓝石之地，

在那里阿努的手工艺人
带着银色斧头，
它们如白昼般光亮。

贝鲁，既是距离单位又是时间单位。它代表着两个小时，所以 100 贝鲁的航海相当于 200 个小时的航海。我们没有办法确定文献中航海时的平均速度是多少。但无疑这是在走 200 ~ 300 英里的水路之后，才能到达的一个遥远的地方。

文献指出阿拉利是在苏美尔的西南方。从波斯湾向西南方向，走 200 ~ 300 英里的水路，只可能到达一个地方：非洲南部海岸。

也只有这种结论才能解释下层世界这个名字，指的是南半球，阿拉利所在的地方，与上层世界，或苏美尔所在的北半球有着显著区别。在恩利尔与艾之间的南北半球之分，刚好对应着将北部天空作为恩利尔之路和将南部天空作为艾之路的设计。

纳菲力姆人有着进行星际旅行、环绕地球和登陆的能力，所以可以完全排除他们不知道在美索不达米亚旁边有非洲南部存在的可能性。许多圆柱图章，描绘着对这一地区而言相当奇怪的动物（如斑马和鸵鸟）、雨林景观，或是身穿非洲传统豹皮装的统治者形象，这些都证明了的确有着“非洲联系”。

在非洲的这一部分，是什么东西吸引了纳菲力姆人的兴趣，抓住了艾的科学天赋，为众神提供一个管辖这片土地的独特的“睿智之签”呢？

苏美尔词 AB.ZU，学者们都认为它的意思是“充满水的深处”，这个问题需要一些新鲜评判性分析。字面上讲，这个词的意思是“太初深源”——没有水出现的必要。按照苏美尔语的语法规则，任何一个词中的两个音节互换位置是不会影响词义的，意思就是说 AB.ZU 和 ZU.AB 是同一个意思。后者的拼读让我们能在闪族语中找到与之对应的词，ZA-AB 一直以来都是“贵金属”

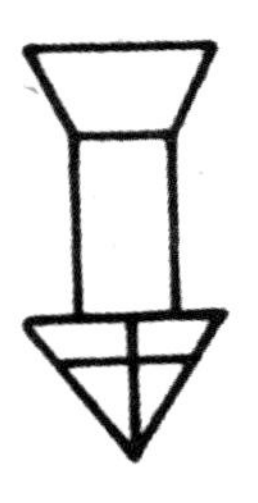

图144

的意思，而且特指“黄金”，在希伯来语和它的近亲语系中都是如此。

苏美尔象形文字中的 AB.ZU，是一个掘地的工具，下方像是矛头，上部如矛柄。由此可见，艾不是什么“充满水的深处”的统治者，而是负责开采地球金属的神祇！（见图 144）

事实上，由阿卡德文阿普苏转化而来的希腊文阿普苏斯，意思同样是大地上的一个极深的洞。阿卡德文教材中解释说，“阿普苏是尼克布”；这个词以及它在希伯来文中的对应词尼克巴的意思是相当明确的：一个很深的、人造的指向大地深处的钻孔。

P. 延森注意到，常常出现的阿卡德名词比特・尼米库不应该翻译为“睿智之屋”，而应该是“深处之屋”。他所引用的一段文献（编号 V.R.30，49-50ab）中有着这样的陈述：“黄金和白银是从比特・尼米库来的。”他还指出，另一段文献（III.R.57，35ab）解释说：“尼米基女神萨拉”这个阿卡德名字是苏美尔文“拿着闪亮青铜的女神”的译文。延森指出，被翻译为“睿智”的阿卡德词语尼米库，其本身应该“是与金属有关的”。但至于这是为什么，他的回答也异常简单：“我不知道。”

一些写给艾的美索不达米亚赞美诗，将艾赞扬为贝尔・尼米基，它被译为“睿智之主”；然而正确的翻译毫无疑问应该是“矿业之主”。如同位于尼普尔的命运之签上包含着轨道信息一样，被托付给奈格尔和厄里斯奇格的“睿智之

图145

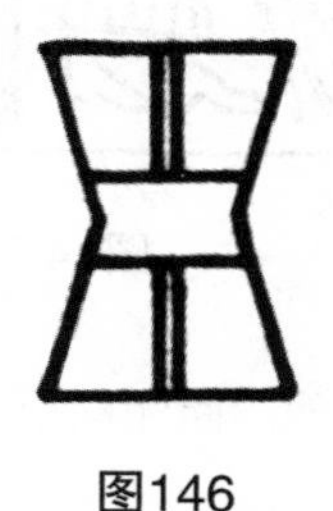

图146

签”实际上是一个“矿业之签”，一个包含着纳菲力姆人采矿知识的“信息银行”。

作为阿普苏的主人，艾得到了另一个儿子的帮助，他是神吉比尔（Gi.Bil，意为“土壤燃烧者”），掌管着火和熔炼。他常常被描绘为一个两肩会射出红色的灼热火花或火束的年轻神祇，他要么从地上露出来，要么降下去。文献中讲到吉比尔被艾浸泡在“睿智”中，意思是说艾在教导他采矿的技术（见图145）。

纳菲力姆人在非洲开采出来的金属矿物经由特殊设计的货船运回美索不达米亚，这种货船的名字叫作MA.GUR UR.NU AB.ZU（意为“下层世界的矿物之船”）。在这里，矿物被带到巴地比拉，而这个名字本身，字面上的解释就是“金属工作的基础”。熔炼加上提纯，这些矿物被锻造成了砖等形状，它们的形象将经过千年流传遍布整个古代世界。这样的铸锭在各个近东挖掘活动中都被找到过，证明了苏美尔人的确用他们的象形文字给了这些东西一个真实的描述。文字ZAG（意为“纯净珍贵的”）所描绘的就是这样的铸锭（见图146）。

图147

一些流水中神的描绘显示了他的两侧都是为他带来贵金属锭的人，这也证明了他同时也是矿业之神（见图 147）。

艾的非洲矿场有多个名字和称号，都与它们的位置和属性有关。最出名的就是阿拉利（意为“闪亮矿脉的水域之地”），金属矿物的出产地。伊南娜计划下降到南半球，暗指这个地方是一个“被泥土压着的贵金属之地”——它们被埋在地下。由艾丽卡·莱纳报告的一部文献中，列出了苏美尔世界中的山脉与河流，其中述说道：“阿拉利山：金之家”；还有一部由 H. 拿道讲述的破损文献也证明了，巴地比拉的继续运转是要依靠阿拉利的。

美索不达米亚文献通常将矿场描述为多山的、有着长满草的高原一样的顶部和阶梯，植物茂盛。厄里斯奇格在这片土地上的首府被苏美尔文献形容成 GAB.KUR.RA（意为“在山脉的胸部”），看得出来是在内陆。在伊师塔旅途的阿卡德版本中，看门人欢迎了她：

请进我的女士，

让库图为你感到高兴；

让努济亚之地的宫殿

为您的到来而愉悦。

库图（KU.TU）在阿卡德语中所表达的意思是“在心脏地带的”，它在苏美尔的原文中也表达着类似的意思：“明亮的高地。”所有文献都提到，这是一片土地，有着明亮的白昼，阳光充裕。苏美尔语中表达黄金（KU.GI，意为“明亮的，从地里出来”）和白银（KU.BABBAR，意为“明亮的，金”）的词汇，都保留了这些贵金属与厄里斯奇格明亮（KU）的领地之间最初的联系。

苏美尔的第一种文字中所使用的象形符号，不仅显示出了与各种冶金过程之间的联系，还显露出了这些矿物资源是深埋在地下并需要挖掘的。表示铜和青铜（“英俊的—明亮之石”），黄金（“至上金属矿”），或者“精炼（明亮的—净化）”的词汇符号，都是一种矿井（“吃进深红金属的开口／嘴巴”）的图形变种（见图 148）。

这片土地的名称——阿拉利也可以被写成“深红（土壤）”一词的一个变种，也能被写作库什（Kush，意为“深红”，但最后成了“黑人”的意思），或者在那里开采出来的金属的变种符号（见图 149）。

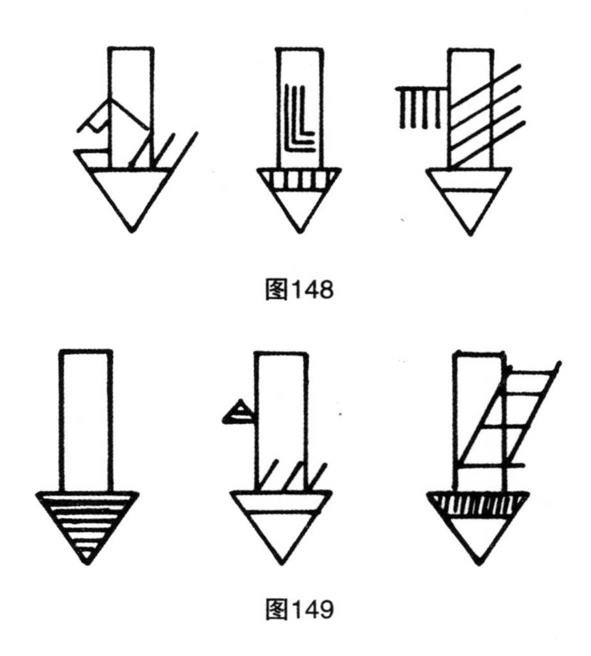

图148

图149

古代文献中大量提到的黄金和其他金属，显示出很早之前他们就精于冶金学了。在文明的初始就有了充满活力的金属行业，这只是诸神赠送给人类的知识之一。文献中提到，他们在人类出现之前就开始从事采矿和冶金的活动了。许多研究都将美索不达米亚神话和《圣经》中前大洪水时代的族长列表进行对比，并指出，按照《圣经》中的说法，土八该隐是一名早于大洪水之前的“黄金、铜、铁的匠师”。

《旧约》中提到了俄斐这个地方，它可能位于非洲某地，是古代的黄金来源。所罗门王的船队从 Ezion-geber——也就是现在约旦西南部的港口城市伊拉思经过红海向下航行，“他们到了俄斐并从那里得到了黄金”。很不情愿地，他们在耶路撒冷的主的神庙中耽误了一段时间，所罗门王与他的盟友，推罗之王希拉姆商量，从另一条线路第二次来到俄斐：

王在海上有塔锡什的海军。
还有希拉姆的海军。
每三年，会有塔锡什的海军来，
带来黄金和白银，带来象牙和猿猴。

塔锡什的舰队要花上三年才能完成来回的旅行。考虑到在俄斐装货需要时间，所以每个单向的行程必定会花上超过一年的时间。这暗示我们，航线应该是环形的，而不是经由红海和印度洋的直线航行——航线是环绕非洲的（见图 150）。

多数学者认为塔锡什位于地中海西部，很可能靠近现在的直布罗陀海峡。这提出了一种可能，船队是在这个地方装货，然后开始环绕非洲大陆航行的。一些人相信塔锡什这个名字的意思是“熔炼”。

要怎么才能到达厄里斯奇格位于内陆的住所呢？那些矿石又是怎样从

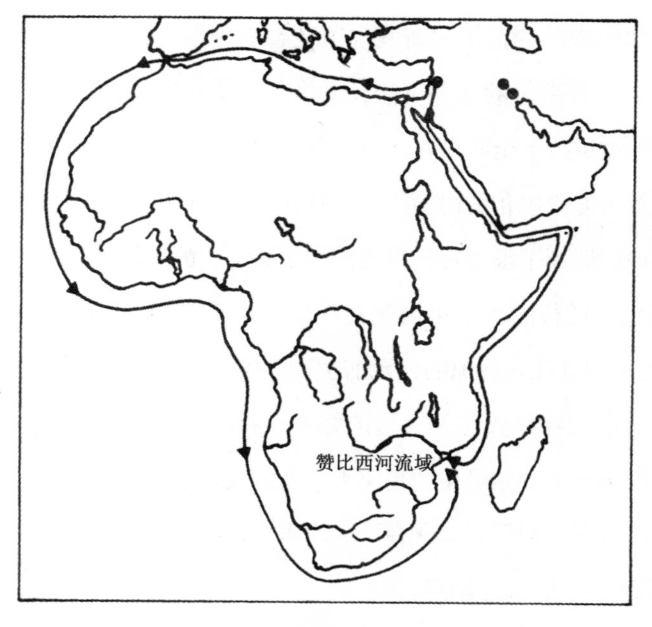

图150

“心脏地带”运抵海岸港口的呢？我们现在已知的是：依赖河运。而在下层世界，当然有一条能提供这样河运的河流。“恩利尔和宁利尔”的故事告诉我们，恩利尔是被放逐到下层世界的。当他到达这片土地的时候，他不得不横渡一条河流。

一部讲述人类起源和命运的巴比伦文献认为，下层世界的河流叫作哈布尔河，“鱼和鸟的河”。一些苏美尔文献将厄里斯奇格之地称作“哈布尔大草原”。

非洲四大河流，一是尼罗河，向北流入地中海；刚果河和尼日尔河向西流入大西洋；还有从非洲心脏地带流出的赞比西河，向东经过一个半圆流向东海岸。它提供了一个能作为优良港口的三角洲；它向内陆延伸了上百英里。

赞比西河是否是下层世界的“鱼和鸟的河”？维多利亚瀑布是否就是文献中提到的位于厄里斯奇格首府的瀑布？

意识到非洲南部的很多“新发现”及看上去很有前途的矿井，实际上是在上古时代就被开采过的这一可能，安格鲁－美利坚公司邀请了一些考古团队，对这些地点进行了全面检查，以避免现代的掘土设备毁掉这些古代行为的遗迹。安德兰·波希尔和彼得·比尔蒙特在《欧提玛》杂志上刊登了他们的发现报告，说他们遇到了很多古代和史前的采矿行为的遗址。在耶鲁大学和荷兰的格洛林根大学进行的碳定年检测发现，这些人造物品的历史可以从公元前2000年一直追溯到让人震惊的公元前7690年。

出于对这些文物年代意外久远的好奇，有团队对这个区域进行了远征考察。在狮山西部一个陡峭悬崖的基座上，他们发现通往一个大洞穴的入口被五吨重的赤铁矿石板封锁住了。保存下来的木炭遗物将这些采矿行为推到了公元前20000年到公元前26000年。

难道采矿可以发生在旧石器时代吗？让人难以置信的是，学者们在这些古代的矿工开始工作的地方，开始了实地检测。一个在那里发现的木炭样本被送到了格洛林根实验室。检测结果为，它是公元前41250年的产物，只有1600年的可能误差！

南非科学家接着考察了位于斯威士兰的史前矿坑遗址。在被发现的矿洞中，他们发现了细树枝、树叶和草，甚至还有羽毛——所有这些，大概是被古代矿工们带进来用于铺床睡觉的。在公元前35000年的遗址内，他们发现了带有刻痕的骨头，“这证明了在那个遥远的时期，人类所具备的能力”。其他发现将这些人造物的历史推至了令人震惊的公元前50000年。

在相信“斯威士兰矿业的真实开始时间为公元前70000年到公元前80000年”之后，两名科学家提出：“非洲南部……在公元前10万年之后的很长一段时间，可能有着极为领先的科技。”

肯利斯·奥克兰博士，前伦敦自然历史博物馆首席人类学家，从这些发现中看出了一种完全不同的意义。“它是人类起源的重要线索……非洲南部有可能成为人类进化的源头，”现代人类的“出生地”。

和我们即将告诉大家的一样，的确是在那个地方，现代人类出现在了地球上，而这是通过一系列众神寻找金属矿的行为产生的。

※

无论是严肃的科学家，还是科幻小说家，都曾提出过，我们有可能会在别的星球或小行星上建立殖民地，以寻找在我们星球上保有量很稀少的金属矿物，因为它们在我们的星球上是不够用的，或将成为极其昂贵的。那么这是纳菲力姆人殖民地球的原因吗？

现代学者将人类在地球上的活动划分为石器时代、青铜时代、铁器时代，等等；然而在古时候，希腊诗人赫西奥德——他只是一个例子——却列出了五个时代，分别是黄金时代、白银时代、青铜时代、英雄时代和钢铁时代。除了英雄时代，其余所有时代都表达了这样一种顺序：黄金—白银—铜—钢铁。先知但以理见过这样的画面，他看见“一头巨象”，它的头部用优质黄金打造，胸部和手臂则是白银，黄铜制腹部，钢铁制腿部，而手足，或仅仅是脚，则是泥制的。

神话和民间故事中都有一段关于黄金时代的朦胧记忆，而在大多数情况下，这个时代是属于诸神漫游地球的时代的。在那之后就是白银时代，接着就是诸神和人类共享地球的时代——英雄时代、铜器时代、青铜时代和钢铁时代。这些神话是对于那些的确曾发生在地球上的往事的模糊回忆吗？

黄金、白银和铜都是金属元素。它们因各自原子的重量和数量而在多次化学分类中被分到了一类；它们有着相近的结晶学、化学和物理学属性——都具有柔韧性、可锻造性和延展性。在所有已知元素中，它们是最好的热和电的导体。

而在它们三个当中，黄金是最持久的，很难毁坏的。虽然它最常见的用途是作为货币，或是用在首饰或一些工艺品上，但它的用途在电子工业中才是极其宝贵的。一个尖端社会需要黄金作为微电子装配、电路系统，和电脑“脑部”的重要元件。

人类的黄金狂热可以一直追溯到他们的文明和宗教之始——追溯到他们与诸神接触的开始。苏美尔的神需要金盘来盛放食物，用金杯来盛放酒水，甚至要穿金色着装。以色列人在一片慌乱中离开埃及，甚至连带面包一同上路的时间都没有。虽然如此，他们却被命令找埃及人索要任何能得到的白银和黄金物件。发布这个命令的人，我们将在后文中讲到。他预感到了这些金属能在圣体龛及其电子装备的建构中发挥重要作用。

黄金，被我们称为皇室金属，实际上是诸神的金属。《圣经》中主向先知哈该说的话很清楚：

白银和黄金，都是我的。

有证据显示，人类对黄金的迷恋是源于纳菲力姆人对黄金的大量需求。纳菲力姆，似乎是为了黄金及相关金属而来到地球的。当然，他们也会寻找一些其他的金属，如铂（platinum，白金，在非洲有很多），通过一种奇怪的方式来为燃料电池提供能量。还有一种可能是不可忽略的，他们来地球要寻找放射性矿物，比如铀和钴，也就是一些文献中提到过的下层世界的“致病蓝石”。许多对艾——矿业之神的描绘中，都有这样的画面，他从矿井中出来，身上放出许多力量强大的射线，来见他的诸神都必须用一个挡板；在所有这些描绘中，艾都拿着一把矿工锯（见图 151）。

虽然恩基管理过第一个登陆团队和阿普苏的发展，但是赞美的词句不应该仅仅对他宣说。切切实实地做着这些事情的，日复一日地辛勤工作的，是这个

图151

登陆团队中最下层的成员：阿努纳奇。

一部讲述位于尼普尔的恩利尔中心的建设的苏美尔文献这样说道："阿努纳，天地之神，工作着。斧头和提篮，为这些城市奠定基础的工具，他们都拿在手中。"

古代文献将阿努纳奇描述为参与地球殖民行动的诸神中地位最低的神祇——"执行工作"的神祇。在巴比伦的《创世史诗》中，有对马杜克的赞扬，因为他给这些阿努纳奇分配了各自的工作（在苏美尔原版中，我们可以很有把握地猜想，是恩利尔在指挥这些宇航员）：

他指派了 300 个作为天国守卫；

在天国上将地上的道路都界定好了；

而在地上，

他驻扎了 600 个。

当他向天上地下的阿努纳奇

颁布所有命令之后，

他为他们分配了工作。

文献中所说的“300个”“天国的阿努纳奇”，也就是之前提到过的LGIGI，是没有亲自登陆地球，而在外层的太空船上的宇航员。他们的飞船绕地旋转，向地球发射或接收太空梭。

作为“鹰”之首领，沙马氏是住在LGIGI的“天国强大房间”中极受欢迎的英雄般的来客。一首《沙马氏赞美诗》讲述了LGIGI看着沙马氏走近他的太空梭的场景：

因你的出现，所有的王子都会高兴；

所有的LGIGI因你而喜悦……在你的光辉下，

他们的路径……他们不停寻找着你的荣光……

出入口完全大开着……

所有（等你的）LGIGI都被提供了面包。

这些位于极高处的LGIGI很明显是从未和人类相遇过的。许多文献中都提到过，他们“对人类来说位于太高的地方了”，以至于“他们从不被人们关心”。而与之不同的是，阿努纳奇，登陆地球的那一批人，是人类熟知并崇拜着的。文献中陈述过“天国的阿努纳奇……有300”，同样也说过“地上的阿努纳奇……有600”。

不过，许多文献中同时还说这些阿努纳奇是“50个伟大的王子”。在阿卡德语中，对他们名字的通用拼读方法为：AN-NUN-NU-KI，读上去确实有“从天国来地上的50位”的意思。是否有一种方法能解开这个貌似矛盾的数字差异？

我们联想到了一部文献中的记录，说马杜克冲到他的父亲艾那里，向他汇报说，一艘携带“50个阿努纳奇”的飞船在接近土星的时候消失了。一部乌尔的第三王朝时代的驱魔文本中提到了“anunna eridu ninnubi”（意为“埃利都城的50名阿努纳奇”）。这很具体地证明了，在恩基的指挥下创建埃利都的阿努纳奇一共有50人。这是不是可以证明每一个登陆团队中都有且仅有50名阿努纳奇？

我们完全可以相信这是有可能的。在适当的时间，从第十二个天体访问地球，是有规律有规范的，这样更多的纳菲力姆才能顺利到来。而每一次，一些先来地球的人则会回到登陆舱重返宇宙飞船以准备回家。然而，每一次都会有一部分纳菲力姆人选择（出于各种原因）继续留在地球，所以最后从第十二个天体上来的宇航员慢慢增加到了“600”人。

※

纳菲力姆人打算如何完成他们在地球上的任务呢——在地球上寻找他们想要的矿物，并将其运回第十二个天体，而且只用这么些人？

毫无疑问，他们能够依靠他们的科技。正是在这个时候，恩基显示出了自己最大的价值——为什么是他而不是恩利尔率先登陆地球，又是他来负责阿普苏，原因就在这里。

有一个著名的图章，现存放于卢浮宫博物馆。在它上面是艾/恩基与他的“专用流水”象征，与其他图章中不同的是，这次的流水似乎是从一系列化学试管或长颈瓶中流出来的，或是经过它们过滤而来（见图152）。这样一个古代描述，为我们提出了一种可能：艾/恩基与水流的图画意思是说，纳菲力姆人最初的打算是从海水当中提取他们所需的矿物。但是，要大规模地从被稀释得过分的海水中提取矿物，需要极为尖端且相对低成本的技术作支持。不过我们也知道，海床中的确蕴藏了大量的矿物，不过首先得有人下到

图152

海底并把它们“取”出来。

古代文献中反复提到过，诸神有一种船叫作伊利普·特比蒂（elippu tebiti，意为“下沉的船”——现在我们叫这种东西潜水艇）。我们已经看见过归艾管辖的“鱼人”。那么这是他们曾潜入海底去寻找矿物的证据吗？矿井聚集之地，我们在之前提到过，在最早被称作阿拉利——“闪耀矿脉的水域之地”。这个意思有可能是说一个地方，黄金在河流下面；它同样也可以是从海里取得黄金的意思。

如果这就是纳菲力姆人的计划，那他们很显然一无所获。因为，在他们建立起自己的第一个据点后不久，这几百个阿努纳奇就被给予了一个意外且极为艰苦的工作：下到非洲土壤的极深处去采得他们所需要的矿物。

在圆柱图章上发现的一个画面，显示了诸神在一个貌似是矿井入口或是升降机井的地方；其中有一个描绘的是艾在一个地方，吉比尔（Gibil，火神）在地面上，而另外一个神却在地面之下辛苦工作，手脚都杵在地上（见图153）。

后来的巴比伦和亚述文献提到，人类——年轻和年老的——被处罚到下层世界的矿井中进行艰苦的劳动。在黑暗中工作，吃的是尘土，他们注定永远无

图153

法返回自己的家乡。这就是为什么苏美尔人称这个地方为库尔努济亚（KUR.NU.GI.A，意为“不归之地”）；它字面上的解释是“诸神工作地，在深深的坑道里挖起（矿石）”。纳菲力姆人开始殖民地球的这段时间，所有的古代资料都能证明，是不存在人类的；而人类尚不存在的时候，只有为数不多的阿努纳奇在这些矿井中工作。伊师塔，在她去下层世界的时候，描述了那些艰苦工作的阿努纳奇吃着混着泥土的食物，喝着带有灰尘的水。

在这样的背景下，我们终于能够完全懂得一部以其开篇语命名的、叫作《当诸神如人一般承担这工作之时》的长篇史诗所讲的内容。

有学者将许多巴比伦和亚述的文献碎片拼凑在了一起，如 W.G. 兰伯特和 A.R. 米勒德，他们在合著的《阿特拉－哈希斯：巴比伦的大洪水》一书中向人们展示了一个连续的文本。基于较之还要早期的苏美尔文献甚至更为久远的传说，他们得出了一些关于神到达地球，创造人类，以及大洪水的结论。

在大多数经文对它们的翻译者而言只有文学价值的时候，我们却发现它们有着极重要的象征意义，因为它们能够支持并证实我们在之前章节中所提到的种种发现和观点。它们同样还向我们解释了阿努纳奇的兵变是发生在怎样的环境中的。

故事发生于地球上还只有诸神存在的时候：

> 当诸神，如人一般，
> 承担这工作，忍受这辛劳的时代——
> 这些神是如此艰辛，
> 工作是如此繁重，
> 他们非常痛苦。

史诗中记述道，在那个时候，诸神已经划分好了各自的管辖范围。

> 阿努，阿努纳奇之父，是天国之王；
> 他们的大臣是勇士恩利尔。
> 他们的首席军官是尼努尔塔，
> 他们的法官是恩努济。
> 众神将他们的手掌聚在一起，
> 抽签之后再分开。
> 阿努上去到了天国，
> 为了他的责任离开（地球）。
> 海洋，像是被环状物围住，
> 它们被给予恩基，王子。

七个城建立了起来，文献中说这七个城市的指挥官是七位阿努纳奇。规则一定是非常严格的，因为文献告诉我们，“七位大阿努纳奇让地位更低的神承担工作”。

在他们的所有工作中，最普遍的好像是进行挖掘，这也是最痛苦最被人厌恶的。次神挖开河床让他们能够驾船通行；他们挖掘运河进行灌溉；他们还不得不在阿普苏挖矿石。虽然他们无疑是拥有一些高级工具的——文献中说那是“白银斧，如白昼般闪耀”，哪怕是在地底。但这样的工作毕竟还是太过“刺激”了。有很长一段时间——确切地说，有 40 个“时期”——是阿努纳奇“承担这辛苦的工作”；接着他们就咆哮了起来：不要!

他们在挖掘出的洞穴中抱怨着，谩骂着，
说着自己的不满和怨言。

这次兵变似乎是在恩利尔对矿区的一次探访的时候进行的。阿努纳奇抓住了这个机会，他们互相说道：

让我们直面我们的……首席军官，
也许这样他能让我们从这样繁重的工作中得以解脱。
众神之王，英雄恩利尔，
他在他的住处，因我们而感到胆怯!

这次兵变的组织者或是领导人很快就被找了出来。他是“古老时候的首席军官”，他多半对现任的这位很是不满。写有他名字的部分，很不幸地，已经坏掉了；但他具有煽动性的演讲倒是很清楚：

现在，正式宣战；
让我们联合起来战斗。

对这场兵变的描述极为生动，让人联想到攻占巴士底狱：

诸神听从了他的话。

他们将火焰放入他们的工具内；

他们将火焰放入它们的斧头内；

他们急坏了隧道中的矿业神；

当他们离去时他们带上了他

来到英雄恩利尔的门前。

这些紧张的场面和气氛被古代的诗文刻画得栩栩如生：

这是在夜晚，只能看见一半的路。

他的房子被包围了——

然而神恩利尔却不知道。

（接着）咔咔觉察到了。

他滑开门闩观看……

咔咔唤醒了努斯库；

他们听着……的噪音；

努斯库唤醒了他的主人——

他将他拉出了床，（说）：

“我的主人，你的房屋被包围了，

战斗就要在你的门前发生了。”

恩利尔的第一反应是要拿起武器来镇压这些起义者。然而他的顾问努斯库提出了一个计策：

"传一个消息让阿努来；
让恩基来你的地方。"
他传了这个消息，阿努就下来了；
恩基同样也被带到了他的地方。
有着大阿努纳奇的在场，
恩利尔张开了他的嘴
并向众大神发起演讲。

要将此事私了，恩利尔需要知道的是：

这么做是为了反抗我吗？
我也必须与你们战斗吗……？
我的眼睛看见的是什么呢？
是这场战斗直接想打到我的门口！

阿努提议要做一个调查。在阿努的官员和其他指挥官的陪伴下，努斯库去找了那些住在营地里的起义者，问道："谁是这场战斗的煽动者？谁是激发仇恨的人？"

阿努纳奇却很是团结：

我们中的每一个神都已宣战！
我们有我们的……在洞穴中；
过度劳累会杀死我们，
我们的工作是繁重、苦痛的。

当恩利尔听到努斯库带回来的答案后，“他流泪了”。他仍发出一个最后通牒：要么处决这些起义者的领导人，要么他就辞职。“带走这职务，收回你的权力吧，”他向阿努这么说，“我将升到天国到你那里去。”但是从天国下来的阿努，却站在阿努纳奇的一边：

我们为何如此责难他们?

他们的工作太过繁重，他们很是悲苦!

每一天……

我能听到他们沉重的叹息和哀怨。

听了父亲的话，艾/恩基同样“张开了嘴”并总结了阿努的话。但他还提出了一个解决办法：创造lulu，一种“简陋工人”（或Primitive Worker，原始工人）!

当生育女神在场时，

让她创造一个简陋工人;

让他来承受这些苦难……

让他们接过诸神的艰辛!

创造“简陋工人”来进行这些原本属于阿努纳奇的工作的提议马上就被同意了。诸神全体赞成创造这么一种“工人”。他们说：“他的名字可以叫作MAN（人类）”。

他们传唤并询问了这位女神，

她是诸神的接生员，英明的妈妈，

（众神问道：）

“你是生育女神，创造工人吧！

创造一个简陋工人，

这样就让他来承担这些苦难！

让他来承担恩利尔所管的艰苦工作，

让他来结束诸神手里的辛苦！”

妈妈，就是母亲女神，说她需要艾/恩基的帮助，“这要依靠他的技巧”。在希姆提之屋——一个医院一样的地方——里，众神都等待着。艾帮忙准备着母亲女神要用来造“人”的混合物。母亲女神在咒语中继续工作着。接着她发出了成功的叫喊声：

我创造出了！

我的双手造就了它！

她“召集阿努纳奇和众大神……她张开嘴巴，向诸神宣告”：

你们交给我的任务

我已经完成了……

我将带走你们的繁重工作

我将你们的辛劳放在了工人，人类身上。

你们将为这个专职工人惊呼！

我解除了你们的苦难，

我给了你们自由。

阿努纳奇极为兴奋地接受了她的布告。“他们跑到一起亲吻她的脚”。从那时开始就由简陋工人——人类“承受这些苦难”。

纳菲力姆，来到地球建立了他们的殖民地，并创造出了属于自己的奴隶。这可不是从其他大陆运来的所谓奴隶，而是由纳菲力姆人亲自创造出的简陋工人。

就这样，一次神的兵变导致了人类的创造。

第十二章

创造人类

这样的论断，由苏美尔人首次记录并传递下来："人类"是被纳菲力姆人创造出来的。这样的观点同时与两种理论产生了冲突：进化论和基于《圣经》的基督造人论。但实际上，苏美尔文献中所包含的信息——而且仅是这个信息——能同时证明进化论的合理性以及《圣经》故事的真实性，并且还显示了这二者之间其实并无根本冲突。

在史诗《当诸神如人一般承担这工作之时》中，以及其他一些详细的文献中，苏美尔人将人类描述为既是神的造物，又是《创世史诗》中随着天体事件而开始的进化链条中的一员。

苏美尔人坚信，人类的创造是在地球上只有纳菲力姆存在的时期之后的事，他们记录下了一个又一个当"人类还没有被创造，当尼普尔只有诸神居住"时期所发生的事情的实例（例如，恩利尔与宁利尔之间的一些事情）。而同时，文献还描述了地球的诞生和其上的动植物的发展，而它们的发展顺序也刚好和进化论的观点吻合。

苏美尔文献记录了纳菲力姆人第一次到达地球的时候，谷物耕作、水果种植和牲畜圈养的艺术还从没出现在地球上。《圣经》与之相同的地方，则是人的创造是在第六“天”完成的，或者说是在这一个阶段内完成的。《创世记》也一样，坚信在一个更早的进化阶段中：

> 地球上没有干净土地的植物，
> 也没有被栽种长成的植物……
> 而人类也没有承受着艰苦的工作。

所有的苏美尔文献都坚称，诸神造人是为了让人为他们做活。对此事的解释同样借马杜克之口出现在《创世史诗》中：

> 我将造出一个卑微的原始人；
> 他的名字将是“Man”（人类）。
> 我将造出一个原始人工人；
> 他将是为诸神服务的，
> 这样他们才过得舒适。

“Man”这个苏美尔语和阿卡德语中的特殊词语，预示了他的身份和作用：他是一个lulu（“原始人”），一个lulu amelu（“原始人工人”），一个awihim（“劳动者”）。人类，作为诸神的服务员被创造出来，这绝对不符合古人的奇怪思维。在《圣经》时代，神是“主”“帝王”“君王”“统治者”“主人”。有个词通常被翻译成为“worship”（做礼拜），实际上是avod，意思是“干活”。古代人和《圣经》中的人从不为他的神“做礼拜”；他只为他工作。《圣经》中的神如苏美尔诸神一样，在创造人类以后，马上开辟了一个果园并让人在那里工作：

> 主带着“人”将其放入伊甸园，
> 让他照料并耕耘它。

之后，《圣经》描绘主“在日间的微风中漫步花园”，现在花园里有新成员了，有他照料着这座花园。这与在苏美尔文献中，诸神吵闹着需要工人为他们提供轻松和休息又有多大的区别呢？

在苏美尔版本中，造人的决议是众神在他们的会议中商议出来的。很有象征意义地，《创世记》中——声称这是一神的功劳——使用了复数词语 Elohim（耶洛因，希伯来语原版《圣经》中的“上帝”，如翻译成中文则是“上帝们”）来表示单数形式的“God”（上帝），并用一段惊人的话语记录道：

> 主（们；Elohim，此时所使用的为复数）说：
> “以我们自己的形象来造人类，
> 要和我们长得一样。”

谁是“我们”，是要根据哪些形象来创造人类？《创世记》并没有给我们一个答案。接着，当亚当和夏娃吃下了智慧之树的果实之后，主（们）向他（们）的一位未标注姓名的同僚说：

> 注意了，人类快和我们差不多了，
> 能分辨是非、善恶了。

《圣经》中的创世故事，像其他很多创世故事一样，都是有一个苏美尔起源的，所以答案也是很明显的。这是将许多神祇放进了一个一神体系，《圣经》中的这一段故事，是苏美尔众神集会决议记录的修订版本。

《旧约》中尽力讲清楚了人类既不是神也不是来自天国。“天国是主的天国，他给人类的是大地。”这种新物种被叫作“亚当”，因为他是由地球的泥土阿达马所造。换句话说，他就是“地球人”。

除了没有某种“智慧”和神的生命长度，亚当的其余部分都是按照他的创造者（们）的形象和模样来制造的。原文中这两个词汇分别是 selem 和 dmut，无疑是说人类与上帝（们）既在物质上相似，又在情感上相似。既是外部相似，又是内部相似。

在所有古代图画中，对人和神的外形的描绘都是极其一致的。虽然《圣经》中反对崇拜偶像这一点，暗示着这位希伯来神本身是没有形象和外貌（不仅是《创世记》，其他章节中都有提到）的，而古代希伯来的神祇可以面对面地接触，可以和人搏斗，可以被听见也可以对他说话；他有头有脚，有手有手指，也有身体。《圣经》中的上帝和他的使者与人长得一样，行为也差不多——因为创造人类就是以诸神的外貌和行为举止为标准的。

但是这提出了很大的疑问。一个新生物，怎么可能真正成为纳菲力姆人无论是肉体上、精神上还是情感上的完美复制品？人类到底是怎么被创造出来的？

西方文明在很长一段时间内坚信人类是被蓄意创造，并统治整个地球及其他生物的。在 1859 年 11 月，一名英国生物学家出版了一本专著，名叫《论依据自然选择即在生存斗争中保存优良种族的物种起源》，简称《物种起源》。这个英国人的名字叫查尔斯·达尔文。他以接近 30 年的考察所得，再加入一些更为早期的自然进化学说，最后认为各物种为生存的斗争导致了自然界对物种的选择。这包括了各种植物和动物，达尔文将它们当成了论据。

早在达尔文之前的 1788 年，基督世界就已经被刺激过了。那时，一些地理学家开始相信，地球的历史要比希伯来历法中所说的 5500 年多得太多。现在达尔文又来了，不过，他的观点其实有着更早的先驱：希腊学者在公元前四世纪就编制了动植物进化的数据资料。

达尔文最具爆炸性的观点是，任何生命——包括人类都是进化的产物。人类是因进化而自发形成的，这完全违背了当时的信仰。

教会方面最初给出的回应是相当暴力的。但当科学家们最终得出地球的实际年龄后，进化学、基因学以及其他生物学和人类学的研究有了新的光芒，教会的反驳变得悄无声息了。似乎到了最后，《圣经》无可奈何地变成了《圣经故事》；因为一个没有类人身体的神怎么可能独自说道：“以‘我们’自己的形象来造人类，要和‘我们’长得一样”？

只是我们真的就仅仅是“裸猿”吗？难道猴子是与我们有着相同根源的不同进化分支上的兄弟吗？而树鼩则是还没有甩掉尾巴并直立行走的人类吗？

就像我们在本书的最开始提到的一样，现代科学家开始向这些简单的理论提出问题了。进化学可以解释生命在地球发展的普遍现象，从一个最简单的单细胞生物一直到人。但是进化学不能解释智人的出现，他们本需要上百万年的进化时间，但事实上只用了这段时间中短短的一瞬；而且，没有任何证据可以证明，在他们之前有一个过渡阶段。

直立人中的原始人的确是进化的产物。但智人本身则是一个突然的产物，是一个爆炸性事件。他们在 30 万年前无法解释地出现了，比进化理论上的时间早了上百万年。

学者们给不出任何解释。但我们可以。苏美尔和巴比伦文献可以。《旧约》可以。

智人——近代人是古代诸神创造的。

※

美索不达米亚文献很幸运地对人类的创造时间有着清晰的记载。阿努纳奇艰苦的工作及后来的兵变告诉我们，“有 40 个时期他们承担这工作，不分昼夜”；他们长年的劳作在经文中用了一种很有趣的表述方式：

有 10 个时期他们承担这工作；

有 20 个时期他们承担这工作；

有 30 个时期他们承担这工作；

有 40 个时期他们承担这工作。

这些古代文献用“ma”这个词来表达“时期”这个概念，而大部分学者将之单纯地翻译为“年”。但这个词还有一个隐含意思，“完成了它自己又重复的东西”。对地球上的人类来说，一年相当于地球围绕太阳完成一次轨道的运行。如我们之前所讲的，纳菲力姆的行星的绕日轨道是一个 SHAR，相当于 3600 个地球年。

在登陆地球 40 个 SHAR，也就是 14.4 万地球年后，阿努纳奇发出了呐喊：“不要！”如果纳菲力姆人真如我们所研究出的那样，是在大约 45 万年之前第一次登陆地球的话，那人类的创造则是在大约 30 万年前发生的！

哺乳动物，或其中的灵长类动物，还有原始人都不是纳菲力姆创造的。《圣经》中的“亚当”也并不是严格意义上的人，而是人的祖先——第一个智人。这就是我们所知的纳菲力姆所创造的近代人类。

让人懂得这个关键事件的钥匙藏在这样一个故事里：睡着了的恩基被众神唤醒，他们将他们打算制作一个阿达木的决定告诉了他，而且打算让他来想方法。他回答道：

你说的这种生物的名字

它是存在的。

他还说：“将神的形象捆绑到它的身上”。它——一个已经存在的生物。

这里，就是对这个疑惑的解答：纳菲力姆人不是从空无中“造”人的；他们选择了一种已存在的生物并改造了它，“将神的形象捆绑到他的身上”。

人是进化的产物；而智人、近代人，则是“诸神”的产物。因为，在大约30万年前，纳菲力姆人将自己的形象和特征安插在了直立人的身上。

其实进化论与近东的造人故事并不是完全矛盾的。相反，他们互相充实了对方。因为如果没有纳菲力姆的创造，近代人的出现就还要再等个数百万年。

※

让我们把自己放在时间线的过去，设想一下当时的环境和发生的事情。

伟大的间冰期开始于大约43.5万年前，它温暖的气候使动物及它们的食物都得以扩张。同时，它还加速了一种高级类人猿的发展和扩张，这种类人猿是直立人。

当纳菲力姆人在调查他们的时候，他们不仅看到了处于主导地位的哺乳动物，还看见了灵长类动物。在地面漫游的直立人会不会因对那些向空中飞去的喷火物体产生兴趣，而靠近去观看？纳菲力姆人会不会也观察、遇到，甚至俘获一些这样的有趣生物？许多古代文献都证明了纳菲力姆人和类人猿是有过接触的。一部讲述原始时代世事的苏美尔文献陈述道：

> 当人类被创造时，
> 他们不知道吃面包，
> 不知道穿上衣服；
> 用他们羊一样的嘴吃植物；
> 在沟渠中饮水。

如此一种兽性“人类”在《吉尔伽美什史诗》中也提到过。文献中讲述了恩奇都，“生于干草原”的那一位，在他变得文明之前是什么样子的：

> 他的整个身体都长满又粗又长的毛发，
>
> 他有着像女人一样的长发……
>
> 他不认人也不识地；
>
> 他穿得像绿地
>
> 和瞪羚一样吃草；
>
> 在饮水地
>
> 他和野兽搏斗；
>
> 与水中各式生物在一起
>
> 他的心非常高兴。

阿卡德文献不仅描述了一种动物般的人，同时还描述了他与另一种生物的相遇：

> 现在一个猎人，在诱捕，
>
> 在饮水地见到了他。
>
> 当这个猎人看见了他，
>
> 他的脸变得呆住了……
>
> 他的心跳变乱，脸上阴云密布，
>
> 因为悲剧到了他居住的地方。

在猎人看见“这个野蛮人”之后，对这个“从干草原深处来的野蛮人”来说，除了恐惧还得做更多的事；因为这个“野蛮人”要逃避猎人的追捕：

图 154

他填补了我挖下的坑，

他撕烂了我设下的陷阱；

从干草原来的野兽

他让他们从我手中溜走了。

我们不能再奢求一个对更好类人猿的更好的描述了：毛发，又粗又长，一个“不认人也不识地”的游民，穿树叶，“像绿地”，吃草，而且与动物住在一起。然而他又不是完全没有头脑，因为他知道怎么撕烂抓捕动物的陷阱，填补坑洞。换句话说，他要保护他的动物朋友不被外来的猎人捕获。已发现的许多圆柱图章上，描绘了这样一个与动物朋友住在一起的长毛类人猿（见图 154）。

之后，面对着需要更多人力资源这个事实，纳菲力姆人决定要得到一种原始人工人，他们发现了一个现成的解决办法：改造一种合适的动物。

而这样的“动物”是可以找到的——直立人提出了一个问题。一方面，他太智能又野蛮，以至于很难教育成一种用来工作的动物。另一方面，他并不是很适合这样的工作。他的体格必须改变——他必须能够拿住并使用纳菲力姆人的工具，并要像他们一样行走和弯腰，这样才能够替代田野和矿井中的诸神。他需要一个更好的“大脑”——不是要像诸神那样，而是至少得懂得言语和命令，并懂得如何使用交给他的工具。他需要足够的智商和领悟力来成为一个顺从且有用的“amelu”——奴隶。

如果古代证据和现代科学证明了，地球生命是来自第十二个天体的生命，那么地球上的进化则与第十二个天体上的进化有着相似的过程。

毫无疑问，因本土的特点而导致的转化、变异、加速或延迟等现象肯定是有的；但是在地球动植物上存在着同样的基因密码，同样的“生命化学”，会指导着地球生物的进化模式与方向，使之与第十二个天体上的进化有着普遍上的相似。

观察着地球上各种生命形式，纳菲力姆的最高科学家，艾，需要一点点时间来接受所发生的这一切：在天体碰撞事件中，是他们的星球为地球撒下了生命种子。因此，这种被认为是相对合适的生物，与纳菲力姆人有着千丝万缕的亲密关系——虽然他们还处于一种低得多的阶段。

并不需要通过一代又一代的教养选种的渐进的驯化过程。现在需要的是一个快速的过程，一个可以让新工人“批量生产”的过程。这个问题被推到了艾的头上，而他在一瞬间看见了答案：将诸神的形象“复印”到一种现已存在的生物身上。

为了让直立人快速进化而对其采取的措施，我们相信是基因改造。

我们现在知道，是基因密码让有机物自我复制、制造出与父辈相似的后代这样复杂的生物过程得以实现。所有带生命的有机系统——蛲虫、桫椤或者人类，在他们细胞的染色体内，在每个细胞中的微小的棒状物上，都带有针对这一特定组织的完整的遗传指令。当雄性细胞（花粉、精子）使雌性细胞受精时，这两种染色体结合并在之后分裂以形成新的细胞，新细胞又都包含着它们父辈细胞中的完整的遗传特征。

人工授精，哪怕是对于一个女性人类的卵子，在现在都是现实的。真正的挑战是进行同一个物种内不同科的生物的异体授精，甚至是连物种都不同。现代科学家从第一粒杂交水稻，混种阿拉斯加州雪橇犬与狼，或是创造骡（在母马和公驴之间进行人工授精）开始，一直走了很久，才走到人类自身的生殖上来。

一种被应用在动物身上的被称为克隆（cloning，源于希腊语单词 klon，意思是“枝”）的过程，原理与我从一棵植物上剪一截下来，并用它来繁殖上百个类似植物一样。

这种应用在动物身上的科技的第一次实际演示是在英格兰，约翰·格登博士用同一只青蛙身上的另一个细胞中的核质，替换了已授精的蛙卵中的原子核。正常蝌蚪的成功出生，向全世界演示了这颗卵无论是在什么地方，只要有正确的合适的染色体，都能继续发育并再分，然后创造后裔。

由纽约州韦斯特彻斯特县的哈得孙河畔黑斯廷斯村的伦理、生命与社会科学研究所提供的实验报告上说，克隆人类已经成为可能了。现在已经可以从人类的任何细胞中而非性器官中提取出核质，将它的 23 条完整的染色体引入女性的卵子，将会导致一个“预定”好的人被怀孕以及出生。在传统的怀孕中，“父亲”和“母亲”染色体混合在一起，之后必须分裂，保存为 23 对染色体，导致一种随机的结合。而在克隆中，后代将是尚未分裂的染色体的绝对复制品。W. 盖里博士在《纽约时报》上写道：“复制人类是一种恶心的知识”——会有无数个希特勒、莫扎特、爱因斯坦吗——如果我们得到了他们的细胞核。

然而基因工程技术没有被限制在一个过程中。许多国家的研究院都发现了一种新的程序，叫作“细胞融合”，这让细胞融合成为可能，而不是只能在一个细胞中进行染色体混合。作为一种结果，不同来源的细胞可以融合为一个“超级细胞”，它里面有着两个细胞核与两组各自成对的染色体（原本是 23 对，现在是两个 23 对）。当这个细胞分裂的时候，细胞核与染色体的混合物可能会分裂为与细胞混合前不同的样式。结果可能是两个新的细胞，每一个都是完整的，但各自都有一个崭新的基因密码，与它们的祖先细胞大不一样。

比如一只鸡和一只老鼠的细胞可以融合在一起，以形成全新的细胞，并造就一种既不是鸡也不是老鼠，我们也从未见过的生物出现。说得更远一些，这个方法允许我们在发现某个生命的特征很不错后，去“融合”它们的细胞。

这导致了“基因移植”这个广阔领域的发展。这制造了一种可能，从某种细菌中提取出一个特殊基因并将其植入动物或人类的细胞中，为后代加入一种新的特征。

※

我们应该认为纳菲力姆——他们在45万年前就拥有空间旅行的能力——在生物科学领域能和我们今天一样甚至更先进。无论他们所使用的方法是克隆、细胞融合，还是基因移植，乃至是我们今天都还不知道的技术，总之，他们知道，他们可以通过这些过程造出他们所需要的，而这不仅仅是在实验室里，而是真正的生产。

我们在古代文献中发现了这样的混合生命体。按照贝罗苏斯的说法，神柏罗斯（Belus，意思是主人，“lord”）——同样也是神迪尔斯（也被翻译为天帝，Deus是“god”，上帝、神的意思）生产出各种“奇怪丑陋的生物，它们是用两种原料生产的”：

有的是带着翅膀的人，有的是有两张甚至四张脸的人。他们有些是一个身体中长出两个脑袋，一男一女。他们身上的其他器官也有雌雄同体的现象。有些人的部位被替换成了动物的，比如山羊的腿和角。有些脚是马蹄，有些人的整个后半身都是马的后半身，而前半身却又是人类的，让人联想起神话中的半人马。还有长着人头的公牛，长着四个身体和鱼尾巴的狗。同样，也有长着狗头的马；还有各种包括人在内的动物，有着马身鱼尾。简而言之，那里的生物

图155

带有其他各物种的器官……

所有包含这些内容的描绘至今都保存在巴比伦的柏罗斯神庙里。

这个故事中令人不可理解的细节，也许包含着重要的历史事实。可以理解的是，在以他们自己的形象造物之前，纳菲力姆人会先用其他的生物来进行“人造仆人”的实验：制造混种猿人兽。一些人造生物也许会活上一段时间，但多半是无法进行繁殖的。在古代近东的神庙遗址里，用于装饰的神秘的公牛人和狮人（lion-men，sphinxes，斯芬克斯），也许不仅仅只是古代艺术家的想象，而是的确存在过的生物，它们来自纳菲力姆人的生物实验室——而艺术家和雕刻家用自己的方式纪念了这些不成功的实验品（见图155）。

苏美尔文献同样提到过，恩基和母亲女神（宁呼尔萨格）为了创造完美的原始人工人而创造出的扭曲人类。一部文献记录了宁呼尔萨格的工作是“将混合物放入诸神的模子中”，喝掉并“被叫到恩基那里”：

> 人类的身体有多好，或者有多坏？
> 如我的心脏提醒我的，
> 我能将它的命运变得好或坏。

如文献中说的，她很淘气——其实有可能是不得已，因为生产过程可能出了错——宁呼尔萨格造出的男人不能控制排尿，而女人不能怀小孩，还有一个既无男性器官，也无女性器官。总的来说，宁呼尔萨格创造出的是六个扭曲或是有缺陷的人类。恩基创造出的人则是带有眼疾，手发抖，肝功能不全，心脏也有问题的；而他造出来的第二个人随着年岁增长也会出现很多疾病；等等。

但最终完美的人类还是诞生了——被恩基命名为阿达帕;《圣经》称他为亚当；我们的学者，称之为智人。这个生物和诸神简直太像了，甚至有一部文献指出，母亲女神给了她所造的人“一张与神的皮肤一样的皮肤”——一个平滑、少毛发的身体，与长满长毛的猿人完全不同。

这个最后成品与纳菲力姆人的基因是相容的，也只有这样纳菲力姆人才能与人类的女儿通婚并生子。然而这样的相容还必须满足另外一个条件，就是人类和纳菲力姆人必须有着相同的“生命之种”。而古代文献确实也这么说了。

人类，在美索不达米亚的观念中，是用神性元素的混合物制成的——神的血液或是其“精华”与地球“泥土”混合，这与《圣经》的观点是一致的。的确，对应“人”的特殊词语 lulu 表达了“原始”的含义，字面上的意思是“被混合者”。被要求制造一个人类，母亲女神“洗了手，捏起泥土，将其混入干草原中”（很有趣，这里提到了女神的卫生意识：她“洗了手”。我们在其他的造物文献中也遇到了这样的医学卫生意识和措施）。

用地球“泥土”与圣“血”混合创造出了人的雏形，这在美索不达米亚文献中普遍存在着。其中之一记录了恩基被叫去“做一些伟大的英明的工作”——科学，其中陈述道，恩基在“为诸神创造仆人”的工作中没有遇见不可解决的问题。“这是可以办到的！”他回答道。接着他就给母亲女神这些指示：

将阿普苏之上的，

地球地窖中的

泥土混入一个核心。

将其做成一个核心的形状。

我将提供优秀多识的年轻诸神

他们将把这泥土放到正确的环境。

《创世记》的第二章有这样的技术性经文：

耶和华，主（们），用大地上的泥土制造了亚当；

他向他的鼻孔中吹气，给了他生命的呼吸，

亚当就有了生命的灵魂。

希伯来文单词“nephesh”被普遍翻译为soul（“灵魂”），是赋予一个生物的“精神”，它貌似会在它死去的时候离开这个生物的身体。很不巧的是，《摩西五经》（*Pentateuch*，《旧约》的前五卷）中有这样的劝诫，它反对人流血，也反对吃动物的血，“因为血是nephesh（灵魂，精神）”。《圣经》中讲述造人的经文将血液和灵魂、精神等同了起来。

《旧约》还给了血液在造人中的另一个角色。希伯来文单词adama（阿达玛）——后来演变为adam（亚当）——最原始的含义并不是什么地球或泥土，而是特指深红土壤。就像与之对应的阿卡德文单词adamatu（意为“深红大地”）那样，adama跟希伯来文中表示红色的词adorn，都源自表示血的词：adamu，dam。当《创世记》将这个上帝的造物取名为亚当的时候，它使用了苏美尔人最喜欢的语言游戏：双关。“the Adam”可以解释为“地球上的那个（地球人）”，“用深红土壤做的那一个”和“用血做成的那一个”。

在美索不达米亚的造人记录中，提到了生命必需的物质与血的关系。艾和母亲用于造人的医院状建筑被称作希姆提之屋；多数学者将其译为“确定命运之地”。但希姆提一词很明显是由苏美尔词语SHI.IM.TI发展来的。SHI.

IM.TI，若一个音节一个音节地读，意思就是“呼吸—风—生命”。比特·希姆提，希姆提的字面意思则是“吸进生命风之屋”。这与《圣经》中的记录是大致相同的。

事实上，美索不达米亚使用的对于苏美尔词语 SHI.IM.TI 的译文是阿卡德词语 napishtu——与《圣经》中的 nephesh 是明显对应的。而 nephesh 或是 napishtu 都是指血液中难以捉摸的“某种物质”。

《圣经》中只提供了很少的线索，美索不达米亚文献却就这个话题进行了大量的描述。他们不仅指出造人的混合物需要血液，还特别指出所需的血液是一位神的血液，圣血。

当诸神打算造人的时候，他们的领导人宣称：“我将会积存血液，将把骨头放入生物体。”这暗示血液是从一位特定神的身上取来的，“让原始人按照他的形象制造，”艾这么说。

选择这位神。

用他的血液他们造了人；

将服务能力加入它，解放诸神……

这是一个超出我们理解力的工作。

按照史诗《当诸神如人一般承担这工作之时》的说法，诸神接着叫来了生育女神（母亲女神，宁呼尔萨格）并让她来执行这个工作：

当生育女神到场之时，

让生育女神制造后代。

当众神之母到场之时，

让生育女神制造 Lulu；

让这些工人承担诸神的艰辛。

让她制作一个 Lulu Amelu，

让他们承担这苦难。

一个与之对应的古巴比伦文献名叫《母亲女神造人》，其中，诸神叫来了“诸神的接生员，多识的妈妈”并告诉她：

你的艺术是母亲的子宫，

可以制作出人类来。

那么，创造 Lulu 吧，让他来承担这苦难！

在这一点上，史诗《当诸神如人一般承担这工作之时》和它的对应文献开始对造人进行细节描述。女神（这里被称为 NIN.TI——“给予生命的女士”）答应了这项“工作”，她说了一些需求，包括一些化学物质（如“阿普苏的沥青”），用来“净化”（purification，注：此时净化一词更多带有世俗含义），还要用到“阿普苏的泥土”。

无论这些矿物都是些什么，艾都很理解这些需求；他同意了并说：

我将准备一个净化（purifying 有提纯之意）缸

让一位神的血流出……

在他的血肉中，

让 NIN.TI 混合这泥土。

要从泥土混合物中塑造出一个人，需要一些女性的帮助，她具有怀孕的能力。恩基让他自己的妻子承担了这个工作：

宁基，我的女神伴侣，

将是分娩的那一位。

七位生育女神

会在一旁帮助。

混合了“血液”和“泥土”之后，怀孕阶段将完成，让神的形象“复印”到这个新生物上。

你将宣判这新生儿的命运；

宁基决定它的诸神形象；

而它将成为“人”。

亚述图章上的描绘可以很好地成为这些文献的插图版本，它们显示了母亲女神（她的标志是脐带剪）和艾（他的最初的标志是月牙）是如何准备混合物，诵读咒语，鼓励对方继续的（见图 156 和图 157）。

恩基的妻子宁基参与到了第一次成功造人这个事件里，让我们想到了阿达帕的故事，我们曾在前面的章节中讨论过：

图156

图 157

在那些日子，在那些年，

埃利都的英明者，

艾，造了他作为模范人类。

学者们曾经推测，阿达帕被艾当作自己的“儿子”，它想暗示我们这位神很爱这个人类，所以收养了他。但是在同一个文献中，阿努说阿达帕是“恩基的人类后裔”。这也许可以证明的确是恩基的妻子参与到了制造阿达帕的事件中。这在这位新兴人类和他的神之间制造了一条家族纽带：因为是宁基生下的阿达帕！

宁悌祝福了这个新生物，并将他介绍给艾。一些图章中显示一位女神，由生命之树和实验室瓶子包围，举着一个新出生的生命（见图 158）。

这个生命就这样诞生了，它在美索不达米亚文献中被反复地提到：“模范人类”或是“模子”，很明显这就是正确的造物，因为诸神为之发出了成功的喧闹。这表面上是不太重要的细节，却为人类的“被创造”过程提供了一丝光亮，同时还与《圣经》中的信息有所不同。

按照《创世记》第一章的说法：

图158

主（们）按照他的形象创造了亚当

按照主（们）的形象创造了他。

他造了男人和女人。

第五章，被称作亚当谱系之书，陈述道：

在主（们）造亚当的那天，

主（们）按照他的形象造了他。

他造了男人和女人，

在创造他们的那一天

主（们）赐福于他们，叫他们“亚当”（Adam，现在通行版本中翻译为人类）

相同的是，他们都说是按照自己的形象和模样造了人。不同的是，文献中神仅仅创造了一个生物：“亚当”。而不同的是，《圣经》中同时造了一男一女。这样略带欺骗的矛盾在《创世记》第二章中仍然存在，因为它特别指出亚当孤独了一段时间，直到上帝让他睡过去并用他的肋骨造了女人。

这样的矛盾，同样困扰着学者和神学家。一旦我们认为《圣经》是苏美尔原本的简略缩写版，这样的冲突也就可以忽略了。苏美尔原本告诉我们，在试图通过用猿人和动物“混合”来造原始人工人之后，诸神发现唯一可行的办法是将猿人和纳菲力姆人自己混合。在几次不成功的尝试之后，一个“模范”——阿达帕/亚当——被制造出来了。而最初，只有一个亚当。

一旦阿达帕/亚当被证明是个正确的生物之后，他被用作复制新生物的基因模型或是所谓的“模子”，而这些新的复制品不仅有男性的，还有女性的。如我们之前讲到的那样，《圣经》中的制造女人的“肋骨”同样也是苏美尔人的文字游戏之一——苏美尔的 TI，意为肋骨和生命，证明了夏娃是由亚当的“生命精华”制作的。

※

美索不达米亚文献向我们提供了亚当的第一个复制品的见证人报告。

恩基的指令随后就到了。在希姆提之屋——“吹进”生命呼吸的地方，恩基，母亲女神，和 14 位生育女神在集会。一位神的“精华”已经得到了，“净化缸”也准备好了。“艾洗净了在她那里的泥土；他一直诵读着咒语。”

> 净化 Napishtu 之神，艾，大声说着。
>
> 坐在她前面，他驱使着她。
>
> 在她诵读完她的咒语之后，
>
> 她用手拿出了泥土。

我们现在基本上知道了一些人类的大批量生产的过程。有着 14 位生育女神的出席，

> 宁悌将泥土做成 14 份；
>
> 她放七个在右边，放七个在左边。
>
> 在它们中间她放了铸模……
>
> 她将头发……
>
> ……脐带剪。

现在有证据显示，生育女神是被分成两组的。“睿智和饱学的，两组都有

七位生育女神都在场”，文献继续解释道。母亲女神在她们的子宫里放入“混好的泥土”。其中带有少量的外科手术程序——头发的脱落或是削刮和手术器具的准备，如一把剪子。然后就是什么都不做的等待：

生育女神被放在一起。

宁悌坐下来数着月份。

具有重大影响的第十个月要来了；

第十个月来到了；

打开子宫的时期已经过了。

她的脸满是谅解：

她蒙住脸，做了接生婆。

她拉紧她的腰带，说着祝福语。

她画了一个东西；

在模子里的是生命。

造人，好像是有些晚育的。用来导致怀孕的“泥土”和“血液”的“混合物”被放在了14位生育女神的子宫里。然而九个月过去了，第十个月也到来了。“打开子宫的时期已经过了。”母亲女神“做了接生婆”。她从事于外科手术这件事情，在另一个对应的文献中讲述得更为清楚（虽然文献仅仅是一些碎片）：

宁悌……数着月份……

他们说第十月是重大的一月；

张开手的女士来了。

与（用）……她打开了子宫。

> 她的脸闪耀着喜悦。
> 她的头是蒙住的；
> ……打开了；
> 那是出现在子宫里的。

母亲女神非常高兴，她喊着：

> 我造出来了！
> 我的双手造了它！

※

人类的创造是怎样完成的呢？

史诗《当诸神如人一般承担这工作之时》中有一个段落，其主题是要解释，为什么“泥土”中要掺进一位神的“血液”。这种“神圣”元素不仅需要一位神滴出自己的血液，还需要更基础和更持久的某种物质。我们被告知，被选中的神有着 TE.E.MA——现在的权威人士，牛津大学的 W.G. 兰伯特和 A.R. 米勒德将之翻译为“personality”（个性，性格）。但 TE.E.MA 这个古代词语要特别得多；它直译过来是“装着记忆的那些房屋”。说远一些，这个词的阿卡德文变体 etemu 的意思是“spirit”（精神）。

从两个例子中我们都发现，这个在神的血液中的“某种物质”是带着他的个人特质的。所有这些，我们觉得，是绕着弯子陈述，艾在将神之血放入一系列的“净化缸”之后，提取出的是神的基因。

将圣物与地球元素彻底混合的目的也说了出来：

在泥土里，神和人需要绑定在一起，

在一位神内发酵的

灵魂和肉体

在日子的最后——

这同族的灵魂才被绑定；

它标志着生命将显现。

这样他才不被忘却，

让这同族的灵魂被绑定。

这是很强的文字，学者们几乎是看不懂的。从字面上看，文献是在说神的血液和泥土混合了，这样才能将人神的血缘绑定到一起，直到“日子的最后”，这样神的肉体（对应“形象”）和灵魂（对应“外貌”）可以从血缘上复印在人类身上，永不断绝。

《吉尔伽美什》史诗记录道，当诸神打算制造一个半神吉尔伽美什的替代品时，母亲女神将“泥土”与尼努尔塔的“精华”混合。在文献的后面，恩奇都的强大力量被归结为他体内有“阿努的精华”，那是他从阿努孙子尼努尔塔那里得到的物质。

有一个阿卡德词语，kisir，代表的是天国之神拥有一种“精华”，一种“浓缩物”。E. 艾柏林总结了他对 kisir 的解释：“精华，或是这个词的某个微妙之处，可以很好地应用在天国之神上面，如同应用于来自天堂的发射物。”E. A. 史本赛认为这个词同时还暗指“从天国下降的某些东西”。其中蕴含着一些意义，他写道：“可以用在医药学语境中。”我们则用一种简单直接的方式来翻译这个词：基因。

古代文献，如美索不达米亚文献和《圣经》，它们所提供的证据，支持了合并两种基因——一方是神一方是直立人——这个过程，是用男性基因作为神圣元素配上地球的女性基因。

《创世记》中反复强调了上帝按照自己的形象和外貌创造了亚当，下文形容了亚当之子赛特的出生：

> 亚当活了 130 年，
> 有了后代
> 是依着他的形象和外貌的；
> 他叫他赛特。

用词和句式与上帝造亚当的时候所用的是一样的。但赛特的确是亚当通过生物学过程所生的——亚当的精子与一个雌性卵子进行结合，接下来就是怀孕，出生。同样的语法预示着一个同样的过程，唯一看似可能的结果是，亚当是由一位神的精子和一个雌性卵子的结合而产生的。

如果这种带有神的元素的“泥土”真的是和地球元素混合——如所有文献都坚持认为的那样，那么唯一可能的解释就是，神的精子——他的基因原料，被放入了猿人女性的卵子中！

表示这种“泥土”——不如说是“塑形泥土”——的阿卡德词语是 tit。但它最初的拼写方法是 TI.IT（意为“它带着生命”）。在希伯来文中，tit 意思是“泥浆”，但它的同义词却是 bos，与 bisa（意为“沼泽，湿地”）和 besa（意为“卵，蛋”）同出一源。

造人的故事中充满了苏美尔式的文字游戏。我们已经看见过亚当 - 阿达玛 -adamtu-dam 的双重和三重解释。母亲女神的名字，NIN.TI，既有“生命女士”的意思，又有“肋骨女士”的意思。

那为什么不可将 bos-bisa-besa（“泥土—泥浆—卵”）作为另一个文字游戏而解释成女性卵子呢？

雌性直立人的卵子，被一位男神的精子授精了。接着这颗受精卵被放入了艾的妻子的子宫内；在得到这个“模子”之后，对其进行了复制，由各生育女神来怀孕，继续进行这项工作：

睿智和饱学的，
两组都有七位生育女神都在场；
七位生出男性，
七位生出女性。
生育女神带来了
生命呼吸之风。
她们成对地完成了，
她们成对完成了这些。
这生物就是人
母亲女神的生物。

智人被创造出来了。

※

古代传说与神话、《圣经》信息和现代科学在另一个方面同样是可以相容的。像现代人类学家的发现一样：人类在非洲最南部出现并发展，美索不达米亚文献提出人类的创造地点是阿普苏——矿井之地所在的下层世界。一些文献提到与阿达帕对应的“模范”人类，“神圣的阿玛玛，地球女人”的住所就在阿普苏。

在“造人”文献中，恩基对母亲女神提出了以下的指令：“将阿普苏之上的、地球地窖中的泥土混入一个核心。”有一首赞美诗，针对艾的创造，写到了“阿普苏作为他的住处”，开始是这样的：

神圣的艾，在阿普苏
修剪着泥的碎块，
造出库拉来重建神庙。

赞美诗继续列出这些建筑大师，就像那些管辖“山上和海里的大量产品”的人一样，都是由艾创造的——所有的，都被推断是由阿普苏的“泥土”块制成的，创造地则在有着矿井之地的下层世界。

文献中清楚地讲到，当艾用水力在埃利都修建一座砖房的时候，他在阿普苏修建了一座用宝石和白银装饰着的房屋。他的创造品，人，就是在这个地方起源的：

阿普苏之王，恩基王……
用白银和青金石修了房；
它的白银和青金石，
闪闪发光。
父在阿普苏适当地进行着创造。
这有着明亮面目的生物，
从阿普苏出来，
站在主人努迪穆德附近，到处都是。

我们甚至可以指出，人类的创造在诸神之间导致了不和。至少可以看出，在一开始的时候，这些原始人工人是被限制在矿井之地的。结果是，在苏美尔承担工作的阿努纳奇无法得到这种新劳动力的帮助。一个被学者们命名为《锄镐神话》的文献使人感到困惑。它实际上是一部记录事件的文献，讲的是恩利尔领导下的苏美尔阿努纳奇，取得了他们对黑头人应有的使用权。

为了重建“正常秩序”，恩利尔采取了极端措施——切断“天国”（第十二个天体的宇宙飞船）和地球之间的联系，并采取了对抗“肉体发源地”的严格行动。

> 主，
> 他做出的事情是适当的。
> 主恩利尔，
> 他的决定是不可改变的，
> 非常快地分开了天地的关联
> 这样被造物才能过来；
> 非常快地分开了天地的关联。
> 他割破了“天地纽带”，
> 这样被造物才能过来
> 从肉体发源之地。

为了对付“锄镐和篮子之地”，恩利尔制作了一个叫作AL.A.NI（意为“产生能量的斧”）的非凡武器。这个武器有一个“牙齿”，“就像是一头单角牛”，它能够攻击并摧毁高大的墙。

在所有的描绘中它都像是一个威力巨大的钻头，装备在一辆推土机造型的车辆上，它压碎它前面的任何东西：

这座屋要对主造反，

这座屋不对主顺从，

AL.A.NI 让它顺于主。

那坏的……，

它压碎它面前的植物；

拽走它们的根，

扯破这王冠。

在他的武器上装备了“大地撕裂机”，恩利尔开始了进攻：

主让 AL.A.NI 开始作用，给了它命令。

他将大地撕裂机像一个王冠一样放在它头上，

并将它开进肉体发源之地。

在洞里的是一个人的头部；

从地上，人们向恩利尔这里冲来。

他坚定地看着黑头人。

值得庆幸，他带回了原始人工人并毫不迟疑地让他们开始了工作：

阿努纳奇向他走去，

向他举手致敬，

用祷文让恩利尔的心情平静。

他的要求是黑头人。

这些黑头人，

有锄镐给他们拿着。

《创世记》中同样也表达了“亚当”是在美索不达米亚的西方的某个地方被创造出来的，然后被送到了美索不达米亚东部，在伊甸园里工作：

> 主耶和华
>
> 在伊甸种植了一座果园，那在东方……
>
> 他带着亚当
>
> 把他放入了伊甸园
>
> 在里面工作，看护它。

第十三章

众生的末日

人类始终相信在史前曾有过一段黄金时代，而这种信仰不太可能是基于人类自身的回忆，因为这个时代太遥远了，当时的人类太过原始而不可能为后代们记录下这些具体的信息。如果人类通过某种方式在潜意识中仍保留了这个极为遥远的纪元，人类生活在宁静幸福中，这倒很好解释，因为除此之外他们不可能知道更多。同样，最先告诉人类那个纪元的故事的不是更早的人类，而是纳菲力姆人自己。

唯一完整记录人类被运输到美索不达米亚的众神住所这一事件的，是《圣经》中亚当和夏娃在伊甸园的故事：

主耶和华种植了一片果园
在伊甸，那在东边；
然后他把亚当放在那儿
他是他所创的。
然后主耶和华

让地里开始生长
每棵树都看着舒服
而且很好食用；
生命之树在园子里
还有分辨善恶的智慧之树……
然后主耶和华带着亚当
将他放到伊甸园
在那儿工作并看护它。
然后主耶和华
向亚当说道：
“果园里的每棵树你都可以吃；
但是分辨善恶的智慧之树
你不要去吃；
因为当你吃它的那一天
你必死。”

虽然有两个极为重要的水果就在眼前，这地球人还是和它们保持着距离。主——在这一点上——似乎并不是太关心人类会试着去吃生命之果。然而人类不会遵守这个禁令，于是悲剧就发生了。

这样的田园风情很快就让路给一个戏剧性的新阶段，《圣经》学者和神学家称这是人类的堕落。这是一个关于人类始祖不听从神的指令，神的谎言，一条狡猾（但它说的是真话）的蛇、惩罚和放逐的故事。

这条蛇挑战了上帝的神圣的警告：

这条蛇向那女人说：

“是否上帝确实说过

‘你们不能吃园里所有的树？’”

这女人对蛇说：

“园里树上的果实我们可以吃；

而园里最中心的树上果子

主确实说过：

‘你不要吃它，碰都不要碰它

否则你们会死。’”

蛇接着向那女人说道：

“不，你们不一定会死；

上帝他知道

当你们吃它的那一天

你们的双眼将明亮

你们将和上帝一样

——可以辨别善恶了。”

而这女人见这树也好食用

而且也很渴望拿着它；

而这树也渴望让人变得睿智；

她拿下了它的果实吃了，

然后同样给了她的男人，他也吃了。

他们的眼睛都变得明亮了，

他们知道自己是裸露的；

他们就把无花果叶子凑在一起，

为自己做了衣服。

一遍又一遍地读这个简单却又精细的故事，一个人很难不去想这整个对抗到底是什么。在死亡的恐吓下他们甚至碰都不碰这知识之果，而这两个地球人却最终被劝服去吃这个东西，因为它会让他们具有如上帝一样的“知识”。而突然发生的事情竟是他们意识到了自己是裸露的。

裸露是整个故事的一个重点。《圣经》故事中，亚当和夏娃在伊甸园这一段的开头是这样的：“他们两个都是裸体的，亚当和他的伴侣，他们都没有害羞。”我们可以明白，他们尚处于人类发展中的低级阶段，不能称其为发展完全的人类：他们不仅是裸体的，甚至没有意识到这样的裸露是难为情的。

对《圣经》这一段故事的更深远的调查，得出了它的一个主题：人类取得了性能力。这种与人隔绝的“知识”并不是什么科学知识，而是与男女性别有关的一些东西；因为之后男人和女人得到了这样的“知识”，然后“他们知道自己是裸露的”，并遮住了他们的性器官。

《圣经》在之后的文段证明了裸露与缺乏知识是有关的：

他们听见了主耶和华的声音
主在日间的微风中走进果园，
亚当和他的伴侣
就在果园的树后面躲避主耶和华
主耶和华就叫亚当
并说：“你们在哪儿？”
他就回答说：
“我在果园听见你的声音，
我就害怕，因为我是裸露的，
我就藏了起来。”
主又说：

"谁告诉你你是裸露的？
难道你们吃了那树上的，
我叫你们不要去吃的那颗？"

这个原始人工人承认了这件事：亚当将此事归咎于他的女伴，而女人将此事归咎于蛇。上帝大怒，对蛇与这两个地球人下了诅咒。接着——令人惊讶地——"主耶和华用兽皮为亚当和他的妻子做了衣服，并给他们穿上。"

没有人可以很严肃地推断出这一段——导致两个地球人被开除出伊甸园——的主题，它很戏剧性地讲述着人类是怎么开始穿衣服的。穿衣服只是这种新"知识"的外在表现。这种"知识"的获得，以及上帝试图将它与人类隔离，是这些事件的重点主题。

美索不达米亚与之对应的文献尚没有被发现，但毫无疑问这个故事——像所有讲述创世和史前人类的《圣经》文段一样——同样有着苏美尔根源。我们知道事发地点：美索不达米亚的众神住所。我们看穿了 Eve（夏娃）这个名字的文字游戏（可以翻译为"她是生命"，"她是肋骨"），我们还有两棵必不可少的树，生命之树和知识之树，它们也在阿努的住处中。

甚至上帝的话语都透露着苏美尔源头，因为此时这位唯一的希伯来神又变成复数形式，他向他有着苏美尔特征的同僚发表演说：

接着主耶和华说：
"看，亚当变得和我们一样了，
能分辨善恶了。
而现在他会不会把他的手
再放到那生命之树，
吃了变得长生不老？"

主耶和华就将亚当

从伊甸园赶了出去。

如许多早期的苏美尔描绘所显示的，曾有一段时间，人类作为原始人工人，全裸地伺候着他的诸神。无论是向诸神提供食物或饮料，还是在地里或工地上干活，他们总是全裸的（见图 159 和图 160）。

这是一个很清晰的暗示，那时人在神的眼中的地位，是如同被驯化的动物一样的。诸神只是升级了一种现有的动物以满足他们的需要而已。“知识”的缺乏，是不是意味着，这些如动物一样裸露的新生物还要像动物那样，或是直接与动物交配？一些很早的描绘中确实这么指出过（见图 161）。

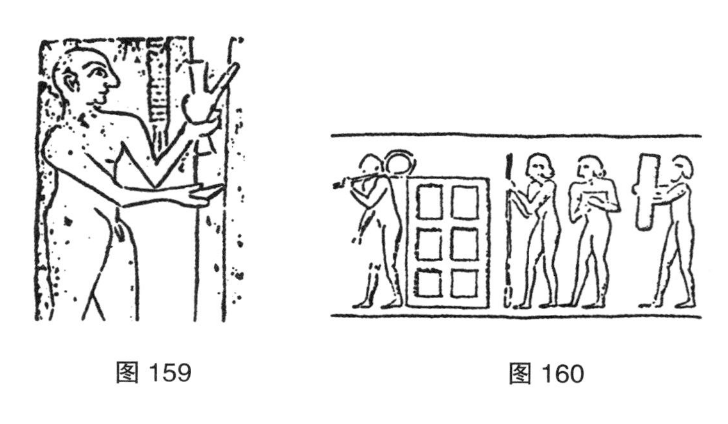

图 159

图 160

图 161

苏美尔文献，如《吉尔伽美什史诗》中就提出，野人和真正人类的性交行为的确是有明显差别的。当乌鲁克的人想要让野蛮的恩奇都——“来自干草原深处的野蛮人”变得开化时，他们得到了一位“舒服的女孩”的帮助，并送她去水洞旁见恩奇都，那里曾是他与动物朋友玩耍的地方。女孩在那里向他提供了她的“成熟”。

从文献中似乎可以看出，恩奇都“开化”过程中的转折点，是他曾经的动物朋友对他的拒绝。这是很重要的，乌鲁克的人告诉那女孩，她要一直对他做“女人的工作”，直到“他的野兽，在他的干草原上长大的那些，拒绝他”。因为，恩奇都从野性中脱离出来，是成为真正人类的前提。

> 这少女解开了她的胸衣，露出了乳房，
> 他占有了她的成熟……
> 她用一个女人的工作，对待这个野蛮人。

很明显这招是见效了。六天七夜之后，“在他被她的魅力征服之后”，他想起了他过去的玩伴。

> 他面朝那些野兽，
> 但看见他之后瞪羚就跑掉了。
> 干草原上的野兽都离开了他。

这里的陈述是很明确的。人类的交流在恩奇都身上产生了深远的改变，以致他过去的动物朋友都“离开了他”。它们不是简单地逃跑；它们是避免与他产生物理接触。

令人震惊的是，恩奇都在那里呆站着，“因为他的动物朋友都走了”。但并不后悔这种改变，如古代解释说的：

现在他有了想象，更宽广的理解力……
这妓女对他说，对恩奇都说：
“你的技艺和知识，恩奇都；
你的技艺变得如一个神！”

美索不达米亚的文献内容和《圣经》中亚当夏娃的故事几乎没有什么差别。如那蛇的预料，通过分享这知识之树，他们在性这个问题上变得“如神一样——能分辨善恶”。

如果这仅仅意味着人类认识到了与动物做爱是不开化或“恶”，那为什么亚当和夏娃要因为放弃野蛮而受到惩罚呢？《旧约》中充满了反对人兽交配的训诫，很难想象，学习一种美德也将导致圣怒。

人类所得到的这种“知识”是违背了上帝或诸神的意愿的，它一定有着一个更为深刻的属性。这是某种对人类有利的东西，而他的创造者却不一定希望他们能够得到。

我们不得不非常仔细地阅读对夏娃诅咒的这几行，以抓住这个事件的意义：

他又对这女人说道：
“我将让你在怀孕之时
承受加倍的痛苦。
在分娩的时候你也会痛苦，
你将要满足你伴侣的愿望。”……
亚当就叫他的妻子为“夏娃”，
因为她将是万人之母。

而这，的确就是《圣经》中传达给我们的极为重要的事件：亚当和夏娃在缺乏这种“知识”的时候，他们住在伊甸园里，完全没有任何后代。得到这种“知识”之后，夏娃得到了怀孕和分娩的能力（也是痛苦）。仅是在这一对人得到这种“知识”之后，“亚当知道了夏娃是他的妻子，她怀孕了，并生下了该隐”。

在整个《旧约》中，“to know”（知道）这个短语被用在性交事件中，多数是说一个男人和她的伴侣为了生小孩而做爱。亚当和夏娃在伊甸园的故事，是人类发展的决定性事件：获得生育能力。

智人的第一个特征是具有生育能力，人们不应该为这一点而感到惊讶。无论用什么方法，纳菲力姆人将自己的一些基因物质植入到了被他们选中的原始人体内，新物种是杂交出来的，是两个不同物种的混血。像一头骡子（母马和公驴的杂交产物），这样的混血品种是不能生育的。然而通过人工授精甚至是更为高端的生物工程的手段，可以说我们是想生产出多少骡子就能生产出多少骡子，甚至都不需要马和驴之间有切实的交配；但没有哪头骡子能和另一头骡子繁衍后代。

纳菲力姆人在最开始生产的是不是“骡子人”？

我们的好奇心被一幅图画勾了起来，这幅画是刻在埃兰南部的山上的。它描绘了一位坐着的神祇，手里举着一个“实验室用”的长颈瓶，里面有液体流出——一个类似于恩基的形象。一位大女神坐在他的旁边，她的造型看上去更像是同事而非妻子；除了母亲女神宁悌，她不可能再是其他神了。他们两位旁边是其他次神——让人联想到造人故事中的生育女神。在这些造人者面前的是一排又一排的人类，他们最突出的特征是，他们看上去就像是同一个模子中做出来的产品一样（见图 162）。

又一次，我们的注意力回到了苏美尔文献中：恩基和母亲女神一开始造出不完美人类的那一段。他们都是无性别或者无性能力的未完成品。这段文献是

图162

不是在讲述第一阶段的杂交人——拥有神的形象和外貌的生物，但是性能力不完整：缺乏“知识”？

在恩基打算生产一个“完美模范”——阿达帕 / 亚当之后，苏美尔文献描述了“批量生产”技术：在生育女神的一条“生产线”上植入基因改造过的卵子，有足够的科技确保一半生男一半生女。这不仅是暗示着杂交人的技术是“手工制造”的，同时还暗指人类是不能自行繁衍的。

在最近才发现，杂交物无法繁衍，是由于它们生殖细胞不足。当其余细胞只包含一条遗传染色体的时候，人类和其他哺乳动物能够繁衍，是因为他们的性细胞（男人的精子、女人的卵子）包含着两条遗传染色体。但这种特征在杂交物身上是缺乏的。现在正在努力地进行基因工程方面的研究，好让这些杂交物种拥有正常的性能力。

难道这就是被称为“蛇”的神祇对人类所做的吗？

《圣经》中的蛇很明显不是在地上匍匐前进的动物——因为他可以和夏娃交谈，他知道所谓“知识”的真相，而且他的身份足以让他毫不支吾地说，上帝是一个骗子。我们联想到在所有的古代传统中，主神都会打败一个蛇形对手——这无疑是另外一个有着苏美尔根源的故事。

《圣经》里的故事显露出了许多苏美尔原型，包括其他诸神的在场："亚当变成如同我们之中的一员了。"这里，显然有一个原型是很有可能性的，即《圣经》中的对抗——上帝和蛇代表着恩利尔和恩基。

如我们所发现的那样，他们的对抗，源于恩利尔被调到地球行使指挥权，虽然恩基才是真正的拓荒人。当恩利尔舒服地待在尼普尔的太空航行地面指挥中心时，恩基却被派到了下层世界去管理矿业。阿努纳奇的兵变是针对恩利尔和他的儿子尼努尔塔的；为这些叛军说情的却是恩基。是恩基建议，并执行了原始人工人的创造。恩利尔需要使用暴力才能得到这些很好的生物。在人类事件中，恩基一直是人类方面的支持者，恩利尔则是严厉的惩罚者。不希望人类拥有完善性能力的神，和有愿望并有能力给予人类"知识"之果的神，非常适合恩利尔和恩基。

又一次，苏美尔文献和《圣经》中的记录吻合了。它们所玩的文字游戏又一次给了我们帮助。《圣经》中描述"蛇"的词是 nahash，意思是"蛇"。但实际上这个词来源于 nhsh，意思是"破解，找出"；所以 nahash 同时还可以译为"他可以破解，他可以发现事物"，一个很适合恩基这位大科学家的词，他是纳菲利姆的知识之神。

与美索不达米亚的阿达帕（他得到了知识却没有得到永生）的故事相对应的，是亚当的命运，S. 郎盾在《闪族神话》一书中重现了一幅出土于美索不达米亚的图画，它所描绘的内容强力支持了《圣经》中的记载：一条缠在树上的蛇，指着其上的果子（见图 163）。

很明显地有一个天体代号：其上是十字星的符号，代表着阿努；在树的一旁是代表恩基的月牙。

于是，给予阿达帕"知识"的，除了恩基之外不可能有别人了：

他给了他更为宽广的理解力……

（他给了他）智慧……

他给了他知识；

而永生他并没有给他。

图163

发现于马里的圆柱图章上的图画，可以很好地当成《创世记》的美索不达米亚版本的插图。这图画显示了一位大神坐在一个从水波中升起的平台上——很明显是恩基的形象。喷水的蛇从他“王座”的两边伸出来。

在中心两边的是两个树一样的神祇。右边的那一位，他的枝头有着阴茎状的末端，他举着的一个钵里面可能装着生命之果；左边的那一位，他的枝头有着阴道状的末端，他举着长着果实的枝丫，代表着“知识”——神赐的生殖能力之树。

站在更远一方的是另一位大神，我们认为他就是恩利尔，很明显他对恩基极为不满（见图164）。

图164

我们可能永远都不知道是什么导致了“伊甸园中的对抗”。不过无论恩基的动机是什么，他的确很成功地造出了原始人工人，并创造了能够自行繁衍的智人。

在人类得到“知识”之后，《旧约》不再称他为“亚当族”（the adam，之前希伯来经文中一直使用的是这样的名称），而是称“亚当”，指一个特定的人，他是《圣经》中提到的第一个人类族长。但这同样标志着人与神的分裂。

从此，他们分道扬镳了：人类不再是诸神的沉默的农奴，而成了为自己而活的真人。不过，在《圣经》中，其实这并不是人类自己的决定，而是上帝将人类驱逐了出去。为了防止人类再次吃下生命之果以逃避死亡，他们必须被驱逐出伊甸园。按照上面的说法，人类的独立并不是发生在纳菲利姆人建立城市和果园的美索不达米亚南部，而是发生在东部，在扎格罗斯山里：“他逐出了亚当（族）并让他居住在了伊甸园的东部。”

再一次，《圣经》中的记载对应了科学发现：人类文明开始在与美索不达米亚平原接壤的山地上，但很遗憾的是，《圣经》中对人类在地球上建立第一个文明的记载太过简短。

从诸神的住所中被驱逐了出来，被定为凡人，但同时却拥有了生育能力，人类继续生活着。《圣经》中讲述道，这个亚当“知道了”他的妻子夏娃为他生了一个孩子，叫该隐，他是耕地的。接着夏娃生下了亚伯，他是一个牧羊人。《圣经》中暗示因为同性恋的原因，“该隐反抗他弟弟亚伯，并杀了他”。

出于对失去生命的恐惧，该隐得到了上帝给他的护印并被命令到远方去。这是第一次的游牧民生活，他最后定居在“迁移之地，伊甸园的东方”。在那里他有了一个儿子，他为他取名为“伊诺克”（Enoch，意为“开幕或落成典礼”），“他还建起了一座城，并用自己儿子的名字为这座城命名”。伊诺克也有了自己的孩子、孙子和曾孙子。在该隐之后的第六代，拉麦出生了。他的三个儿子在《圣经》中被记载为文明的缔造者：雅八“是住棚屋和养牛之父”，犹八“是所有握在手中的琴的发明者”，土八 - 该隐则是第一个金属工匠。

但是拉麦和他的祖先该隐一样，牵涉进了谋杀案中——这一次既杀了一个男人又杀了一个小孩。可以很保守地推测，受害者并不是地位谦卑的外来者，因为《创世记》中很详细地描述了这件事，并认为这是亚当谱系发展的转折点。《圣经》中记载拉麦传唤来他的三个孩子的妈妈，两个妻子，向她们承认了这两个谋杀案。“如果该隐受了 7 倍的报应，拉麦就该受 77 倍”。这段不易理解的陈述被推测是在说诅咒的传承与顺延。我们看到拉麦向他两位妻子认罪，他希望该隐身上的诅咒能够由现在的第七代子孙（也就是他的儿子这一代）来赎罪的想法是无用的。现在，一个新的诅咒已经降临到了拉麦家里，而且会延续得更长。

下面，经文告诉我们，在亚当 130 岁的时候，一个新的而且纯洁的家族出现了：

亚当再一次“知道了”他的妻子

她又生了一个孩子

他被叫作赛特（seth 的意思是“根基”）

因为上帝给了我

一个代替被该隐杀掉的亚伯的

另一个种子。

《旧约》此时对已被玷污的该隐和拉麦血统，已经完全失去了兴趣。它之后的人类事件都是基于亚当之子赛特留下的血统上的，赛特的第一个儿子是以挪士，他的名字在希伯来语中有“人类”的意思。《创世记》告诉我们，“在那之后……开始了呼唤上帝的名字”。这段神秘的陈述难倒了《圣经》学者和神学家很久很久。它跟在一个讲述亚当族谱的章节之后，章节中讲述了亚当之后的赛特，赛特之后的以挪士，以及之后的十代，直到大洪水中的英雄诺亚。

苏美尔文献描述说，在早期，只有诸神待在苏美尔；它们也同样精确地描述了后来在苏美尔的人类的生活，不过都是在大洪水之前的。起源于苏美尔的大洪水故事中的“诺亚”，被称为一个“舒鲁帕克的男人”，而舒鲁帕克是纳菲利姆人登陆地球后修建的第七座城。

出于某种原因，人类被逐出了伊甸园，获准重返美索不达米亚，生活在诸神的旁边，服侍他们，并崇拜他们。正如我们对《圣经》的陈述所做的解释一样，这些事发生在以挪士时代，就是在那之后，诸神允许了人类重返美索不达米亚，服务众神并“呼唤神的名字”。

人类史诗的下一章，是大洪水。但《创世记》中针对以挪士之后的族长，只提供了很少量的信息。但是每个族长的名字的含义，也许可以暗示他的一生中所发生的事情。

以挪士的儿子——正是通过他纯洁的血统才得以延续——是该南（Cainan，意为“小该隐”）；一些学者认为这个名字的意思是“金属工匠”。该南的儿子是玛勒列（Mahalal-El，意为“神的赞颂者”）。在他之后的是雅列（Jared，意为“他是降下来的”）；雅列的儿子是伊诺克（Enoch，这是另一个伊诺克，意思是“奉献者”），他在 365 岁的时候被上帝带走了。但在 300 年前，在他 65 岁的时候，伊诺克生下了一个儿子，叫作玛士撒拉；许多学者都同意勒提亚・D. 杰弗里斯在《古希伯来人名：他们的意义与史学价值》一书中的观点，将玛士撒拉翻译为“飞弹之人”。玛士撒拉的儿子的名字是拉麦（Lamech，这是另一个拉麦，意思是“谦卑者”）。之后拉麦生了诺亚（Noah，意思是“休息，缓解”），并说：

> 让这个人来帮我们操心这工作
> 并从我们手中接过
> 承受这被上帝诅咒过的大地

诺亚出生的时候人类似乎正遭受着严重的剥削。繁重的工作和艰辛无处不在，因为养育他们的大地是被诅咒的。这个阶段不可避免地迎来了大洪水——一次清扫地球表面的重大事件，而这不仅针对人类，还针对所有的飞禽走兽。

> 上帝看见了人类的邪恶
> 在大地上愈演愈烈，
> 他们心中所想的所有渴望
> 每天都只有邪恶。
> 然后上帝就后悔在大地上

造人了，他的心很悲伤。

然后上帝就说了：

“我将在地球表面

毁掉我所创造的人类。”

这是一个范围相当宽的指责，它成了“结束所有生命”这一激烈行为的正当理由。但是它们缺乏具体表现，学者们和神学家们没有找到一个满意的答案，来回答人类的罪过或是“冒犯”，为何能够给上帝如此大的烦恼。

其中反复使用了“flesh”（本意为“肉”或“肉体”）一词，它出现在无论是指责人类的文段还是宣布审判的文段中。这给了我们一个暗示，就是堕落和冒犯都是与肉体有关的。上帝对“人类心中所想的”邪恶感到悲哀。可以看出，人类，发现了性之后，成为性欲狂。

但是很难想象，上帝会因为男人与他们的妻子做爱过于频繁而毁灭人类。美索不达米亚的文献里也有对诸神间做爱的很清楚而自由的描写。有文献描写诸神与他们的伴侣的甜蜜的爱情；也有表现少女与她情人的不被法律允许的爱；以及带有暴力性质的爱（如恩利尔强奸宁利尔）。有大量的文献是在描写诸神之间的性爱——与正房或者妾，与他们的姐妹和女儿甚至孙女（与后者做爱是恩基最喜欢的消遣娱乐方式）。这样的诸神是不会因为人类有着与自己共同的爱好就生气的。

我们发现，上帝的动机不仅仅是出于对人类道德问题的担忧。这种厌恶是由诸神自己引起的。如果带着这样的观点来看的话，那么《创世记》第六章的疑问也就变得清楚了：

然后它实现了，

当人类开始在地表上
繁衍壮大的时候，
他们生下了女儿，
诸神的儿子
看见人类女儿的美貌
就随意挑选
做自己的妻子

这一段经文应该能够说清楚，是在诸神的儿子开始与地球人的后代性交时，上帝才说："够了！"

上帝说：
"我的精神不会永远护住人；
他们已经走失了，不过他们还是肉身。"

这段陈述数千年来都是难以理解的。按照我们的结论——人类的创造中使用了基因操作——来读，这段经文就向我们的科学家们传达了一个信息。诸神的"精神"——完善人类基因的某种东西已经开始恶化了。人类已经"走失了"，由此恢复到了"肉身"——更接近动物，他们的猿人祖宗。

我们现在可以理解，《旧约》中对待"一个正直的人……他的氏族是纯洁的"的诺亚和"整个大地堕落了"之间的显著区别。通过与基因纯度不断下降的男女通婚，诸神们自己甚至都牵涉到了这样的恶性循环中来。通过指出诺亚一个人保持着纯洁血统，《圣经》中解释清楚了上帝的矛盾行为：在打算清扫整个地球表面之后，他又打算救诺亚和他的后代以及"所有的干净的动物"，还有其他野兽及家禽，"以在大地表面上留下它们的种"。

上帝为了推动他自己的第一个计划，他警告了诺亚将要到来的灾难，并指导他修建了一艘能在水上行驶的方舟，它能带上将要被拯救的人和生物。而诺亚的时间仅仅只有七天。通过某种方式，他修建好了这艘船并使之不会漏水，并找到了所有被救的生物，将它们和自己的家人带上了船，准备着面对这一时刻。“然后它成真了，在七天之后，大洪水来到了地球上。”《圣经》中的文字是对其最好的描述：

在那一天，
所有极深处的喷泉突然打开了，
天国的水闸也打开了……
大洪水在地球上持续了四十天，
水位上涨，方舟跟着上浮，
它浮在大地之上。
洪水越来越强了，
并在大地上猛涨，
方舟在洪水之上漂浮着。
洪水在大地上变得极为猛烈
那些在众天域之下的
所有的高山都被淹没了。
它们五十腕尺以上的地方都是水，
高山都被淹没了。
所有的生命都消亡了……
所有的人和牲畜和爬行动物
和天上的飞鸟
都在地球上被扫清了；

诺亚与和他一起在方舟里面的，
是唯一幸存下来的。
洪水在地球有了 150 天，当上帝
让一阵风从地球上吹过的时候，
水面是很平静的。
深处的喷泉也是堵住的，
如同天国的水闸；
天空的降雨也停止了。
洪水从地球上开始退了，
回到它的地方。
然后在 150 天之后，
水位下降了；
方舟停在了亚拉腊山上。

按照《圣经》中的说法，对人类的严峻考验开始于“在诺亚生命的第 600 年，第二个月的第十七天”。方舟停靠在亚拉腊山上是在“第七个月的第十七天”。洪水的汹涌泛滥和它们逐步地“消减”——水位下降到足够让方舟停靠在亚拉腊山的山峰上——持续了整整五个月。接着“水继续减少，直到各山脉的顶峰”——不仅仅是亚拉腊山——“在第十个月的第十一天能够被看见”，在接近三个月之后。诺亚等待着另一个 40 天。然后他就放出了一只乌鸦和一只鸽子“去看看水是否从大地表面退去”。在第三次尝试的时候，鸽子在回来的时候嘴里衔着一枝橄榄枝，暗示着水位已经退到了可见树顶的底部。又过了不久，诺亚再一次放出了鸽子，“她再也没有回来了”。大洪水结束了。接着诺亚就解开了方舟的遮蔽物，他看见大地的表面是干的。

“在第二个月的第二十七天，大地干了。”这是诺亚生命中的第 601 年。

这次灾难持续了一年零十天。

接着诺亚和方舟中的其他动物就都出来了，他修建了一座祭坛并向上帝提供了烤好的贡品。

> 上帝闻到了这充满诱惑的味道
>
> 在心里说：
>
> “我将不再因人类
>
> 而诅咒这干旱的地；
>
> 因为人心的欲念本是从小就带着恶的。”

这个“完美结局”如大洪水故事本身一样充满矛盾。它开始于对人类的各种控诉，包括玷污了年轻神祇的纯洁。一个看似且的确接近审判的极端决定出现了，要消灭一切生命。接着一位非常相似的神祇，在还剩七天的时候突然冒出来，要保留下人类和其他生物的根。当这次灾难过去的时候，上帝闻到了烤肉味，甚至忘记了他最初要毁灭人类的决定，用道歉来作为一切的结果，并总结为人性本恶。

将这个故事拆开后的那些纠结的疑问，在我们承认《圣经》是苏美尔原文献的修订版时就很好解释了。和其他例子一样，一神论的《圣经》将多个神的苏美尔众神的行为都汇总到了一位上帝的身上。

美索不达米亚的大洪水英雄在苏美尔语中是吉乌苏德拉，在阿卡德语中是乌特纳比西丁，他在大洪水之后被带到了诸神天上的住所过着快乐的生活。在吉尔伽美什寻求不朽的过程中，最终也到了那个地方，他针对生命与死亡询问了乌特纳比西丁的意见。乌特纳比西丁向吉尔伽美什揭开了——通过吉尔伽美什又向其他人类说了——他的长生秘密，“一个隐藏物，一个诸神的秘密”——大洪水的真实故事版本。

乌特纳比西丁所透露的秘密，说的是在大洪水开始进攻之前，诸神成立了一个委员会，对毁灭人类一事进行表决。表决结果和他们的决定一直是保密的。然而恩基找到了乌特纳比西丁，他是舒尔帕克的统治者，恩基告诉他即将到来的灾难。为了秘密行事，恩基是在一个芦苇屏后面跟乌特纳比西丁讲的话。刚开始他的泄密还是很隐晦的，但后来他的警告和建议就变得很清楚了：

> 舒尔帕克之人，乌巴－图图的儿子：
> 拆掉房子，建一艘船！
> 放弃领地，求生存吧！
> 发了假誓，让灵魂活着吧！
> 让船带上你和所有活物之种；
> 你将修建的那艘船
> ——她的尺寸可要量好。

与《圣经》中故事的对应是很明显的：一场大洪水就要来了；人类中的一个得到了预警；他用一艘特制的船拯救了自己；他要将“所有活物之种”带上并拯救它们。然而巴比伦的版本是更可信的。决定毁灭和努力挽救可不是同一个神的决议，它们是不同神祇的行为。不仅如此，作出向人类提供预警并拯救人类之种的决定是一个神的叛逆行为，这位神是恩基，他采取了与众神共同决议相反的秘密行为。

为什么恩基要冒险挑衅其他神祇呢？他是要保存他的“惊人的艺术杰作”，还是要对目前正强大起来的对手，他的兄弟恩利尔进行打击？

在大洪水的故事中，这对兄弟间的斗争是很明显的。

乌特纳比西丁问了恩基一个很现实的问题：他，乌特纳比西丁，要怎样向其他舒鲁帕克的居民解释，修建这样一个奇形怪状的船，并放弃所有的领地？恩基建议他说：

> 你就这样对他们说：
> “我发现恩利尔对我怀有敌意，
> 所以我不能在你们的城里定居，
> 也不能在恩利尔的辖区立足。
> 于是我将要去阿普苏，
> 与我的主人艾生活在一起。”

于是恩基成为他的借口，作为恩基的追随者，乌特纳比西丁就不能再待在美索不达米亚了，那么他当然要修建一条船，这样才能到达下层世界（非洲南部）去与他的主人艾/恩基居住在一起。之后的经文显示，那个地方正在承受着旱灾或是饥荒；为了防止恩利尔看见他的离开，乌特纳比西丁（在恩基的建议下）要确保城市里的居民相信，这是为了“这土地将（再次）变得富饶丰腴”。这个借口对城里的其他居民也都管用。

由此误导，城里的居民没有再追问，反而帮了忙，修建这个方舟。通过“每天”提供给他们阉牛和羊，通过向他们提供大量的“葡萄汁、红酒、油和白酒”，乌特纳比西丁让他们工作得更快。甚至连小孩子都来为预防漏水而提沥青。

“在第七天船修好了。下水十分困难，以至于他们不得不上下调整铺地的木板，直到整个建筑的三分之二都进入了”幼发拉底河。接着乌特纳比西丁将自己的全家和亲戚都放上了船，带上了“所有活物中我所全有的”，比如“地里的动物和野兽”。与《圣经》中的故事的对应——甚至具体到了七天的修建时间——是非常明显的。和《圣经》版本中的诺亚走前一样，乌特纳比西丁同样偷偷带走了所有帮助他修过船的工匠。

他自己将在一个特殊信号出现的时候上船，恩基告知他：是由管理喷火火箭的沙马氏设置“定下的时间”。恩基的命令是这样的：

当沙马氏造出黄昏中的颤抖之时
降雨将会喷发——
上你的船，用木条封住大门口！

我们猜测着沙马氏的火箭和乌特纳比西丁的上船时刻之间的关系。这一刻的确来了，这宇宙火箭的确导致了“黄昏中的颤抖”；的确有了倾盆大雨。乌特纳比西丁“密封了整艘船”并将“这个物体与它所容纳之物一并交给了”“普祖尔－阿木里，船夫”。

风暴“伴随着拂晓的第一丝光亮”到来了。有着可怕的巨雷。一朵黑云从地平线上升起。风暴摧毁了房屋和码头，然后是水坝。黑暗来临了，“将所有本来光亮的都变成黑暗的”；“大地像一口锅被砸碎了”。

“南风暴”吹了六天六夜。
在它刮来的时候增加着速度，
淹没了山脉，
像一场战斗突然降临在人们头上……
当第七天到来的时候，
洪水带着南风暴
在战斗中开始减退。
它曾如一支军队在里面战斗。
海水变得安静，

暴风雨还是继续着，

洪水结束了。

我看着这天气。

四处一片寂静。

所有人类都归于尘土。

恩利尔和众神会议的愿望实现了。然而他们有所不知，恩基的策划也成功了：飘摇在暴风和洪水之间的是一艘载着男人、女人、小孩及其他生物的船只。

随着风暴的结束，乌特纳比西丁“打开了舱口，光亮照耀在我脸上”。他环顾四周，“地表就像是一个平平的屋顶”。他弯下腰，坐下哭了，“眼泪从我脸上落下”。他环顾四周想要看见海岸线；他什么都没有看见。接着：

出现了一个山区；

船停在了救赎山；

尼西尔山（Mount Nisir，意为“救赎”）让船放慢了速度，

船动不了啦 。

有六天的时间，乌特纳比西丁在这艘无法动弹的方舟上向外看，因为船被架在了救赎山（《圣经》中的亚拉腊山）的山峰上。接着，就像诺亚那样，他放出一只鸽子去寻找能够落脚的地方，但是它又飞了回来。一只燕子飞出去又飞了回来。接着又放出了一只乌鸦，它飞走了，找到了落脚地。乌特纳比西丁就放下了所有与他一起的飞鸟和走兽，自己也出去了。他修建了一座圣坛“并提供了贡品”——和诺亚所做的一样。

此时又出现单神和多神的不同。当诺亚提供烧烤的贡品时，“耶和华闻到

了诱人的味道”；而当乌特纳比西丁提供贡品的时候，“诸神闻到了香味，诸神闻到了甜美的香味。诸神像苍蝇一样聚拢在贡品上”。

在《创世记》版本的故事中，是耶和华发誓永不再毁灭人类。而在巴比伦版本的故事中，是大女神发誓说：“我不会忘记……我将不会忘记这些日子，永远不要忘了他们。”

然而这并不是目前最紧要的问题。因为当恩利尔最终也到达了这个地方的时候，他感兴趣的可不是食物。看见竟然还有生物活着，他就像疯了似的。“还有什么活着的逃掉了吗？没有人能在这场毁灭中幸存！”

他的儿子和继承人，尼努尔塔，立即指向恩基。“除了艾，还有谁会有这样的计划呢？只有艾是知道每一个细节的。”而恩基完全没有否认这件事，他给出了地球历史上最强有力的反驳之一。他称赞恩利尔的睿智，并指出恩利尔不可能是“无理智”的，而是一个现实主义者——恩基以承认的方式来否认。“可不是我泄露了诸神的秘密。”他说，我仅仅是让一个人，一个“非常睿智的”人，凭借他自己的智慧来推断诸神的这个秘密到底是什么。而如果这名地球人的确有这么聪明，那我们就不能忽略他的才能。“所以现在，就依我的……来对待他吧！”

所有《吉尔伽美什史诗》陈述的这些，就是乌特纳比西丁告诉吉尔伽美什的“诸神的秘密”。接着在受了恩基的辩论的影响后，他告诉吉尔伽美什这个事件的终了。

恩利尔因此就上了船。

用手抓住我，他带着我上船。

他带着我妻子上船，

让她跪在我旁边。

他站在我们之间，

用手触到我们的额头祝福我们：

“目前为止人类中只有乌特纳比西丁，
从今往后他和他的妻子将会
加入我们，就像诸神。
乌特纳比西丁将居住在远方，
住在水之口！”
接着乌特纳比西丁就向吉尔伽美什
总结了自己的故事。
在他被带去住在远方之后，
阿努和恩利尔
赐予他生命，就像一位神一样了，
赐予他永生，就像一位神一样了。

但是对普通人类而言，到底发生了什么呢？《圣经》中这个故事的结尾是上帝的应允和祝福：“丰收并多产。”美索不达米亚版本的大洪水故事，同样在故事的结尾讲到了人类的再繁衍。一个正好在讲到这部分事件时不幸破损的文献，言及了人类“种别”的建立：

……让人类中出现第三个种类：
让这发生在人类之中
会生孩子的女人和不会生孩子的女人。

这里显然将有新的性交准则：

人类这一族群的规则：
让男人……和年轻处女……

让年轻的处女……

年轻男人和年轻处女……

当床已经铺好，

就让这女子和她的丈夫睡在一起。

恩利尔被恩基以智谋取胜。人类被拯救了并被允许繁殖。再一次，诸神向人类敞开了地球之门。

第十四章

当诸神逃离地球

这场淹没整个地球的大洪水到底是什么？

一些人解释说，这场所谓的洪水是底格里斯－幼发拉底河每年一次的泛滥。而一次这样的泛滥，绝对是相当严重的。田野和城市，人类和野兽都被上涨的大水冲走了；而原始时代的人类，就认为这是诸神的惩罚，于是就有了大洪水的神话。

伦纳德·伍莱爵士在他的《乌尔的探索》一书中陈述道，在 1929 年的时候，他们在乌尔的皇家墓地的工作快要接近尾声时，工人们在附近的一个土丘上插入了一根棒子，挖通了一堆残破的陶器和已经破碎的砖石。三英尺之下，他们接触到了一层被压紧夯实了的烂泥——这是通常情况下在文明开始之地的土壤。但是难道这上千年的城市文明只留下了三英尺深的底层吗？伦纳德爵士带领这些工人向更深处挖去。他们挖通了另一个三英尺，另一个五英尺。他们挖起的仍是“处女地”——不带有人类居住痕迹的土壤。但直到挖通了 11 英尺，穿过淤泥和干泥，工人们才到达了一个布满破裂的绿色陶器和打火器具的土层。也就是说，在 11 英尺的泥地之下，是一个更早的文明！

伦纳德爵士跳进了坑洞里，检查着这些挖掘发现。他叫来他的顾问，征求他们的意见。没有人拥有一个看似合理的理论。接着，伦纳德爵士的妻子很偶然地随便说了一句："那么，这当然就是大洪水了！"

然而，其他来到美索不达米亚的考古代表团，对这样的直觉给出的惊人结论并不赞同。这个淤泥层并没有包含什么证据能够证明有大洪水；但乌尔和阿鲁拜德沉淀物却显示了公元前3500年到公元前4000年之间的洪水遗迹。这与后来在基什发现的、大约公元前2800年的沉淀物很是相似。被估计为相同时间段（公元前2800年）的淤泥层也发现于以力（Erech）和舒鲁帕克，后者就是苏美尔的诺亚的城市。在尼尼微，挖掘者们在一个60英尺之下的土层中发现了不下于13次的淤泥层与河沙的轮换，它们可以追溯到公元前3000年到公元前4000年。

大多数学者因此相信，伦纳德发现的是各种当地的洪灾之一——这在美索不达米亚还是较为频繁的，那里偶尔会有超强的暴雨，两条大河也会涨水而且常常改道，导致了这样的破坏。学者们指出，所有变化的淤泥层并不是一次很广泛的灾难，不能证明史前大洪水一定发生过。

《旧约》是一部简约又精确的杰作。它使用的词语往往都是精心推敲过的，包含了特殊的含义；经文都是简明扼要相当中肯的；它们的顺序是充满意义的；它们的长度刚好符合它们的需要。从创世到亚当和夏娃被逐出伊甸园的整个故事，一共是80句经文，这是很值得注意的。关于亚当及他这条族线的完整记录，包括了该隐及他这条族线和赛特、以挪士这条族线的分裂，是用五十句经文讲述的。但是大洪水的故事至少都是87句经文。这说明，以任何编订标准来看，都是一个"主要故事"。不仅是一个本地事件，而且它是一次影响整个地球乃至全人类的灾难。美索不达米亚文献清晰地表明"地球的四个角落"都被影响到了。

如果这样，它就是整个美索不达米亚史前时代的紧要关头了。文献中有大洪水之前的事件和城市及其居民，也有大洪水之后的事件和城市及其居民。有大洪水之前所有诸神的行为，以及他们从天国带到地球上的王权，也有在大洪水之后，当王权再次降落地球时的人类和神的事情。它是一次划时代的大事件。

除了广泛的国王列表，同样还有其他文献，记录了个别国王及他们先祖在大洪水时期的行为。例如有一个，与乌尔－尼努尔塔有关，将大洪水记录为一次遥远古代的事件：

> 在那一天，在那遥远的一天，
> 在那个夜晚，在那个遥远的夜晚，
> 在那一年，在那遥远的一年
> ——当大洪水来临。

亚述王亚述巴尼波，科学的赞助者，是他积累起了尼尼微巨大的图书馆里的泥板，在他的一个纪念词中声称，他曾发现并能够读懂“大洪水之前的石头上的文字”。一部记录名字和它们起源的阿卡德文献，解释它列出的名字是“大洪水之后的国王的”。有一位国王被称赞为“他是从大洪水之前保存下来的种”。大量的科学文献都标注它们的来源是“古老的纪元，来自大洪水之前”。

不，大洪水绝不是地方性的灾祸，也不是周期性的洪灾。在所有记录中它都是一次史无前例的极为重要的爆炸性事件，这是一次无论是人还是神都从未经历过的大灾难。

※

很早就被发现的《圣经》和美索不达米亚文献给我们留下了一些尚待解答的疑惑。人类所承受的苦难是什么，为什么要给诺亚取名为“休息”，让他的出生象征着苦难的结束？诸神宣誓要保守的“秘密”到底是什么，又是谁举报了恩基？为什么从西巴尔发射的宇宙船是让乌特纳比西丁进入方舟并封舱的信号？当洪水淹没最高的山脉的时候，诸神又在什么地方？而且，他们为什么就那么喜爱诺亚/乌特纳比西丁所提供的烤肉贡品？

当我们继续寻找着这些问题的答案的时候，我们可以发现，大洪水其实并不是诸神按照自己意愿蓄意发动的。我们可以发现，虽然大洪水是一次可预先知道的事件，但同时也是不可避免的，这是一场自然灾难，而诸神对它却视而不见。我们同样可以推断出，诸神宣誓保守的秘密是一场针对人类的密谋——不打算让人类知道这场即将到来的大洪水，这样在纳菲力姆人得以自救的时候，人类就灭亡了。

我们关于大洪水及其之前事件的知识的极度增长，有很大部分是来自文献《当诸神如人一般承担这工作之时》中的。在那里，大洪水中英雄的名字叫作阿特拉-哈希斯。在《吉尔伽美什史诗》的大洪水部分，恩基说乌特纳比西丁有“极高的智慧”，在阿卡德语中就是 atra-hasis。

学者们将这些文献理论化，说阿特拉-哈希斯是英雄的文献，可能是更为早期的苏美尔人大洪水故事的部分。最后，有足够的巴比伦、亚述、迦南，甚至原版的苏美尔碑刻被发现是可以组建成阿特拉-哈希斯史诗的。我们可以在另一本书中看到这些内容，那是 W.G. 兰伯特和 A.R. 米勒德的杰作：《阿特拉-哈希斯：巴比伦的大洪水》。

在描述完阿努纳奇们的艰苦工作和他们的兵变，以及接下来的原始人工人的创造之后，史诗述说了人类是如何（和我们从《圣经》版本中得知的一样）

开始繁衍和壮大的。最后，人类开始打扰恩利尔了。

> 领土扩张了，人类壮大了；
> 他们像野牛一样躺在土地上。
> 神被他们这样的结合打扰了；
> 神恩利尔听到了他们的宣告，
> 向伟大的诸神说：
> “人类的宣言是带有压制性的；
> 他们的结合让我无法安睡。”

恩利尔——再一次做起了举报人类的事——下令进行了一次惩罚。我们会猜想接下来就是大洪水了。不过不是。令人吃惊的是，恩利尔压根没有提到过诸如洪水等与水有关的字眼。取而代之的是，他发动了一场瘟疫或疾病，在人类当中展开了大屠杀。

阿卡德和亚述版本的史诗讲到过恩利尔的惩罚给人类和人类的家畜带来了“疼痛、眩晕、发冷、发烧”和“疾病、瘟疫、病痛和传染病”。然而恩利尔的这个方案并没有起多大作用。“有着极高的智慧的那人”——阿特拉－哈希斯与神恩基极为亲近。他在一些版本中讲述了他自己的故事，他说：“我是阿特拉－哈希斯；住在我的主人艾的神庙里。”“他的想法提醒了他的主人恩基”，阿特拉－哈希斯恳求他破坏他的兄弟恩利尔的计划：

> 艾，我的主人，人类正受着折磨；
> 诸神之怒正毁灭着大地。
> 而是你创造了我们！
> 停止这些疼痛，
> 眩晕，发冷和发烧吧！

直到发现了更多的碑刻碎片，我们才知道了恩基的建议是什么。他提到了某种东西，“……让它出现在大地上”。无论它是什么，它确实管用了。在那之后不久，恩利尔向诸神痛苦地抱怨道：“人类还没有被消灭；他们比从前更多了！”

他又继续策划饿死人类。“让人类的供应被切断；在他们的肚子里，让他们缺乏水果和蔬菜！”饥荒通过自然现象产生作用，因没有雨水而无法灌溉。

雨神的雨水不再下落，而被扣留了；而在下方，水域也不再从它们的源头升起。让风吹干大地；让云层变厚，但却抑制着降雨。

甚至海洋食物的来源都断绝了：恩基被命令去“关上门闩，封锁海域”，并“守卫”着食物以防被人类取走。

很快干旱开始了它的破坏。

从上方，炎热不是……

下方，水不再从它们的源头升起。

地球的子宫不再生育；

蔬菜植物不再生长……

黑土地变成了白色；

广阔的平原被盐阻塞。

随之而来的饥荒对人类造成了极大的破坏。随着时间的流逝，健康状况也逐渐恶化。美索不达米亚文献提到了六个越来越多的毁灭性的莎塔姆——这个词有时被翻译成“年”，但它字面上的意思却是“经过，逝去”，而且亚述版本的故事把它说清楚了，是“阿努的一年”：

第一个莎塔姆他们吃着地上的草。

在第二个莎塔姆他们心生仇恨。

第三个莎塔姆到来了；

他们的外貌因饥饿而改变，

他们的脸皮包着骨……

他们行走在死亡的边缘。

当第四个莎塔姆到来之时，

他们的脸都发绿了；

他们弓着背走在街上；

他们的宽阔（broad，或许指肩部）变得狭窄。

到了第五个“经过”，人类生命变坏了。母亲向她自己挨饿的女儿关上了门。女儿暗中监视自己的母亲，看看她们有没有隐藏食物。到了第六个“经过”，人吃人的现象已经无法控制了。

当第六个莎塔姆到来的时候

他们将女儿准备成食物；

小孩他们准备成食物。

……一家人贪婪地吃着另一家人的。

文献中重复着阿特拉－哈希斯向他的神恩基的求情。“在他的神的房子里……他落脚了；……每天他都在哭泣，在早上带来祭物……他呼唤着他的神的名字”，寻求恩基的帮助来制止这场饥荒。

然而，恩基肯定屈服于诸神的决议了，因为他在一开始并没有回答。很有可能，他甚至避开了忠诚的崇拜者，独自一人回到了他最爱的沼泽地。“当人类生活在死亡边缘之时”，阿特拉－哈希斯“将他的床放在面朝大海的地方”。

但却没有回应。

饥饿的、崩溃的人类，父母吃着他们自己的孩子，但这最终成为不可避免地发生于恩基与恩利尔之间的另一场斗争。在第七个“经过”，当剩下来的男人和女人都“像死去的鬼一样”，他们接到了恩基的一条信息。“在大地上造出大声音”，他说。他派出使者去向所有人类说：“不要崇拜你们的神，不要向你们的女神祈祷。”现在，事情完全失控了！

以这一片混乱为掩护，恩基采取了更为明确的行动。文献在这一段上简直就是碎片，讲述的是他召集“元老”在他的神庙里举行了一场秘密集会。“他们进去……他们在恩基的房子里接受了劝告。”首先恩基洗清了自己的罪过，告诉了他们他是怎么反对其他诸神的行动的。接着他策划出了一个行动；这一行动以某种方式牵涉到了他对海洋和下层世界的指挥。

我们能从已经破损掉的经文中采集到这个计划的秘密细节：“在那个夜晚……在他之后……”某人不得不在某个时候待“在河岸边”，可能是等待从下层世界回来的恩基。恩基从那里“带来了水武士”——可能是尚待在下层世界矿井的原始人工人。在这个指定好的时刻，命令下来了：“上！……命令……”

虽然有文段丢失，但我们可以从恩利尔的反应来收集事情是怎么发生的。“他满是愤怒。”他招来众神集会，并派出他的武装警察去逮捕恩基。然后他站了起来，开始指控他兄弟破坏了这个即将成功的计划：

所有我们大阿努纳奇之中，
达成了一个共同的决议……
我在天国之鸟里指挥着。
阿达德应该守护上层区域；
SIN 和奈格尔应该守护着

地球的中间区域；
而海洋的封锁闸，
你（恩基）应该用你的火箭守护着。
但你却释放了对人类的供应！

恩利尔控告他的兄弟破坏了“海洋封锁闸”。但恩基却否认了这是在他的批准下发生的：

这门闩，这海的封锁闸，
我确是用我的火箭守着的。
（但是）当……逃开我……
无数的鱼……它消失了；
它们击碎了这闸门……
他们杀掉了海的守卫。

他声称他已经抓到了罪犯并惩罚了他们，但恩利尔仍不满意。他要求恩基“停止喂养他的人民”，不要再“给人们提供谷物”。恩基的反应是令人惊骇的：

这位神厌烦了开会；
在众神会议中，笑声压住了他。

我们可以想象那样的嘈杂。恩利尔是很暴躁的。在嘈杂声中与恩基有着激烈的交流。“他手中的是诋毁之言！”当集会最终变得有秩序的时候，恩利尔再次起立发言。他让他的同僚和下属们回想起，这其实是他们共同的决议。他回顾了从造原始人工人开始的所有的事件，并提出恩基多次“破坏规矩”。

然而，他说，还有一个机会可以毁灭人类。一场“致命的洪水”就要到来。而这场即将到来的灾难要作为一个秘密，不能让人类知道。他要求大会的每个人都要宣誓保密，最重要的是，要让“恩基王子受他誓言的束缚”。

恩利尔向会议上的诸神说道：

“来吧，我们每一个人，都发誓

保守这致命洪水的秘密！”

第一个发誓的是阿努；

恩利尔也发誓；他的儿子与他一同发誓。

一开始，恩基拒绝发誓。“你为什么一定要让我发誓？”他问道，“我要用我的双手来对付我自己的人类吗？”但最终他还是被强迫宣誓了。文献之一特别陈述道：“阿努、恩利尔、恩基和宁呼尔萨格，天地众神，许下了这个誓言。”

他许下的誓言是什么呢？

※

如他所暗示的那样，他发誓不向人类透露大洪水的消息；可是，难道他不能向一面墙讲述吗？他把阿特拉－哈希斯叫来了神庙，让他待在一个幕障的后面。然后恩基假装是没有给他说，而是给一面墙说。他对这“芦苇屏”说：

注意我的指令。

一阵暴风将要清扫，

所有城市里的所有居民。

它将是人类之种的毁灭……

这是最终裁决，

众神会议的言语，

阿努、恩利尔和宁呼尔萨格说的话。

这个计谋解释了恩基在后来的对抗中，当他们发现了诺亚／乌特纳比西丁存活的时候，他并没有打破他自己的誓言——是这名“极为睿智（‘阿特拉－哈希斯’之意）”的地球人自己发现了大洪水的秘密。与之有关的圆柱图章显示了，当艾——蛇形神——向阿特拉－哈希斯透露这个秘密的时候，一名随从举着一个幕障（见图 165）。

恩基给他忠实的仆人的建议是修建一艘不漏水的船舰；然而后者说：“我从来没有建过船……请在地上为我画一个设计图，这样我才好看。”恩基向他提供了精确的建船指南，包括它的尺寸和它的部件。在《圣经》的故事中，我们会想象这艘“方舟”是一艘巨大的船，带有甲板和上层构造。但是《圣经》中所用的词 teba 来源于“sunken”，意思是下沉，也就是说，恩基让他的诺亚建造的是一艘可以下沉的船——一艘潜水艇。

阿卡德文献提到恩基想要建造的是一艘“上下方都要有屋顶”的船，用“坚

图165

韧的沥青”来密封。其上没有甲板，没有开口，“以至于阳光都照不进来”。这艘船“就像是阿普苏的船”，是一艘苏利利；这是今天希伯来文中用来描述潜水艇的词：soleleth。

恩基说：“让这艘船，成为一艘 MA.GUR.GUR。”“一艘可以旋转和翻滚的船”。的确，只有这样一艘船才能够在如雪崩一样的超强的水灾中幸存下来。

阿特拉－哈希斯版本，如其他版本一样，反复强调虽然离这场灾难的到来只剩七天，但没有人意识到了它的接近。阿特拉－哈希斯借口说是在建造“阿普苏船”，这样就能到恩基的住处去，且能逃避恩利尔的愤怒。这是很容易被接受的，因为事情的确很糟。诺亚的父亲曾希望诺亚的出生是长期苦难结束的标志。人们的问题是干旱——缺乏雨水滋润，水量也不足。谁能想象他们竟然会在一场极大的水灾中灭亡？

然而，虽然人类无法认出这事的征兆，纳菲力姆人却可以。对他们而言，大洪水可不是突然发生的事件；虽然它是不可避免的，但他们预知了它的到来。毁灭人类的计谋不是由神亲自采取行动，而恰恰是诸神的不行动。不是他们导致的大洪水；他们仅仅是不打算让人类知道这么个灾难的到来。

然而，他们是意识到了这场即将发生的灾难的，也知道了它对全球的影响。纳菲力姆人开始了自救。因为地球快要被水淹没了，他们能去的地方也就只剩一个了：天上。当预示着大洪水的风暴吹来的时候，纳菲力姆人登上了他们的太空梭，返回到了绕地轨道，直到大水开始退去。大洪水这一天，我们将会告诉大家，就是诸神逃离地球的那一天。

乌特纳比西丁需要观看的标志——提醒他登上方舟并密封它——是：

当沙马氏，

在黄昏中制造出颤动，

会冲落喷发的雨——

登上你的船，

将入口密封！

沙马氏，我们知道，他管辖着西巴尔的天空站。毫无疑问地，恩基是在命令乌特纳比西丁，让他将西巴尔的第一艘飞船的升起作为逃离信号。乌特纳比西丁居住的舒尔帕克，在西巴尔南方，只有 18 贝鲁（大约 180 千米，也就是 112 英里）的距离。因为发射是在黄昏之中进行，所以想要看见将被飞船“冲落”的“喷发的雨”是完全没有问题的。

虽然纳菲力姆人已经做好了大洪水来时的准备，但它的到来仍然是一次惊心动魄的体验：“大洪水的声音……让诸神发抖。”但当到了要离开地球的时刻，诸神“退缩着，上升到了阿努的天国”。阿特拉 - 哈希斯的亚述版本提到了诸神是用 rukub ilani（意为“诸神的战车”）逃离的地球。“阿努纳奇升了上去”，他们的火箭，就像是火炬，“让大地随着他们的炫目光彩而燃烧”。

绕地旋转着，纳菲力姆人看见了深深影响他们的毁灭场面。吉尔伽美什文献告诉我们，随着风暴的变强，不仅“没人能看见他的伙伴”，而且“从天上也认不出人”。诸神挤满了他们的太空船，紧张地看着他们刚刚逃离的这颗星球上正发生着什么。

诸神像狗一样聚集在一起，

朝外墙方向蹲着。

伊师塔像分娩时的妇女那样尖叫：

“哎，古老的岁月都化为尘土。”

……阿努纳奇诸神与她一起哭着。

诸神，都谦卑地，坐下哭了；

他们紧咬双唇……每一个。

阿特拉－哈希斯文献讲述着同一个主题。逃走的诸神，在同一时间观看着这场毁灭。然而他们自己船舰中的情况也不见得能给人鼓舞。显然，他们被划分进了几艘太空船；阿特拉－哈希斯史诗的碑刻Ⅲ描述了其中一艘的情况，阿努纳奇和母亲女神共用着那艘飞船。

阿努纳奇，伟大的诸神，
坐在口渴和饥饿之中……
宁悌哭着发泄着她的情绪；
他哭着让她的感受变得舒缓。
诸神为这大地与她一起哭了。
悲伤征服了她，
她想喝啤酒。
她坐的地方，诸神就坐在那儿哭泣；
像食槽前的绵羊一样蹲着。
他们的嘴唇因渴而微烧，
他们因饥饿而忍受着痉挛。
母亲女神自己，宁呼尔萨格，
被这彻底的毁灭打击到了。
她哀叹着她所看到的一切；
女神看着，她哭了……
她的嘴唇被干燥覆盖……
“我的生物变得像是苍蝇
——他们像是蜻蜓一样栽进河里，
他们的父亲被卷入起伏的海洋。”

她真的能够在她帮忙创造出的人类即将灭亡的时候救活自己吗？她能够真正离开地球吗？她大声问道——

> 我该上升到天国，住在奉献之屋，
>
> 那个阿努，我们的主，命令我们去的地方吗？

对纳菲力姆人的命令变得清楚了：抛弃地球，“上升到天国”。这时正好是第十二个天体靠近地球的时候，位于小行星带里面。因为阿努可以在大洪水来临的不久前出席紧急会议。

恩利尔和尼努尔塔——多半是由操作着尼普尔的阿努纳奇精英分子陪伴的——在同一个飞船上，无疑是在计划着重返母舰。其他神祇可没有这么坚决。被强迫放弃地球，他们突然意识到，他们已经依附在了这颗星球及其居民身上。在一艘飞船里，宁呼尔萨格和她那一组的阿努纳奇讨论着阿努发布的命令。在另一艘上，伊师塔喊道：“哎，古老的岁月都化为尘土”；在她那艘飞船上的阿努纳奇们“和她一起哭了”。

恩基很显然是在另一艘飞船上，否则他已经向其他神祇透露了他拯救了人类之种。无疑他有理由不感到过分沮丧，因为有证据显示，他已经安排好了在亚拉腊山的相聚。

古代文献似乎暗示我们，这方舟仅仅是因为水波才被带到亚拉腊山区的；还有一阵“南风暴”的确可以让船向北方航行。然而美索不达米亚文献重申着，阿特拉－哈希斯／乌特纳比西丁随身带着一个名叫普祖尔－阿木里（意思是“知道秘密的西方人”）的“船夫”。美索不达米亚的诺亚在风暴开始的时候，“将这个建筑物和它的部件”交给了他。为什么需要这样一名经验丰富的驾驶员，除非是需要将这艘方舟带去一个特定的地点？

这些纳菲力姆人，如我们所说的那样，在最开始的时候，把亚拉腊山的山峰作为地标。作为世界那一部分最高的山脉，它能在洪水退去的时候第一个重现天日。所以“英明的、全知的”恩基，肯定会想到这一点，我们可以推测，他命令他的仆人，领导这艘方舟向亚拉腊山驶去，并计划着重逢。

贝罗苏斯所说的大洪水，由希腊史学家阿比德纳斯记录下来，他陈述道：“时间与永恒之神、大地女神盖亚的儿子克洛诺斯向斯斯特洛斯（Sisithros，一个类似阿特拉-哈希斯的角色）透露，在雏菊月（Daisies，第二个月）的第十五天将有一场大洪水，并命令他隐藏西巴尔——这沙马氏的城市中所有能找到的书或著作。斯斯特洛斯做完了所有这些事，马上航行到了亚美尼亚，而后神所宣告的发生了。”

贝罗苏斯再一次提到了放鸟儿这个细节。当斯斯特洛斯被诸神带到了他们的住所时，他向在方舟中的其他人解释道，他们是“在亚美尼亚”，并带领他们（走）回巴比伦。我们发现，这个版本不仅与西巴尔这个太空站有关系，同时还发现了斯斯特洛斯被命令“航行到了亚美尼亚”——亚拉腊之地。

当阿特拉-哈希斯着陆的时候，他屠宰了一些动物，并用火烤了它们。难怪这些精疲力竭、忍受着饥饿的诸神会“如同苍蝇一样聚拢到贡品这儿来”。突然间，他们认识到了人类和他们种植的食物、驯养的牲畜是必不可少的。“当最后恩利尔到来了，他看见这方舟，被激怒了”。然而在这种情况下，可能有的新的想法，以及恩基的劝告，都占了上风；恩利尔与人类的这些残余分子言和了，并将阿特拉-哈希斯/乌特纳比西丁带进了他的飞船，飞去诸神的永恒住所。

另一个导致他快速决定与人类言和的因素，可能是大洪水的逐渐消退，以及干地和植物的出现。我们已经指出过，纳菲力姆人在灾难来临之前就已经意识到了它将到来；但在他们的经验中，这绝对是很独特的一种体验——害怕地球将永远变为不可生存之地。当他们降落到亚拉腊山上的时候，他们看见的其实不是这样的。地球仍是可居的，是可以在其上生活的，他们需要人类。

※

这是一种什么样的灾难，可以预知却不能改变？解密大洪水的一把重要钥匙，就是承认它并不是一个单独的偶然事件，而是一系列事件链中的高潮点。

影响着人类和野兽的不寻常的瘟疫和严重的旱灾——按照美索不达米亚原版的说法，它持续了七个“经过”，或者说七个 SHAR。这种现象只能通过大范围气候变化来解释。这样的变化，在地球的过去是跟冰河时期与间冰期的循环有关的。水域急剧缩减、海平面和湖面水位降低，以及地下水源的干涸，是即将到来的冰河时代的标志。自从大洪水结束了这样的局面之后，出现的是苏美尔文明和我们自己的文明。这是冰河期以后的时代，这种考虑之中的冰河作用只可能是最后一次。我们的结论是，大洪水事件代表着地球上最后一个冰河时代和大型灾难的终结。

科学家在钻开的北极和南极冰层下发现了残留在各土层中的氧元素，由此可以判断出千年之前的主要气候。海底，如墨西哥湾的矿样，测量出海底生物的繁衍或缩减，同样让他们能够估测出很久以前的温度。基于这些发现，科学家们现在可以肯定，最后一个冰河期开始于大约 75000 年前 ，在大约 40000 年前经历了一次小型的升温。大约 38000 年前，一个更为严峻、寒冷和干旱的时期到来了。在那之后，大约 13000 年前，冰河期突然结束了，然后我们现在的这个温和的气候到来了。

将《圣经》和苏美尔的信息汇总，我们发现这些严峻的时期，“地球所承受的”，开始于诺亚之父拉麦的时代。他寄托在诺亚身上的希望——希望诺亚（意思是“休息”）的出生能标志着苦难的结束——的结果，却是一条通往灾难性的大洪水的意外之路。

许多学者相信，大洪水之前的十位族长（从亚当到诺亚）以某种方式对应着苏美尔国王列表上大洪水之前的十位统治者。这份列表上的后两位国王并没有使用丁基尔或恩这样的神圣称号，并将吉尔乌苏德拉 / 乌特纳比西丁和他的父亲乌巴 - 图图记录为人类。这后来的两位对应着诺亚和他的父亲拉麦；按照苏美尔列表的说法，他们两人一共统治了 64800 年，一直到大洪水的到来。最后一个冰河时代，从 75000 年前一直到 13000 年前，总共持续了 62000 年。当乌巴图图 / 拉麦当政的时候，这苦难已经开始，这 62000 年刚好到这 64800 年里。

不仅如此，极为苛刻的环境继续着，在阿拉塔 - 哈希斯史诗中，是七个 SHAR，也就是 25200 年。科学家们发现了一些证据，证明从大约公元前 38000 年开始到 13000 年前，有一段极为严酷的时期——跨度为 25000 年。又一次，美索不达米亚的信息和现代科学发现互相支持了对方。

我们要解开大洪水的疑惑的努力，聚焦在了地球的气候变化上，尤其是 13000 年前的冰河期的突然消退。

是什么导致了如此巨大且突然的一次气候变化？

科学家们提出的许多理论中，我们对一个最感兴趣，那是由缅因州大学的约翰 · T. 荷林博士提出的。他主张南极冰层周期性的破裂并滑入大海，制造出了突然而又巨大的潮汐波！

这种假设——其他人同意且将之完善——提出，当冰层变得越来越厚，它不仅采集到了更多冰层之下的地球热量，同时还在它的底部创造出（通过压力和摩擦力）一个泥泞的、光滑的土层。它在厚厚的冰层和结实的土地之间发挥着润滑剂的作用，这样的泥泞土层迟早会导致冰层滑入围绕它的海洋。

荷林估算出，如果仅仅是现在南极洲（平均厚度要厚上一英里）一半的冰层滑入了南部的海域，接下来立刻出现的潮汐波会将全球的海平面上涨 60 英尺，将淹没海岸线附近的城市和低地。

在 1964 年，新西兰维多利亚大学的 A.T. 威尔逊提供了一种理论，说冰河时代是在这样的冰层松动中突然结束的，而这种冰层松动不仅出现在南极，同样还出现在北极。我们感觉到，被我们放在一起的各个文献和事实证明了一种结论，大洪水是这种数十亿吨冰松动并滑入南极附近水域的结果，由此它突然地结束了最后一个冰河期。

这个突然的事件引发了一个巨大的潮汐波。从南极水域开始，它向北传递到大西洋、太平洋和印度洋。这种温度上的巨变肯定造成了伴随着暴雨的巨大风暴。风暴、云朵和黑暗的天空跑在水波的前面，预示着这场巨型“水崩”。

的确，这样的现象在古代文献中有过描述。

在恩基的指挥下，阿特拉－哈希斯让所有人都上了方舟，而他自己当时却在下面等着启航和封舱的信号。其中有一段充满“人情味”的小细节，讲述了阿特拉－哈希斯，虽然被命令要待在船的外面，他却“进进出出，他坐立不安……他的心碎了；他呕吐出胆汁”。然而接下来的是：

> ……月亮消失了……
> 天气也改变了；
> 雨水在云朵中咆哮着……
> 风变得凶残……
> ……大洪水发动了，
> 它的强力将人如卷进了一场战斗；
> 一个人看不见另一个，
> 在这场毁灭中他们都无法识别对方。
> 大洪水像一头公牛咆哮着；
> 狂风像一头野驴一样嘶叫着。
> 黑暗越来越重；
> 不能看见太阳。

《吉尔伽美什史诗》特别指出了风暴来临的方向：它来自南方。云朵、风、雨和黑暗，实际上是潮汐波的前兆，它是第一个撕裂下层世界中“奈格尔的柱子”的：

在黎明的光辉中
一朵黑云从地平线升起；
风暴神在里面打着雷……
所有曾明亮的事物
都变得黑暗起来……
南方来的风暴吹了一天，
在吹的时候加速，掩盖了群山……
这风吹了六天六夜
这南方来的风暴清扫着大地。
当第七天到来的时候，
这南风的大洪水退去了。

对“南方来的风暴”或“南风”的认识，很清楚地指出了大洪水到来的方向，它的云朵和风，“风暴的使者”，经过“山丘和平原”到达了美索不达米亚。的确，发源于南极的风暴和“水暴”会在首先淹没阿拉伯半岛的群山之后，经过印度洋到达美索不达米亚，接着淹没两河平原。《吉尔伽美什史诗》同时还告诉我们，在人们和他们的土地被淹没之前，“干旱大地的高坝”和它的堤坝被“撕掉”了：大陆海岸线被淹没了。

《圣经》版本的大洪水故事，记录了在“天国闸门开启”之前，“伟大深处的根基的爆破”。首先，“伟大深处（对最南边的、冰冻的南极海域的多么形象的称呼）”的水从它们的寒冰禁锢中松脱了出来；接着就是雨水开始从天空降下。我们对大洪水的理解的证据在文献中是被不断重申的，与之相反的是，当大洪水退去的时候，先是“深处的基础被构筑好了”，然后才是雨水“被拘留在了空中”。

在第一波巨大的潮汐波之后，它的巨浪继续“来回流动”。然后水开始了“回流”，在 150 天之后“它们少了些”，当时方舟正准备停靠在亚拉腊山的山峰之间。这次“水崩”，来自南部海域，又回到了南部海域。

※

纳菲力姆人是如何推算大洪水会在什么时候冲出南极的？

我们知道，美索不达米亚文献将大洪水和气候巨变放在了七个“经过”之前——无疑是代表第十二个天体周期性地经过地球范围的。我们知道哪怕是月亮这颗地球最小的卫星，都有足够的引力来引发潮汐。无论是美索不达米亚文献还是《圣经》中的记载，都描述了当这位天体上帝经过地球范围的时候，地球是怎么样的。会不会是纳菲力姆人观测到了气候变化和南极冰层的不稳定，发现了下一次，也就是第七次第十二个天体的“经过”将促发这场巨大的灾难？古代文献中说，是的。

其中最引人注目的一部文献，是一个短于一英寸的泥板，两侧都写着字，共 30 行。它是在亚述被发现的，但这部亚述文献上的苏美人文字告诉我们，这无疑又是另一个苏美尔版本的拷贝。埃里克·艾柏林博士确定了它是一首在死亡之屋里诵读的赞美诗，因此他将它收录到了他的大师级巨著《死亡与生命》中，这本书探讨的是古代美索不达米亚观念中的死亡和复活。

然而，经过进一步的检验，我们发现这“呼唤”出的天主“的名字”，是第十二个天体。通过将它们关联到这颗行星经过与提亚马特战斗的遗址——这次经过导致了大洪水，文献详细地解释了各个词语的意思。文献开始时就宣称，因为它整个的力量和大小，这颗行星（“这位英雄”）仍然绕日运行着。大洪水是这颗行星的“武器”。

> 他的武器是大洪水；
> 是终结邪恶的神的武器。
> 至高，无上，救世主……
> 他就像是太阳，穿过大地；
> 太阳，他的神，他的敬畏。

叫出了这颗行星的“第一个名字”——很不幸，它已经无法辨认了，文献描述了它靠近木星，直面与提亚马特战斗的遗址：

> 第一个名字：……
> 他将这圆环敲打在了一起；
> 他将她裂成了两半，击碎了她。
> 主，他在阿基提（Akit）时间
> 在提亚马特之战的地方休息……
> 他的种是巴比伦的儿子们；
> 他在木星不能分散注意力；
> 他在他的火焰中将创造。

靠得更近了，第十二个天体被叫作 SHILIG.LU.DIG（意为“快乐的行星们的强大领导者”）。现在它靠近火星了：“神阿努、神拉赫姆（火星）的光辉靠近了”。

然后它就释放了地球上的大洪水：

这是主的名字

他从第二个月一直到阿达尔月（Month Addar）

水被召集前来。

文献对这两个名字的解释中，包含了引人注意的历法信息。第十二个天体经过木星并靠近地球是在“阿基提时间”，那时是美索不达米亚新年的开始。到了第二个月它离火星最近。“从第二个月一直到阿达尔月（第十二个月）”，它释放了地球上的大洪水。

这与《圣经》中的记载是完美匹配的，《圣经》中陈述道：“伟大深处的根基裂开”是在第二个月的第十七天。方舟停靠在亚拉腊山是在第七个月；其他干地露出来是在第十个月；而大洪水结束是在第十二个月——因为是在来年的“第一个月的第一天”，诺亚打开了方舟的舱口。

到了大洪水的第二阶段，当洪水开始退去的时候，文献将这颗行星称作SHUL.PA.KUN.E：

英雄，监管的主，

他将水积聚在一起；

他用喷涌的水

净化了正义与邪恶；

他在有着双峰的山

停靠了……

……鱼，河流，河流；洪水止住了。

在山区，一棵树上，休息着一只鸟。

那天……说。

虽然有些文字已经被毁坏了，但它与《圣经》和美索不达米亚其他大洪水故事的对应还是显而易见的：洪水停住了，方舟“停靠”在一座有着两个山峰的山上；河流从山顶上开始再次流出并将水带回海洋；可以看见鱼了；一只鸟从方舟中放了出去。这场严峻的考验结束了。第十二个天体完成了它的“经过”。它靠近过地球，在它卫星的陪伴下，开始了返航：

当学士们喊道：“洪水！”——
是神尼比努（“十字行星”）；
是这英雄，有着四个头的行星。
这位神的武器是洪水风暴，
他将返程了；
在他的栖息地他将放低自己。

文献声称，这颗渐行渐远的行星，在乌鲁鲁月——一年中的第六个月再次穿过了土星轨道。

《旧约》中常常提到，有一段时期，上帝让地球被深处的水覆盖着。第二十九首赞美诗形容这种“召唤”如同是上帝的“大水”的“返回”：

对主而言，为诸神的儿子，
荣光，和强大……
主的声音浮在水上；
荣耀之神，主，
在大水上隆隆作响……
主的声音是强大的，
主的声音是雄伟的；

主的声音撕裂了雪松……

他让黎巴嫩（山）如牛犊般起舞，

让希瑞恩山如小公牛般跳跃。

主的声音点燃喷火的火焰；

主的声音震撼着沙漠……

主对大洪水（说）：“回去！”

主，是君王，将永保王位。

在壮丽的《赞美诗》77——“我向主大声哭诉”中，赞颂者回忆着在很久以前主的出现和消失：

我估算过古老的岁月，

永恒的年岁……

我将回想起主的行为，

记住古老时候你的奇迹……

主，你的路线是已定的；

没有神与主一样伟大……

水见了你都要发抖，哦主。

你的剧烈的闪光前进着。

你的雷声隆隆作响；

闪电点亮了世界；

大地摇动和震颤着。

在水里是你的路线，

你的轨道在深水里；

你的脚步离去了，不知道了。

《赞美诗》104，是天主的行为，回忆的是海洋超过了陆地并回流的事：

你让大地变得稳定，

永远永远的不变。

你用海洋，如衣服一样盖住它；

水在群山之上。

在你的指责之下，水逃走了；

在你的雷声之下，它们逃离了。

它们走在群山之上，他们下降到了峡谷中

去了你放置它们的地方。

那是你定下的界限，不得逾越；

它们不再回来覆盖大地。

先知阿莫斯的话更为明确：

主之日，你的灾难；

对你而言什么是结束？

主之日会是黑暗无光的……

将清晨变为死亡的阴影，

让白昼变得如夜晚一样；

引发了海洋中的水

将它们倾倒在大地的表面。

这些，就是“在古老的年代中”所发生的事情。“主之日”就是大洪水这一天。

※

我们已经说过，在登陆地球之后，纳菲力姆人把对第一批城市的第一批统治与黄道时代联系了起来——给黄道各宫以各位神祇的名字。我们现在发现，艾柏林所发现的文献提供的历法信息不仅是人类的，同样还包括了纳菲力姆的。大洪水，它告诉我们，是发生在“狮子座年代”的：

至高，无上，救世主；

主的闪亮皇冠满载着（人们的）恐惧。

至高无上的行星：他安置的座位

面朝红色星球（火星）的封闭轨道。

狮子里的主，他燃烧着；

他的光他的光亮王权向大地宣判。

现在我们同样可以理解新年礼仪中的神秘经文了，它陈述的是“狮子星座测量着深处的水”。这些陈述将大洪水的时间放在了一个明确的框架里，虽然现在的天文学家，不能明确指出苏美尔人的黄道宫是从哪里开始的，但接下来的时代表精确地指出了这些。

公元前 60 年—公元 2100 年——双鱼宫时代

公元前 2220 年—公元前 60 年——白羊宫时代

公元前 4380 年—公元前 2220 年——金牛座时代

公元前 6540 年—公元前 4380 年——双子宫时代

公元前 8700 年—公元前 6540 年——巨蟹座时代

公元前 10860 年—公元前 8700 年——狮子座时代

如果大洪水是发生在狮子座时代，也就是公元前 10860 年到公元前 8700 年期间的某个时段，那么大洪水的发生日期就能很好地对应到我们的时代表中：按照现代科学家的说法，最后一个冰河时代在南半球的突然结束，是在大约 12000 年或 13000 年以前，而在北半球的结束是在大概又过了一两千年之后的事。

黄道带的岁差现象给了我们的结论更为广泛的支持。我们在之前就指出，纳菲力姆人登陆地球是在大洪水之前 432000 年（120SHAR），那时还是双鱼座时代。因为岁差循环，432000 年包括了 16 个完整的循环（也就是大年）和另一个循环的一大半，进入了狮子座时代。

现在，我们可以重现一个包含了我们的发现的完整时间表了。

第十五章

地上的王权

大洪水，对人类来说是痛苦经历，对“诸神”——纳菲力姆人来说也是一样。苏美尔国王表中这么说：“大洪水将……一扫而光”，120 个 SHAR 的努力都在一夜之间被扫去了。非洲南部的矿井、美索不达米亚的城市、尼普尔的指挥中心、西巴尔的太空站都沉入了水底，被泥浆掩埋。他们的太空梭在被毁灭的地球上空盘旋着，纳菲力姆人急切地等待着洪水的退去，这样他们才可以再次踏上这星球的土地。

在他们的城市和设施都被毁灭之后，他们要如何才能继续在地球上生存呢？甚至连他们的劳动力——人类都基本灭绝了？

当这些充满恐惧、精疲力竭、受着饥饿的纳菲力姆人最终降落在“救赎山”的山峰上的时候，他们很清楚地认识到，人类和野兽其实并没有被完全毁灭。甚至就连恩利尔也改变了他的观点。虽然在一开始，他曾因自己的计划被毁掉而火冒三丈。

神的决定是很实际的。面对着这样一种令人窒息的场面，纳菲力姆人消除了对人类的抑制，卷起衣袖，不浪费一分一秒，向人类传递着耕种和圈养的艺术。虽然幸存了下来，但毫无疑问地，农业和畜牧业的发展速度要足够支撑纳菲力姆人和急速增长的人类的生存，于是纳菲力姆人将自己的先进科技融入了这项任务中。

※

没有意识到这些信息是能在《圣经》和苏美尔文献中找到的，许多研究农业起源的科学家，都认为是人类在13000年前“发现”了农业，这是源于紧跟在最后一个冰河期之后的“Neothermal（意为“再度的温暖”）气候”。然而，在现代学者之前很久的时候，《圣经》同样记录了大洪水之后的农业起源。

《创世记》中上帝将“播种与收获”当成神圣的礼物赐给了诺亚和他的后代，以作为他与人类在大洪水之后的契约：

> 与大地将会有的年岁一样，
> 播种与收获，
> 寒冷与温暖，
> 夏天和冬天，
> 白昼与夜晚，
> 将不会停止。

在被授予农业的知识之后，“诺亚最先成为农夫，他种植了一个葡萄园”：他成为大洪水之后，第一位蓄意从事复杂的种植任务的农夫。苏美尔文献也是一样，将人类获得农业与牲畜驯化的知识归功于诸神。

追溯农业之源，现代学者们已经发现了它是始于近东的，但却并不是起源在肥沃且适合进行耕作的平原与河谷地带。与之相反，农业最初是出现在半圆形低矮平原环绕着的山地上的。为什么农夫会避开平原，而把自己的播种和收获限制在更为困难的山区呢？

唯一说得通的答案是，在农业开始的时候，这些低矮平原还处于不可居状态；13000 年之前的这些低矮平原，在经历了大洪水之后，并没有干。在这些平原与河谷变得足够干旱，允许人们从环绕美索不达米亚的山地上下来，并开始耕种之前，经过了数千年。的确，这就是《创世记》告诉我们的：在大洪水之后的很多代，人们“从东边来（现行中文版《旧约》将之误译为‘向东去’）”——来自美索不达米亚之东的山区，“在示拿地（苏美尔）发现了一块平原，定居在了那里。”

苏美尔文献陈述了恩利尔首先是“在山丘田园”——是山地，而不是平原——里传播的谷物，而且他通过避开洪水淤积来让耕种变得可能。“他如同用门锁住了山地”。这片位于苏美尔东边的山地叫作 E.LAM，意思是“植物发芽的房子”。后来，恩利尔的助手中有两位，神尼纳苏和神宁曼达，将谷物耕种发展到了低矮的平原，这样在最后，“苏美尔，这片不知道谷物的地方，才知道了谷物”。

认为农业是开始于对小麦和大麦之源——野生二粒小麦的驯化的学者，无法解释为什么最早的谷物，如在伊朗高原的沙尼达尔山洞发现的，就已经是很均匀且高度专门化的了。大自然哪怕只是创造一个中度成熟的物种就需要至少上千个世代的基因选择。然而在这样的时期、地点，如此一个渐进且漫长的过程还没有在地球上被找到过。没有任何一种说法可以解释这样一个生物学奇迹，除非它并不是自然形成，而是人工培养的。

斯佩尔特小麦，一种粗粒状小麦，是一个更大的谜团。它是“一种不寻常的植物基因的混合物”的产品，既不是从一个遗传源发展而来，也不是由一个源头突变而来。它绝对是多种植物基因的混合结果。此外，所有关于人类在几千年之内通过驯化改变的动物，也是一个问题。

现代学者面对这些疑问给不出答案，就像无法解释为什么古代近东的山地会成为各种谷物、植物、树木、水果、蔬菜和驯化动物的发源地。

但苏美尔人知道这是为什么。他们说，这些种子，是阿努从天国住所带给地球的礼物。小麦、大麦和大麻是从第十二个天体下落到地球来的。农业和动物驯化是恩利尔和恩基分别送给人类的礼物。

除了纳菲力姆，还有周期性接近地球的第十二个天体，似乎也是导致人类后大洪水时期出现三个阶段的原因，这三个阶段分别是：农业，大约在公元前11000年；新石器时代，大约公元前7500年；以及突然出现在公元前3800年的文明。它们之间的间隔都是大约3600年。

这说明，纳菲力姆人随着第十二个天体周期性回到地球，有规律地向人类传授知识。这就像是某种现场审查，只有在当他们可以往返于地球和第十二个天体之间的时候，才能进行这样的面对面的磋商，而正是在这样的时候，新来的“神”才能替代上一届的“神”。

《伊塔那史诗》让我们看到了曾发生过的“磋商”。它说，在大洪水之后的岁月里：

> 制定命运的大阿努纳奇
> 向大地交换了他们的忠告。
> 他们创造了这四个区域，
> 他们建起了这些据点，视察这大地，
> 他们对人类而言太崇高了。

我们被告知，这些纳菲力姆，在人类与他们自己之间需要一个中间人。他们是神——阿卡德语中是elu，意思是“崇高者”。为了构建他们自己（主人身份）和人类之间的桥梁，他们将“王权”引入到地球上：指定一名统治者，让他确保人类对诸神的服务，并作为将诸神的教诲和历法传递到人类的一个渠道。

一部讲述这个事件的文献，描述了在王冠和皇冠都还没有戴在人类头上，权杖也没有握在人类手上之前的情况。所有这些王权的象征物，外加牧师的手杖，是正义和审判的符号，“都在天国的阿努面前放着”。然而，当诸神达到了他们的目的之后，“王权从天国下降”到了地球。

苏美尔文献和阿卡丁文献都说明了，纳菲力姆人一直保存着在大地上的“主人身份”，而且当人类第一次在原址上按照原样重建前大洪水时代的城市时，人们计划：“让所有城市的砖块都放在奉献的地方，让所有（砖块）放在神圣的地方。”埃利都是第一个重建的。

接着，纳菲力姆人帮助人类计划和修建了第一座皇家城市，并祝福了它。“愿此城成为温床，人类将在这里过着安宁的日子。愿此王成为领导者。”

苏美尔文献告诉我们，人类的第一座皇家城市，是基什。“当王权再一次从天国下落，王位就在基什”。苏美尔国王列表很不幸地刚好在第一位人类国王那里就破掉了。然而，我们知道，是由他开始了一条漫长的朝代线，他们的皇室住所从基什移至乌鲁克、乌尔、阿万、哈马兹、阿克萨克、阿卡德（亚甲），之后便是亚述、巴比伦及后来的一些都城。

《圣经》中诺亚的儿子中有尼姆鲁德，即乌鲁克、亚甲、巴比伦和亚述王国的族长，是从基什来的。它记录了人类的土地和王权的扩张。在大洪水之后，人类分出了三个支系，它们分别由诺亚的三个儿子留传下来，并分别取了名字。闪族（Shem，闪，诺亚长子）的人民和土地，在美索不达米亚和近东；哈姆族（Ham，哈姆，诺亚次子），定居在非洲和部分阿拉伯半岛；雅弗（Japheth，诺亚小儿子），则是生活在小亚细亚、伊朗、印度和欧洲的印欧民族。这三组无疑就是大阿努纳奇所创造的三个“区域”。每一组人都分配给了主神中的一位。当然，其中之一的苏美尔，闪族人的区域，是人类第一个文明的诞生之地。其余两个同样成为繁荣的文明区。大约在公元前 3200 年——大约苏美尔文明全盛时期半个千年之后，独立国家、王权和文明第一次出现在了尼罗河流域，诞生了后来的伟大的埃及文明。

大约 50 年之前，我们对这第一个主要的印欧文明还没有任何了解。但到如今，我们知道在古代的印度河流域有着先进的文明，包括大型城市、发达的农业、繁荣的贸易。学者们相信，它是在苏美尔文明兴起 1000 年之后出现的（见图 166）。

古代文献如同考古发现一样，证明了在这两条流域上的文明和更古老的苏美尔文明之间，有着相近的文化和经济连接。不仅如此，无论是直接的还是间接的证据，都让大部分学者认同了，尼罗河文明和印度河文明不仅与更为古老的美索不达米亚文明有联系，甚至根本就是它的后裔。

埃及最为壮丽的奇迹，是金字塔，被发现其内核是在一层石头“皮肤”下潜伏着的，而这显然是对美索不达米亚的塔形神庙的模仿；而且的确有理由相

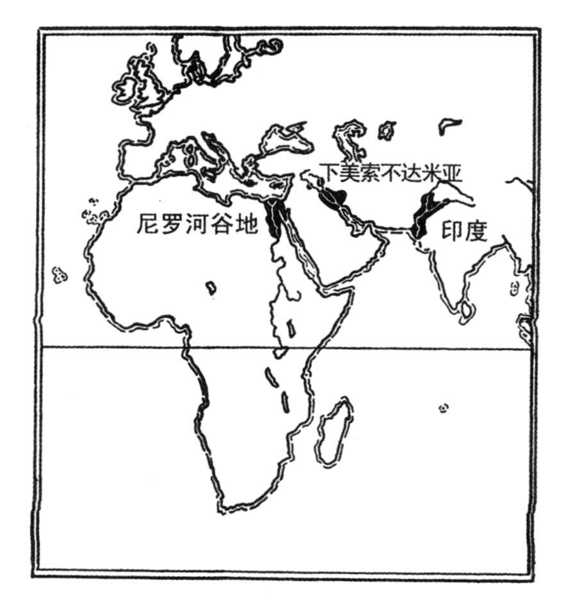

图166

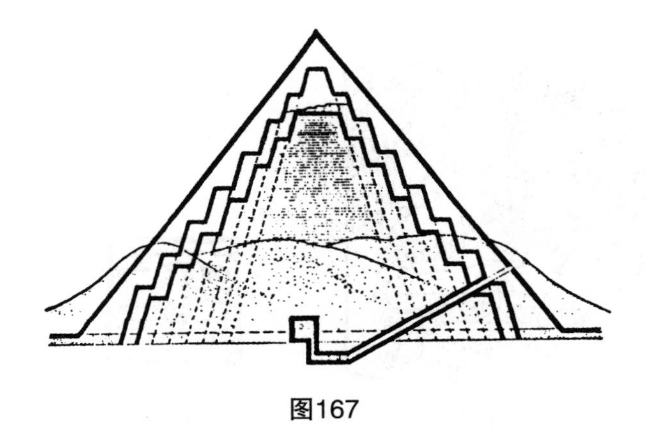

图167

信，这位制定出金字塔修建计划并监管这个工程的心灵手巧的建筑设计师，是一名被尊为神祇的苏美尔人（见图 167）。

古代埃及人将他们的领地称为“升起之地”，而且他们对史前的记忆，是“一位在最早最早的时候前来的非常伟大的神”，发现他们的土地在水和淤泥之下。他进行了大量改造工作，真的将埃及从水中升了上来。这个“传说”巧妙地描述了大洪水之后低矮的尼罗河流域；这位古老的神祇，可以看出，除了恩基之外，不可能是别人，他是纳菲力姆人的大工程师。

虽然印度河流域文明与它的相关性我们还知之甚少，但是我们同样知道，他们将 12 作为至高无上的神圣数字；他们将他们的诸神描绘得和人类很像，戴着有角的头饰；而且他们同样还崇拜着十字符号——第十二个天体的符号（见图 168 和图 169）。

如果这两个文明的起源是苏美尔，那为什么他们的语言却不同？关于这个问题的科学答案是，他们的语言并不是不同的。这一点早在 1852 就认识到了，牧师查尔斯・福斯特在《唯一的古老语言》一书中巧妙地论证了所有的古代语言，包括早期的中文和其他远东语言，都是一个古老源头的不同分支——后来证明了这是苏美尔语言。

如果相似的图形符号仅仅只有相似的含义，这可能是思维方式上的巧合，

图 168

图 169

然而相同的多重含义和甚至相同的发音——这就是说它们有一个共同源头了。就是在不久前，学者们发现了在最早的埃及文字中使用了一种语言，它暗示着一个更早的写作发展；而唯一有着更早的写作发展的地方就是苏美尔。

所以我们有着同一门语言，但因为某些原因它被分为了三种方言。

美索不达米亚语、埃及语/哈姆族语和印欧语。如此的差异可能是它自己在经历时间、距离和世代之后进行的分裂。然而苏美尔文献声称，它的发生仍然是诸神的决议，并且，又是因为恩利尔。针对这个话题的苏美尔故事对应着非常著名的《圣经》故事“巴别塔”，它告诉我们，“全世界都说同一种语言”。但在人们定居在苏美尔之后，他们学到了制砖、建城和造高塔（塔庙）的艺术，他们计划为自己制造一个 Shem，并修建一座高塔来停放它。因此，“主打乱了地球上的语言”。

人为地将埃及从泥水中升了起来，语言学上的证据，以及苏美尔和《圣经》文献对我们结论的支持，都说明，埃及和印度这两个卫星文明并不是在机缘巧合之下发展起来的。相反的是，它们是在纳菲力姆人的计划中的，是纳菲力姆人的蓄意而为。

很显然，出于对被同一种文化和意图团结起来的人类的畏惧，纳菲力姆人采取了帝国主义措施：“分而治之”。因为当人类的文明水平甚至都可以造出飞行器了——在那之后“没有他们做不到的事了”——纳菲力姆人自己就相对衰退了。

恩利尔和恩基之间的对抗被他们的长子继承了，对“至高无上”的激烈争夺也继续着。恩利尔的儿子们——如我们在之前的章节中所讲到的——自相残杀，恩基的儿子们也是一样。如人类历史中所发生的一样，领主为了避免自己儿子们之间的斗争，将领土划分为几块，给这些继承人。在至少一次（这是已知的），有个儿子（阿达德/伊希库尔）被恩利尔故意地送走了，作为山之地的当地神（地方领主）。随着时间的继续，这些神成为领主，在自己的领地上相互嫉妒着其他神的领土、工业或职位。人类国王是人类与诸神之间的中间人。古代国王发动战争，征服新土地，或降服敌对者时所发表的声明——“在我神的指挥下”——是不能被忽略的。一部又一部的文献说得十分清楚，它表达的正是字面上的意思，而非国王自我的借口或托词。诸神保留着针对地球事务的控制权，因为这些事情牵涉到了其他领地上的诸神。也就是说，他们掌握着战争与和平的最终决定权。

随着人群、据点、城市和村庄的扩张，有必要让人们记住谁才是他们的特定的领主，也就是“崇高者”。《旧约》也提到过同样的问题，要让人民支持自己的神而不是“依附其他的神”。解决办法就是建立很多崇拜地点，并在上面放置“正确的”神的标志或原型。

异教时代开始了。

※

苏美尔文献告诉我们，在大洪水之后，纳菲力姆人为地球上的神和人的未来提供了漫长的忠告。作为结果，他们“创造了四个区域”。其中三个——美索不达米亚、尼罗河流域和印度河流域由人类居住。

第四个区域是“神圣的”，这个词的原始字面含义是“奉献的，限制的”。它专门奉献给诸神。这是一个“纯洁之地”，只有在授权之后才能到达这里；

未经许可的进入者会被凶猛的守卫拿着的“可怕武器”快速地杀死。这片土地或区域被叫作提尔蒙，字面上的意思是“飞弹之地”。这里是纳菲力姆人重建的太空基地，上一个位于西巴尔的太空站被大洪水毁灭了。

这个地区还是在乌图/沙马氏的管辖之下，他是负责喷火火箭的神。如吉尔伽美什这样的古代英雄，努力奋斗想要到达这片生命之地，在一辆 Shem 或是鹰中飞往众神的天国住所。我们回想起了吉尔伽美什对沙马氏的请求：

让我进入这片地，
让我升起我的 Shem……
由生我的母亲
我的女神的生命
及我父亲，纯洁的
忠实的国王的生命
——我的脚步将直达这土地！

古代神话——甚至是记录下来的正史都不停地述说着人类为了“到达这片土地”，发现“生命植物”，在天地众神中得到永恒幸福而付出的不懈努力。这个向往是扎根于苏美尔的所有宗教的中心话题：希望公正和审判降临地球之后，将有一个在某种神圣的天国居所中的“来生”。

然而这个难以捉摸的神圣之地在什么地方呢？

这个问题是能够回答的。线索就在这里。但在它之前还有其他的问题。在那之后我们还能与纳菲力姆人相遇吗？再次相遇的时候会发生什么？还有，如果的确是纳菲力姆人作为“神”创造了地球上的“人类”，那么，在第十二个天体上，是进化自己造就了纳菲力姆人吗？

附录：中英文对照表

A

阿努纳奇人	Anunnaki
阿卡德人	Akkadian
安德特河谷	Neanderthal
阿月浑子	pistachios
爱琴海	Aegean Sea
安纳托利亚	Anatolia
A线	A Linear
阿契美尼德人	Achaemenids
奥斯丁·亨利·莱亚德爵士	Sir Austen Henry Layard
暗利	Omri
阿舒尔	Ashur
阿卡德语	Akkadian
阿卡	Accad，Akkad
埃及圣书体	Hieroglyphs
阿卡德	pre-Akkadian
安纳吐姆	Eanatum
A.比勒贝克	A. Billerbeck
阿拉伯人	Arabia

爱什南那	Eshnunna
安妮·D.吉尔莫	Anne D. Kilmer
爱什南那	Eshnunna
阿达布	Adab
埃利都	Eridu
《埃兰》	*Elam*
A.帕罗特	A. Parrot
奥林匹斯山	Mount Olympus
阿尔特弥斯	Artemis
阿波罗	Apollo
阿瑞斯	Ares
阿芙罗狄忒	Aphrodite
《奥德赛》	*Odyssey*
阿格诺尔	Agenor
阿迪提亚神	Aditya
阿格尼	Agni
阿拉卢	Alalu
阿努	Anu
艾	Ea
安图	Antu
阿兰扎卡	aranzakh
阿博·亚当	Ab Adam
阿娜特	Anat
阿舍拉	Ashera
阿施塔特	Astarte

《埃及天神》	*The Sky-Religion in Egyp*
阿托恩	Aten
奥西里斯	Osiris
阿穆鲁	amurru
阿达德	Adad
阿普苏	Apsu
安莎	Anshar
安德鲁·帕罗特	Andre Parrot
阿达迪古皮	Adadguppi
阿拉塔之地	Land of Aratta
埃利都	Eridu
阿伯尔	Abel
阿舒尔	Assur
阿穆鲁人	Amurru
阿拉米	Aramaeans
A.H.赛斯	A. H. Sayce
阿莱克马哈拉第	alikmahrati
阿普卡尔	Apkallu
阿里斯塔克斯	Aristarchus
阿拉托斯	Aratus
埃里克	Erech
奥多罗斯·塞库鲁斯	Diodorus Siculus
阿尔弗雷德·耶利米亚	Alfred Jeremias
埃萨吉拉	Esagila
艾伯赫·施拉得	Eberhard Schrader

安莎	Anshar
艾伯特・肖特	Albert Schott
阿莫斯	Amos
《阿莫斯书》	*The book of Amos*
阿比德纳斯	Abydenus
阿诺努斯	Alorus
阿拉普鲁斯	Alaprus
阿米拉努斯	Amillarus
阿麦仑	Ammenon
阿波罗托罗斯	Apollodorus
阿鲁利姆	A.LU.LIM
阿拉加尔	A.LAL.GAR
阿基图	Akitu
阿基提	A.KI.TI
A. H. 赛斯	A. H. Sayce
艾平	Epping
阿姆・农西琴	Amnon Sitchin
奥安尼斯	Oannes
安德烈・帕罗特	Andre Parrot
《哀悼苏美尔的毁灭》	*Lamentation over the Destruction of Sumer*
阿拉利	Arali
阿普苏斯	abyssos
艾丽卡・莱纳	Erica Reiner
安格鲁-美利坚	Anglo-American

安德兰·波希尔	Adrian Boshier
A.R.米勒德	A.R.Millard
《阿特拉-哈希斯：巴比伦的大洪水》	*Atra-Hasis: The Babylonian Story of the Flood*
阿达马	adama
阿达木	adamu
爱因斯坦	Einstein
阿鲁拜德	Al-Ubaid
阿特拉-哈希斯	Atra-Hasis
埃里克·艾柏林	Erich Ebeling
阿万	Awan
阿克萨克	Aksak

B

巴比伦	Babylon
“被放下的人”	Those Who Were Cast Down
《被遗忘的文字》	*Forgotten Scripts*
波斯	Persians
波斯波利斯	Persepolis
保罗·艾米利·博塔	Paul Emile Botta
《巴比伦和亚述的日常生活》	*La Vie Quotidienne Babylone et en Assyrie*
巴别	Babel
约翰·古藤堡	Johann Gutenberg
波塞冬	Poseidon

波尔塞弗捏	Persephone
拔示巴	Bashiba
拜特-泽希尔	Beit-Zehir
巴利克	Balikh
B.赫罗兹尼	B.Hrozny
比特阿努	Bitanu
巴尔	Baal
卜塔	Ptah
巴乌	BA.U
贝斯艾	Beth-EI
本本石	ben-ben
巴比利	Babili
贝罗苏斯	Berossus
《巴比伦的宗教》	*The Religion of the Babylonians*
波阿斯	Boaz
博尔那	Burner
博尔西巴	Borsippa
半人马座	Centaurus
《巴比伦的星学和占星师》	*Sternkunde und Sterndienst in Babel*
B. L. 范德瓦尔登	B. L. Van. Der. Waerden
《巴比伦天文学：三十六星体》	*Babylonian Astronomy: The Thirty-Six Stars*
《宾夕法尼亚大学的巴比伦探险考察》	*The Babylonian Expedition of the University of Pennsylvania*

“贝鲁”	beru
《巴比伦天文手册》	*Handbuch der Babylonischen Astronomie*
《巴比伦月历和闪族历法》	*Babylonian Menologies and the Semitic Calendar*
波德定律	Bode’s Law
B.蓝德斯伯格	B. Landesberger
《巴比伦创世史诗》	*The Babylonian Epic of Creation*
波斯萨尔	Persian shar's
贝罗苏斯	Berossus
巴地比拉	Badtibira
《巴比伦和希伯来的起源》	*The Babylonian and Hebrew Genesis*
博尔西帕	Borsippa
《巴比伦阿基图庆典》	*The Babylonian Akitu Festival*
《巴比伦的马杜克主神庙》	*Das Hauptheiligtum des Marduks in Babylon*
《巴比伦学：巴比伦人的天文学》	*Babyloniaca: Zur Babylonischen Astronomic*
《巴比伦的金字形神塔导游》	*Ziggurats et Tour de Babel*
《巴比伦塔顶的天文学》	*Astronomisches zur babylonischen Turm*
比特·尼米库	Bit Nimiku
贝尔·尼米基	Bel Nimiki
彼得·比尔蒙特	Peter Beaumont
白银时代	Silver Age

巴士底狱	Bastille
比特·希姆提	Bit Shimti

C

创世史诗	Epic of Creation
查尔斯·达尔文	Charles Darwin
《创世记》	*The Book of Genesis*
《传道书》	*Book of Ecclesiastes*
《出埃及记》	*Book of Exodus*
长蛇座	Hydra
查尔斯·维洛列伍德	Charles Virolleaud
查尔斯·F.简	Charles F. Jean
《创世七碑刻》	*The Seven Tablets of Creation*
《创世史诗》	*The Creation Epic*
《锄镐神话》	*The Myth of the Pickax*
查尔斯·福斯特	Charles Foster

D

狄奥多西·杜布赞斯基教授	Theodosius Dobzhansky
底格里斯河	Tigris
《动物驯养》	*Domestication of Animals*
多里安人	Dorian
大流士	Darius
杜莎鲁金	Dur Sharru Kin
《东方老人》	*Der Alte Orient*

第十大行星	Planet X
帝门特	Demeter
堤丰	Typhon
狄俄尼索斯	Dionysus
迪奥斯	Dyaus-Pitar
大卫王	King David
大山女士	Lady of the Great Mountain
杜尔安基	Dur-An-Ki
大野牛	Great Wild Bull
迪尔门	Dilmun
德拉	Terah
杜姆兹	DU.MU.ZI
丁基尔	DIN.GIR
《德莱海姆档案》	*Tablets from the Archives of Drehem*
大犬座	Canis Major
大星表	The Great Star List
黛利拉	Delilah
道斯	Daos
底格里斯-幼发拉底河	the Tigris-Euphrates
但以理	Daniel
《当诸神如人一般承担这工作之时》	*When the gods, like men, bore the work.*
大阿努纳奇	great Anunnaki
大女神	the Great Goddess

E

恩利尔	Enlil
恩铁美那	Entemene
恩基	Enki
厄洛斯	Eros
E.拉洛奇	E. Laroche
《恩基和世界秩序》	*Enki and the World Order*
《恩基及其自卑情节》	*Enki and His Inferiority Complex*
《恩基和宁呼尔萨格：极乐神话》	*Enki and Ninhursag: A Paradise Myth*
恩麦卡尔	Enmerkar
《恩麦卡尔和阿拉塔之主》	*Enmerkar and the Lord of Aratta*
厄里斯奇格	E.RESH.KI.GAL
蛾摩拉	Gomorrah
恩麦杜兰基	EN.ME.DUR.AN.KI
恩奇都	Enkidu
恩斯特·F.威德纳	Ernst F. Weidner
恩苏	Ensu
恩门路安纳	EN.MEN.LU.AN.NA
恩门加安纳	EN.MEN.GAL.AN.NA
E.D.范布伦	E. D. Van Buren
恩斯特·F.威德纳	Ernst F. Weidner
E.A.史本赛	E. A. Speiser
厄立特里亚古海	the Erythrean sea
《恩基和埃利都神话》	*Myth of Enki and Eridu*
《恩基和大地秩序》	*Enki and the Land's Order*

恩比鲁鲁	Enbilulu
恩基木杜	Enkimdu
俄斐	Ophir
E.艾柏林	E. Ebeling

F

翻译或解释	translations or interpretations
F.E.佐伊纳	F. E. Zeuner
腓尼基人	Phoenician
《纺织业，远古的筐篓和席垫》	*Textiles, Basketry and Mats in Antiquity*
番红花	crocus
斐罗	Philo
伐楼拿	Varuna
凡湖	Lake Van
法兰兹·X.库格勒	Franz X. Kugler
F.塔里奥-但基教授	F. Thureau-Dangin
弗里兹·霍米尔	Fritz Hommel
弗朗西斯·克里克	Francis Crick
F.韦策尔	F. Wetzel
F.H.维斯巴赫	F. H. Weissbach
“方舟”	ark

G

古代近东地区	Near East

高级南方古猿 Advanced Australopithecus

“工具行业” tool industries

“古昔测试” OLDEN TEST

古蒂亚 Gudea

格瑞斯·M.克劳夫 Grace M. Crowfoot

《告知欧盖尔》 *Tell Uqair*

《古代美索不达米亚》 *Ancient Mesopotamia*

盖亚 Gaea

高加索地区 Caucasus area

G.康特劳 G. Contenau

《古代赫梯与米坦尼文明》 *La Civilisation des Hittites et des Hurrites du Mitanni*

G.A. 韦恩莱特 G. A. Wainwright

盖布 Geb

G.A.巴顿 G. A. Barton

G.M.雷德斯罗布 G. M. Redslob

古斯塔夫·古特博克 Gustav Guterbock

哥伦布 Columbus

《公元前最后三世纪的迦勒底天文学》 *Chaldean Astronomy of the Last Three Centuries B.C.*

《古代东方精神文化手册》 *Handbuch der Altorientalischen Geistkultur*

《古代天文史：疑问和解答》 *A History of Ancient Astronomy: Problems and Methods*

《古老东方之光下的<旧约>》 *The Old Testament in the Light of*

	the Ancient East
谷神星	Ceres
《古代迦勒底的天文学》	*Die Astronomic der Alten Chaldaer*
G.马提尼	G. Martiny
刚果河	Congo
格洛林根	Groningen
钢铁时代	Iron Age
该隐	Cain

《古希伯来人名：他们的意义与史学价值》

Ancient Hebrew Names: Their Significance and Historical Value

H

豪尔赫·路易斯·博尔赫斯	Jorge Luis Borges
赫梯	Hittite
豪尔萨巴德	Jorsabad
亨利·罗林森爵士	Sir Henry Rawlinson
汉穆拉比	Hammurabi
H.R.豪	H. R. Hall
H.法兰克福	H. Frankfort
哈迪斯	Hades
赫斯提	Hestia
赫拉	Hera
哈尔摩尼亚	Harmonia
赫尔墨斯	Hermes
赫菲斯托斯	Hephaestus

赫西奥德	Hesiod
赫巴特	Hebat
《赫梯文化》	*The Hittites*
哈图-沙斯	Hattu-Shash
胡里安	Hurrians
何利人	Horites
哈布尔河	Khabur River
哈兰	Haran
赫利	Hurri
哈尔	Har
哈达	Hadad
哈姆族	Hamitic
何璐斯	Horus
红海	Red Sea
“黑头人”	Black-Headed People
胡利安人	Hurrian
汉斯·斯奇洛比	Hans Schlobies
赫斯塔亚斯	Hestaeus
黄道带	zodiac
H.V.希尔普雷奇特	H. V. Hilprecht
海卫一	Triton
亨利·莱亚德	Henry Layard
哈巴谷	Habakkuk
哈雷彗星	Halley's comet
海因里希·齐默恩	Heinrich Zimmern

H.G.伍德	H. G. Wood
H.拿道	H.Radau
“哈布尔大草原”	Prairie Country of HA.BUR
黄金时代	Golden Age
哈该	Haggai
哈得孙河畔黑斯廷斯村	Hastings-on-Hudson
皇家墓地	Royal Cemetery
哈马兹	Hamazi

J

巨人	Giants
《旧约》	*Old Testament*
迦南	Canaan
《进化中的人类》	*Mankind Evolving*
《近东的早期文明》	*Earliest Civilizations of the Near East*
金字塔	Pyramid
居鲁士·H.戈登	Cyrus H. Gordon
居鲁士	Cyrus
甲尼	Calneh
迦拉	Calah
“居所”	Residence
加强筋	reinforcing
《旧世界的冶金发源地》	*The Birthplace of Old Woeld Metallurgy*
吉尔伽美什	Gilgamesh
杰克·法那根	Jack Finegan

计都	Keyu
迦基米施	Carchemish
基姆利里姆	Zimri-Lim
基督	Christ
基色	Gezer
《迦勒底叙事的起源》	*The Chaldean Account of Genesis*
《吉尔伽美什史诗》	*The Epic of Gilgamesh*
基路伯	Cherub
基尔	GIR
基尔曼	gir-men
基兹达	Gizzida
吉米纽斯	Geminus
《近东，最早的星座史》	*The Earliest History of the Constellations in the Near East*
《迦勒底占星学》	*L'Astrologie Chaldeenne*
《迦勒底创世纪》	*The Chaldean Genesis*
基莎	Kishar
佳佳	GAGA
金古	KINGU
J.奥伯特	J. Oppert
J.欧斯勒	J. Oelsner
《迦南末世论中的美索不达米亚元素》	*Mesopotamian Elements in Canaanite Eschatology*
吉乌苏德拉	Ziusudra
救赎山	Mount of Salvation

K

库尔德	Kurds
克里特岛	Crete Island
克里特之王	King of Kereet
卡德摩斯	Kadmus
库云吉克	Kuyunjik
库什	Kush
科普特语	Coptic
卡俄斯	Chaos
克洛诺斯	Cronus
卡修斯山	Mount Casius
库玛而比	Kumarbi
凯莎	Kishar
凯恩	Cain
库尔	Kur
卡蒂诺勋伯格	Cardinal Schonberg
科胡特可	Kohoutek
库都鲁	kudurru
库拉	Kulla
肯利斯·奥克兰	Kenneth Oakley
咔咔	Kalkal

L

裸猿	Naked Ape
拉尔夫·索列基	Ralph Solecki

罗伯特·J.布雷德伍德	Robert J. Braidwood
罗塞塔	Rosetta
里海	Caspian
《列王纪》	*Kings*
利河伯	Rehoboth
利鲜	Resen
拉格什	Lagash
六十进制	sexagesimal
“沥青堆”	Mount of Bitumen
“露露医生”	Lulu, the docter
黎皮特-伊斯塔	Lipit-Ishtar
理查德·L.克罗克	Richard L. Crocker
罗伯特·R.布朗	Robert R.Brown
《来自远古的光辉》	*Light from the Old Past*
李奥·奥本海姆	Leo Oppenheim
勒托	Leto
罗日侯	Rahu
林利尔	Ninlil
卢克索	Luxor
拉丝沙姆拉	Ras Shamra
拉	Ra
拉尔萨	Larsa
丽贝卡	Rebecca
拉班	Laban
蕾切尔	Rachel

利亚	Leah
鲁宾	Reuben
罗得	Lot
陆–乌图	Lu–Utu
鲁斯	Ruth
罗兹	Rhodes
猎户座	Orion
吕底亚人	Lydians
L.W.金	L. W. King
拉赫姆	LAHMU
拉哈姆	LAHAMU
劳伦斯·利文–莫尔国家实验室	Lawrence Liver–more Laboratory
美加路努斯	Megalurus
拉勒克	Larak
莱斯利·欧格尔	Leslie Orgel
《乐园之河》	*The Rivers of Paradise*
拉勒克	LARAK
L.C.史特契尼	L. C. Stecchini
兰姆塔	Namtar

《论依据自然选择即在生存斗争中保存优良种族的物种起源》

On the Origin of Species by Means of Natural Selection, or the Preservation of Favored Races in the Struggle for Life

拉麦	Lamech
勒提亚.D.杰弗里斯	Lettia D. Jeffreys
伦纳德伍莱爵士	Sir Leonard Woolley

M

母亲女神	Mother Goddess
蒙特玛利亚人	Montmaria man
美索不达米亚	Mesopotamia
迈诺安	The Minoan
迈锡尼	Mycenaean
《迈诺安语言的证据》	*Evidence for the Minoan Language*
马其顿	Macedonian
米底人	Medes
摩苏尔	Mosul
穆斯林	Muslim
马杜克	Marduk
摩西	Moses
“秘密寻觅者”	searcher of secret
没药	myrrh
绵羊	sheep
美国航天局	NASA
马格尔莫斯人	Maglemosian
墨提斯	Metis
迷宫女神	Lady of the Labyrinth
迈亚	Maia
弥诺陶洛斯	Minotaur
摩奴	Manu
米坦尼	Mitanni
莫特	Mot

马里	Mari
玛姆	Mammu
美什迦格什	Meshkiaggasher
冥界之屋	Abzu
玛拉基姆	Malachim
马舒	Mashu
马尔毕姆	Malbim
麦哲伦	Magellan
美地亚人	Medians
昴宿星团	Pleiades
美国航空航天局	NASA
穆木	MUM.MU
《马杜克和明星》	*Marduk und sein Stern*
《美索不达米亚艺术中众神的符号》	*Symbols of the Gods in Mesopotamian Art*
美里西帕克	Melishipak
莫扎特	Mozart
《母亲女神造人》	*Creation of Man by the Mother Goddess*
玛士撒拉	Methuselah
墨西哥湾	the Gulf of Mexico

N

纳菲力姆	Nefilim
尼安德特人	Homo neanderthalensis
诺亚	Noah

拿破仑	Napoleon
尼尼微	Nineveh
尼姆鲁德	Nimrud
宁录	Nimrod
尼姆鲁德	Nimrud
宁吉尔苏	Ningirsu
牛膝草	hyssop
娜娜	Nannar
尼佩尔	Nipper
努济	Nuzi
拿哈兰	Naharayim
纳特	Nut
尼罗河	Nile
宁呼尔萨格	Ninhursag
宁卡西	Nin.Kashi
努斯库	Nusku
尼普尔	Nippur
努西库	Nushku
拿波尼度	Nabunaid
那拉姆-辛	Naram-Sin
宁尼	Ninni
奈格尔	NER.GAL
尼布甲尼撒二世	Nebuchadnezzar II
那拉姆-辛	Naram-Sin
宁桑	NIN.SUN

尼尔·阿姆斯特朗 Neil Armstrong

宁静海基地 Tranquility Base

尼古拉斯·哥白尼 Nicolaus Copernicus

尼多斯 Cnidus

《尼尼微与巴比伦的法师和占星师口供》*The Reports of the Magicians and Astrologers of Nineveh and Babylon*

努迪穆德 NUDIMMUD

尼比努 Nibiru

《尼尼微和巴比伦的天文学家与魔法师报告》

Reports of the Magicians and Astronomers of Nineveh and Babylon

尼散月 Nisan

那布 Nabu

努济格 Nugig

尼克布 nikbu

尼克巴 nikba

“尼米基女神萨拉” Goddess Shala of Nimiki

努济亚 Nugia

尼日尔河 Niger

尼纳苏 Ninazu

宁曼达 Ninmada

O

欧罗巴 Europa

O.R.格尼 O. R. Gruney

欧巴-马杜克 Erba-Marduk

欧多克索斯 Eudoxus

O.纽格伯尔 O.Neugebauer

《欧提玛》 *Optima*

P

帕西人 Parsees

皮尔·阿米埃 Pierre Amiet

帕西法尔 Pasiphae

毗婆萨婆 vivashvat

帕苏卡尔 Papsukal

盘梯-比布伦 panti-Biblon

P.延森 P. Jensen

帕比尔萨格 Pabilsag

P·毛鲁斯·韦策尔 P. Maurus Witzel

普祖尔-阿木里 Puzur-Amurri

Q

"起源出现在古希伯来" Genesis in Its Original Hebrew

乔治·康特纳 Georges Contenau

切割器 cutting instrument

《琴弦乐器：它们的名字、数量及意义》

The Strings of Musical Instruments: Their Names, Numbers and Significance

乔治·史密斯 George Smith

乔治·萨顿 George Sarton

青铜时代 Bronze Age

R

人猿	Hominids
R.考得威	R. Koldewey
“软石”	soft stone
R.J.福布斯	R. J. Forbes
瑞亚	Rhea
瑞西	Rishi
R.C.汤普森	R.C.Thompson
R.坎贝尔·汤普森	R. Campbell Thompson
R.H.M.博桑基特	R. H .M. Bosanquet

S

双里程碑庆典	celebration of a double milestone
《圣经》	*Bible*
苏美尔人	Sumerian
斯旺司孔人	Swanscombe man
沙尼达尔	Shanidar
斯佩尔特	Spelt
闪族	Semitic
萨尔贡二世	king Sargon II
撒缦以色二世	Shalmaneser II
示拿	Shinar
舍鲁金	Sharrukin
苏美	Shumer
苏美尔及亚甲的王	King of Sumer and Akkad

苏美尔	Sumer
所罗门王	King Solomon
“神圣的视觉”	in a Godly vision
石油	petroleum
山羊	goats
塞缪尔·N.克莱默	Samuel N. Kramer
舒鲁帕克	Shuruppak
《神的面具》	*the masks of god*
《史前人类》	*Prehistoric Men*
塞浦路斯	Cyprus
塞勒斯·H.戈登	Cyrus H. Gordon
圣乔治	Saint George
沙马氏	Shamash
沙马克	Shimiki
塞加拉	Saqqara
赛特	Seth
努斯库	Nusku
赛玛利	Ishmael
塞缪尔·N.克莱默	Samuel N. Kramer
舒尔吉	Shulgi
“圣月牙”	Divine Crescent
舒布尔	Shubur
S.朗盾	S.Langdon
索多玛	Sodom
“圣黑风鸟”	divine black wind bird

《苏美尔和亚甲的皇家文献》	*The Royal Inscriptions of Sumer and Akkad*
赛拿	Senaar
生育植物	Plant of Birth
铁烈平	Telepinu
《闪族神话》	*Semitic Mythology*
萨摩斯岛	Samos
三角座	Triangulum
《苏美尔词汇学》	*Lexicologie Sumerienne*
叁孙	Samson
撒加利亚	Zechariah
示拉	Shelah
S.A.帕里斯	S.A.Pallis
斯泰斯玛耶尔	Strassmaier
苏德	Sud
S.N.克莱默	S. N. Kramer
赛凡湖	Lake Se-Van
史密斯碑刻	the Smith Tablet
狮山	Lion Peak
斯威士兰	Swaziland
圣体龛	Tabernacle
《沙马氏赞美诗》	*Hymn to Shamash*
生命与社会科学研究所	Institute of Society, Ethics and Life
莎塔姆	sha-at-tam
苏利利	sulili

《死亡与生命》	*Tod und Leben*

T

天体	Planet
托罗斯山	Taurus
特洛伊	Troy
泰洛赫	Telloh
泰坦	Titans
推罗	Tyre
特什卜	Teshub
特舒卜	Teshubu
塔鲁	Taru
“屠龙神话”	The Myth of the Slaying of the Dragon
《天国之王》	*The Royalty of the Sky*
“天命古书”	The Old Tablets With the Words of destiny
塔什美吐	Tash-metum
塔什美特什	Tashimmetish
托儿	Tor
泰麦特	Tiamat
唐克娜	Damkina
“天国之船”	Boat of Heaven
统治者祖	lord Zu
特尔布拉克	Tell Brak
特尔·佳苏尔	Tell Ghassul

太阳城	Heliopolis
提尔蒙之地	Land of Tilmun
塔穆兹	Tammuz
《天体运行》	*De revolutionibus orbium coelestium*
托勒密	Ptolemy
天龙座	Draco
天琴座	Lyra
天鹅座	Cygnus
泰利斯	Thales
T.G.平切斯	T. G. Pinches
土卫六	Titan
提亚马特	TIAMAT
提霍深渊	Tehom-Raba
“天条”	celestial bar
《塔穆兹祷文和其他与之相关的文献》	*Tammuz-Liturgen und Verwandtes*
土八该隐	Tubal-cain
塔锡什	Tarshish
碳定年	Carbon dating
塔形神庙	ziggurats

W

W.安德雷	W.Andrae
万神殿	pantheons
乌鲁克	Uruk
乌尔人	Ur

瓦尔卡	Warka
乌尔南模	Ur-Nammu
乌努格尔-蒂纳医生	Urlugale-dina, the doctor
乌玛	Umma
乌鲁卡基纳	Urukagina
乌拉诺斯	Uranus
乌利亚	Uriah
乌尔基什	Ur-Kish
乌力-库米	Ulli-Kummi
瓦树格尼	Washugeni
乌加里特	Ugarit
乌尔海	the Sea of Ur
《乌尔消亡了的悼词》	*Lamentation over the Destruction of Ur*
乌图	UTU
维纳斯	Venus
乌拉尼亚人	Urartian
沃尔特·安德鲁	Walter Andrae
乌特纳皮斯坦恩	Utnapishtirm
乌鸦座	Corvus
威利·哈尔特勒教授	Willy Hartner
乌拉尔图	Urartu
《王权与众神》	*Kingship and the Gods*
W.F.奥布莱特	*W. F. Albright*
维多利亚瀑布	Victoria Falls

W.G.兰伯特	W. G. Lambert
《物种起源》	*The Origin of Species*
韦斯特彻斯特县	Westchester
W.盖里	W.Gaylin
乌特纳比西丁	Utnapishtim
乌巴-图图	Ubar—Tutu
《乌尔的探索》	*Excavations at Ur*
乌鲁鲁	Ululu
《唯一的古老语言》	*The One Primeval Language*

X

《新约》	*New Testament*
现代人类	modem Man
穴居人	Cavemen
施泰因海姆人	Steinheim man
西蒙尼德斯	Simonides
小亚细亚	Asia Minor
楔形	Cuneates
西古纳特	Ziggurat
西拿基利	Sennacherib
小茴香	cumin
西奈半岛	Sinai Peninsula
“雄性”	Virilidad
辛	Sin
西巴尔	Sippar

《献给伊尼尼的古典崇拜仪式》 *A Classical Liturgy to Innini*

希美斯 SHEM-ESH

休斯敦 Houston

希帕恰斯 Hipparchus

《楔形文字的天文手册》 *Astronomical Cuneiform Texts*

仙王座 Cepheus

《星之距离》 *Distances entre Etoiles Fixes*

《楔形文字与<旧约>》 *Die keilinschriften und das alte Testament*

西斯特拉斯 Sisithrus

《西亚的楔形文献》 *The Cuneiform Inscriptions of Western Asia*

希尔普雷奇特收藏馆 Hilprecht Collection

希拉姆 Hiram

希姆提 Shimti

希特勒 Hitler

夏娃 Eve，Eva

希瑞恩 Sirion

Y

亚当 Adam

亚述 Assyrian

猿 Ape

亚拉腊山 Ararat

伊甸园 Garden of Eden

幼发拉底河	Euphrates
亚历山大大帝	Alexander
薛西斯	Xerxes
雅利安人	Aryan
耶和华的受膏者	Anointed of Yahweh
《以斯拉书》	*Book of Ezra*
耶路撒冷	Jerusalem
“英明的人”	Wise man
“英明的主”	Wise Lord
英伯格·凯普费尔	Engelbert Kampfer
伊撒哈顿	Esarhaddon
亚述巴尼波	Ashurbanipal
约拿	Jonas
耶胡	Jehu
以力	Erech
亚甲	Accad
约翰·威尔金斯	John Wilkins
亚拉姆语	Aramaic
“亚甲之王，基什之王”	King of Akkad,King of Kish
亚伯拉罕	Abraham
以西结	Ezekiel
圆柱印章法	the cylinder seal
窑形处理炉	kiln-type furnaces
伊南娜	Inanna
《约书亚书》	*The Book of Joshua*

约伯	Job
伊辛	Isin
伊斯坦布尔	Estambul
《约伯记》	*Book of Job*
约瑟夫·坎贝尔	Joseph Campbell
雅典娜	Athena
因陀罗	Indra
雅兹勒卡亚	Yazilikaya
《雅兹勒卡亚的众神》	*Le Pantheon de Yazilikaya*
杨卡	Yanka
依希库尔	Ishkur
亚拉拉克	Alalakh
伊利恩	Elyon
亚姆	Yam
亚斯他录	Ashtoreth
伊西斯	Isis
亚摩利人	Amorites
伊什比埃拉	Ishbi-Erra
耶拉	Yerah
雅兹勒卡亚	Yazilikaya
亚达帕	Adapa
伊诺克	Enoch
以利亚	Elijah
印·安娜	In. Anna
伊立什	E.RESH

以扫	Esau
雅各	Jacob
约瑟夫	Joseph
伊库尔	E-KUR
《亚伯拉罕及其有生之年》	*Abraham et son temps*
伊师达	Eshdar
伊宁	Innin
伊斯穆德	Isimud
伊拉木	Elam
伊卡洛斯	Icarus
以利亚	Elijah
犹地亚	Judaean
约瑟夫·F.布拉里奇	Josef F. Blumrich
《圆筒图章》	*Cylinder Seals*
永恒居所	Heavenly Abode
以赛亚	Isaiah
犹地亚人	Judaea
亚历山大·波里希斯托	Alexander Polyhistor
伊诺克	Enoch
约瑟夫·艾平	Joseph Epping
约翰·斯特拉斯曼	Johann Strassman
伊莎拉	E-Shara
《约伯记》	*The Book of Job*
约耳	Joel
约瑟夫·L.布兰迪	Joseph L. Brady

亚里士多德	Aristotle
伊撒哈顿	Esarhaddon
幽居地	giparu
英国皇家天文学会	*the British Royal Astronomical Society*
《远古的精确科学》	*The Exact Sciences in Antiquity*
印度河	the Indus
亚美尼亚高原	Armenian plateau
伊拉思	Elath
英雄时代	Heroic Age
约翰·格登	John Gurdon
亚伯	Abel
雅八	jabal
犹八	jubal
以挪士	Enosh
约翰·T.荷林	John T. Hollin
《伊塔那史诗》	*Epic of Etana*
异教时代	the age of paganism

Z

智人	Homo Sapiens
直立人	Homo Erectus
原始人类	Primitive Man
詹姆斯·梅拉特	James Melaart
朱尔斯·奥波特	Jules Oppert

“占卜师，决策者”	diviner, maker of decisions
藏红花	saffron
宙斯	Zeus
朱庇特	Jupiter
扎丰	Zaphon
“洗嘴典礼”	rite of washing of the mouth
“至尊猎手”	supreme hunter
“至尊杀手”	supreme killer
主之日	The Day of the Lord
朱塞佩·皮安琪	Giuseppe Piazzi
战车	Phayton
赞比西河	Zambezi

FONGHONG
凤凰联动出品